UX-Design überzeugend vermitteln

UX-Design überzeugend vermitteln

Erfolgreich mit Kunden und Stakeholdern kommunizieren und die bestmögliche User Experience erzielen

Tom Greever

Deutsche Übersetzung von Jens Olaf Koch

O'REILLY®

Tom Greever

Übersetzung: Jens Olaf Koch
Lektorat: Ariane Hesse
Korrektorat: Sibylle Feldmann, *www.richtiger-text.de*
Satz: Ulrich Borstelmann, *www.borstelmann.de*
Herstellung: Stefanie Weidner
Umschlaggestaltung: Karen Montgomery, Michael Oréal, *www.oreal.de*
Druck und Bindung: mediaprint solutions GmbH, 33100 Paderborn

Bibliografische Information der Deutschen Nationalbibliothek
Die Deutsche Nationalbibliothek verzeichnet diese Publikation in der Deutschen Nationalbibliografie; detaillierte bibliografische Daten sind im Internet über *http://dnb.d-nb.de* abrufbar.

ISBN:
Print 978-3-96009-158-5
PDF 978-3-96010-487-2
ePub 978-3-96010-488-9
mobi 978-3-96010-489-6

1. Auflage 2021

Hinweis:
Dieses Buch wurde auf PEFC-zertifiziertem Papier aus nachhaltiger Waldwirtschaft gedruckt. Der Umwelt zuliebe verzichten wir zusätzlich auf die Einschweißfolie.

PEFC zertifiziert
Das Papier für dieses Buch stammt aus nachhaltig bewirtschafteten Wäldern und kontrollierten Quellen.
PEFC/04-31-0810 www.pefc.de

Schreiben Sie uns:
Falls Sie Anregungen, Wünsche und Kommentare haben, lassen Sie es uns wissen: *kommentar@oreilly.de*.

5 4 3 2 1 0

Inhaltsverzeichnis

Vorwort

Im Jahr 2014 wurde ich gebeten, Vorschläge für einen Vortrag bei einer regionalen User-Experience-Konferenz in den Vereinigten Staaten einzureichen. Zu dieser Zeit war ich bereits als Designberater für mehrere ziemlich bekannte Marken tätig geworden und begierig darauf, von der coolen Arbeit zu berichten, die wir gemeinsam geleistet hatten. Ich schlug drei Themen vor. Bei den ersten beiden ging es um verschiedene Designtechniken und -ansätze, die ich für interessant hielt – um die Methoden, die wir bei Projekten eingesetzt hatten, um effektive Designergebnisse zu erzielen. Von diesen beiden Ideen war ich richtig begeistert. Der dritte Vorschlag betraf die Vermittlung von Designentscheidungen. Er schien mir eher banal zu sein. Sicher, das Thema war wichtig. Aber es war andererseits etwas, das ich in meinem Berufsleben sowieso jeden Tag getan hatte. Ich wusste, dass sich auch andere Designer mit diesem Problem beschäftigen mussten. Das gehört halt einfach zum Job, oder? Es schien mir das offensichtlichste und langweiligste der drei Themen zu sein, bei dem es um etwas ging, das ich selbst fast automatisch tat, ohne dabei groß nachzudenken. Aber natürlich war es genau der Vorschlag, für den sich die Veranstalter entschieden.

Obwohl ich enttäuscht war, dass ich nicht über eines der beiden anderen Themen sprechen durfte, strengte ich mich an, um einige Ideen und Prinzipien zu entwickeln, die anderen Designern bei der Vermittlung ihrer Gestaltungsideen helfen könnten. Mehrere Wochen dachte ich darüber nach, wie ich selbst mit Menschen über Design kommuniziere, welche Ansätze ich dabei verfolge und wie ich anderen mit praktischen Tipps helfen kann, sich auf diesem Gebiet zu verbessern. Ich hätte nie erwartet, dass genau dieser Konferenzvortrag mir eine Reihe von Möglichkeiten eröffnen und damit als Startschuss dienen würde, meiner Karriere eine ganz neue Richtung zu geben.

Durch meinen Reflexionsprozess während der Vorbereitung meines Vortrags konnte ich in meiner eigenen Arbeit eine Fülle von Beispielen erkennen, bei denen bessere Kommunikation zu besserem Design geführt hatte. Mir wurde klar, dass alle meine Lieblingsdesigner Menschen sind, die auf intelligente Weise genau begründen können, warum sie etwas auf eine bestimmte Weise tun. Mir ist außerdem aufgefallen, dass ein großer Teil des Feedbacks an meine eigenen Teammitglieder mehr damit zu tun hat, wie sie ihre Arbeit präsentieren, als mit ihren kreativen Fähigkeiten. Mir ist bewusst geworden, dass die Art und Weise, wie wir mit anderen über Design sprechen, einen ganz wesentlichen Einfluss darauf hat, ob es uns gelingt, großartige Benutzererfahrungen zu schaffen. Das ist eine Fähigkeit, die vielen – selbst sehr erfahrenen – Designern fehlt. Der Erfolg unserer Arbeit hängt davon ab, ob ein gesamtes Projektteam hinter uns steht. Bekommen wir diese Unterstützung nicht, werden unsere Entwürfe nie das Licht der Welt erblicken.

Wie ich mir meinen Weg ins Design erquatscht habe

Mein Weg zur User Experience begann im Marketing. Ich habe Betriebswirtschaft auf Bachelor studiert und schnell erkannt, wie effektiv sich Design dafür einsetzen lässt, Produkte zum Leben zu erwecken. Ich brachte mir Grafik- und Webdesign selbst bei, indem ich zur Finanzierung meines Studiums freiberuflich Projekte für lokale Kleinunternehmen durchführte.

Ich weiß, es klingt verrückt, aber ich gehe wirklich gern zu Bewerbungsgesprächen. Im College habe ich mich auf nahezu alles beworben und jede Einladung zu Vorstellungsgesprächen angenommen. Es waren risikoarme Gelegenheiten, um zu lernen, wie ich am besten über meine Arbeit sprechen kann. Ich habe Menschen immer gern dabei zugesehen, wie sie meine Mappe durchblättern und kommentieren, was ihnen gefällt. Ich mag es, wenn mich jemand fragt, warum ich etwas auf bestimmte Weise umgesetzt habe, ich war schon damals richtiggehend scharf darauf, anderen Menschen meine Designentscheidungen zu erklären – und das ist heute noch so. Ich liebe es einfach, über Design zu reden!

Nachdem ich meinen Abschluss in der Tasche hatte, stand ein Vorstellungsgespräch als Creative Manager in einem internen Marketingteam mit etwa 20 Mitarbeitern an. Mein entscheidendes Gespräch hatte ich damals mit der Vice President of Marketing. Sie löcherte mich mit Fragen zu meinem Portfolio, denen ich aber leicht standhielt. Sie befragte mich nach meinen bisherigen Erfahrungen und ging meinen Lebenslauf durch, mit dem ich gerne angab. Aber dann kam sie auf den Punkt und stellte mir die denkwürdigste Frage meiner Karriere: »Nehmen wir mal an, ich hätte ein neues Projekt für Sie. Was wäre das Erste, was Sie dazu von mir wissen wollten?«

Darauf schien es eine einfache Antwort zu geben. Zwar hatte ich damals einen begrenzten Erfahrungsschatz, aber hier ging es um den vielleicht am häufigsten vorkommenden Typus von Begegnungen, die ein Designer haben kann: um ein Meeting mit einem Stakeholder, einem Projektbeteiligten. Ohne zu zögern, griff ich auf einen Ansatz zurück, der sich bis dahin immer bewährt hatte: »Geht es um ein Printprojekt oder eine Website? In Farbe oder Schwarz-Weiß? Verwenden wir Stockfotos, oder muss Originalmaterial produziert werden? Wie viele Seiten soll die Website oder die Broschüre haben? Und schließlich: Wie sieht der Zeitplan aus?«

»Sie irren sich,« entgegnete sie. »Nichts davon ist wirklich wichtig. Die wichtigste, eigentlich die allererste Frage, die Sie immer stellen sollten, lautet: Was möchten wir damit kommunizieren?«

Ich war perplex. Sprachlos. Ich wusste sofort, dass sie vollkommen recht hatte. Und sie hatte mein oberflächliches Design-Ego in einer Weise bloßgestellt, dass ich mich ganz klein und ahnungslos in genau dem Bereich fühlte, in dem ich sonst so selbstbewusst war – beim Reden über Design.

Zum Glück bekam ich diesen Job trotzdem (und seitdem noch viele weitere), aber diesen Fehler habe ich nie vergessen. Ich war nicht clever genug gewesen, um zu erkennen, dass eine Projektbeteiligte eine andere Agenda hatte als ich. Ich hatte nicht begriffen, um was es ihr ging, und war nicht in der Lage, auf ihre Anliegen einzugehen. Für sie ging es bei dem Projekt um Kommunikation. Für mich ging es nur um Pixel. In diesem Moment wurde mir klar, wie wesentlich die Fähigkeit ist, mit anderen Menschen über Design sprechen zu können. Ich musste die Bedürfnisse meines Publikums berücksichtigen. Meine Entwürfe sollten etwas für den Kunden *erledigen*. Sie sollten ein Problem lösen. Und wenn ich das kommunikativ nicht vermitteln könnte, läge ich zwangsläufig immer wieder daneben. Um als Designer erfolgreich zu sein, musste ich herausfinden, wie ich meinen Kunden vermitteln könnte, was meine Entwürfe bewirkten und wie sie funktionierten. Ich musste ihre Fragen auf eine Art und Weise beantworten, die für sie Sinn ergab, nicht für mich. Ich musste ihnen die Grundüberlegungen, die zu einem bestimmten Entwurf geführt hatten, auf eine Weise darlegen, die ihnen entgegenkam und ihren Bedürfnissen entsprach.

Könnte ich das schaffen, dachte ich mir, könnte ich erfolgreich werden.

UX ist noch jung

Viele von uns Designern, die heute im UX-Bereich arbeiten, haben weder eine spezialisierte Ausbildung durchlaufen noch irgendwelche Kurse besucht, die uns einen benutzerzentrierten Ansatz vermittelt hätten. Wir sind oft aus anderen Bereichen innerhalb eines Unternehmens zur User Experience gekommen: aus dem Marketing, der IT, aus dem Grafikdesign oder dem Research-Bereich. Auch Verhaltensforscher und Psychologen haben längst ihren Platz in der UX gefunden.

Wie auch immer Ihr persönlicher Weg aussehen mag: Viele von uns UXlern haben ähnliche Geschichten. Die meisten haben schon deshalb ihre Laufbahn nicht in der UX begonnen, weil die User Experience als klar abgegrenztes Gebiet noch gar nicht so lange existiert. In der Designbranche sind also viele Menschen mit Hintergründen unterwegs, die sich stark von ihren derzeitigen Berufsbezeichnungen unterscheiden.

Darüber hinaus war Design für viele Unternehmen schon immer ein reines Hilfsmittel. Früher wurden Designer nur eingestellt, um Produkte professioneller aussehen zu lassen, um ein konsistentes Markendesign sicherzustellen oder um eine kreative Idee zu kommunizieren. Heutzutage werden Designer benötigt, weil komplizierte Probleme gelöst werden müssen, damit die Produkte auf dem Markt erfolgreich sind. Hervorragendes Design ist die erwartete Norm. Heute stehen Designer in einer Weise im Mittelpunkt der Produktentwicklung, die man früher für unnötig hielt. Auch Führungskräfte erkennen jetzt, wie wichtig Design ist, und wollen den Prozess beeinflussen, weil es um ihren Geschäftserfolg geht. In Unternehmen und Organisationen erkennen mehr Menschen denn je den Wert gut gestalteter Benutzererfahrungen.

Was passiert, wenn man eine ganze Branche voller kreativer Köpfe, die überwiegend mit ihrer rechten Hirnhälfte denken, mitten in die Zyklen der Produktentwicklung wirft, eingeklemmt zwischen Usability-Problemen und Geschäftszielen? Es ist nicht sonderlich überraschend, dass dabei Diskrepanzen zwischen den Vorstellungen der Stakeholder der Unternehmen und den sorgsam ausgearbeiteten Entwürfen der Designer auftreten. Und so treffen sich die beiden Seiten ... in einem Meeting.

Wir als Designer treffen heutzutage also immer wieder auf Personen, die unsere Arbeit zwar nicht an unserer Stelle übernehmen könnten, uns aber dennoch immer wieder sagen, wie wir sie ihrer Meinung nach erledigen sollten. Das reicht, um jeden Designer in den Wahnsinn zu treiben.

Dieses Buch setzt an der Schnittstelle zwischen UX-Design und der Vermarktung digitaler Produkte an: Hier geraten die bisherigen Erwartungen, dass es beim Design nur darum geht, hübsche Bildchen zu gestalten, in Konflikt mit ausgeprägten Vorstellungen davon, wie Unternehmensaufgaben gelöst werden. Das Wachstum und die inzwischen erreichte Reife der UX-Branche haben unsere Rolle als Designer in vielerlei Hinsicht verändert, nicht zuletzt durch die Notwendigkeit, uns und unsere Arbeit anderen Menschen zu erklären, die unsere Erfahrung im Designbereich nicht teilen.

Worum es in diesem Buch geht

Ziel dieses Buchs ist es, Designern dabei zu helfen, bessere Kommunikatoren zu werden – um ihre gestalterischen Entscheidungen denjenigen Menschen, die Einfluss auf ihr Projekt haben, fachkundig erklären zu können. Dabei stellen wir ein ganz bestimmtes typisches Ereignis in den Mittelpunkt: ein Meeting mit Kunden oder Projektbeteiligten, bei dem wir unsere Designentscheidungen vorstellen und darüber sprechen. Das gesamte Buch hat dieses Meeting im Blick: was vor dem Meeting, während des Meetings und sogar danach passiert.

Alles, was wir besprechen werden, bezieht sich auf diese Begegnung und soll Ihnen dabei helfen, sich in dieser Situation möglichst gut einzubringen, Unterstützung zu erhalten und tonangebend zu sein.

An einigen dieser Meetings werden sehr viele Personen teilnehmen, an den meisten aber nur einige wenige. Manche Besprechungen finden vielleicht in einem Konferenzraum statt. Andere mögen spontane Gespräche auf dem Flur oder Onlinemeetings sein. Konzentrieren Sie sich nicht zu sehr auf diese Details, sondern auf die übergreifenden Prinzipien, die Sie in all diesen Situationen anwenden können. Ziel ist es, flexibel zu sein, um sich schnell an unterschiedliche Settings anpassen zu können.

Ich werde im Einzelnen darauf eingehen, was Sie alles aufschreiben und welche Fragen Sie stellen sollten, wie Sie Ihre Fähigkeiten als Zuhörer verbessern können und ob Sie mehrere Entwürfe machen sollten. Vielleicht befürchten Sie jetzt, dass es Wochen dauern kann, um sich auf ein Gespräch über Ihre Arbeit vorzubereiten! Aber in Wirklichkeit geht oft alles recht schnell. Manchmal haben Sie genügend Zeit, sich vorzubereiten. Bei anderen Gelegenheiten müssen Sie Antworten aus dem Ärmel schütteln und sehr schnelle Ermessensentscheidungen treffen. Deshalb ist es so wichtig, diese Fähigkeiten beizeiten zu erlernen und sie zur Gewohnheit werden zu lassen. Ihr Ziel sollte es sein, dass Sie Designentscheidungen mühelos erklären und vermitteln können – ohne sich bewusst an die in diesem Buch enthaltenen Ratschläge erinnern zu müssen.

Lassen Sie es mich ganz klar sagen: Hier geht es nicht um eine »Wir gegen sie«-Mentalität. Es geht nicht darum, dass Designer immer recht haben und sich gegen Stakeholder stellen sollen, weil diese sonst schlechte Entscheidungen treffen würden. Bei der Vermittlung von Designentscheidungen geht es vielmehr darum, ein Umfeld zu schaffen, in dem die Projektbeteiligten die gestalterische Expertise und den designerischen Denkprozess klar erkennen und so die präsentierten Entwürfe von sich aus unterstützen können. Es geht darum, auf überzeugende Weise Vertrauen zu schaffen und Effektivität zu demonstrieren.

In diesem Buch gehe ich übrigens grundsätzlich davon aus, dass Ihr Design genau das richtige ist. Dass Sie sauber recherchiert, gute Entscheidungen getroffen, das Problem gelöst haben und der von Ihnen vorgeschlagene Entwurf für das Unternehmen die richtige Wahl ist. Wäre es nicht so, könnten Sie die anderen Stakeholder noch so sehr mit Worten umgarnen: Es wäre aussichtslos.

Mit anderen Menschen über Design zu reden, mag wie eine einfache, grundlegende Fähigkeit erscheinen, in Wirklichkeit ist es aber ziemlich schwer. Meiner Erfahrung nach ist es für Designer durchaus schwierig, sich mit Nicht-Designern effektiv über Design zu verständigen. Lesen Sie also weiter und lernen Sie, wie Sie mit Kunden und Stakeholdern besser kommunizieren, ohne dabei verrückt zu werden und um die bestmögliche User Experience zu erzielen.

Wer sollte dieses Buch lesen?

Dieses Buch wurde in erster Linie für Designer geschrieben, die mit Projektbeteiligten zusammenarbeiten, die keinen Designhintergrund haben, und ist somit gleichermaßen geeignet und gedacht für Grafik-, Web-, UX-, Interaktions-, Schnittstellen- und visuelle Designer.

Designer

Wenn Sie jemals die Erfahrung gemacht haben, dass ein Stakeholder auf einer Änderung bestand, mit der Sie nicht einverstanden waren, dann ist dieses Buch genau das richtige für Sie. Es kommt häufig vor, dass man als Designer das Gefühl hat, dass die eigene Expertise und das eigene Urteilsvermögen von Projektbeteiligten, die nur wenig von Design verstehen, missachtet werden. Diese Kluft soll dieses Buch überbrücken und Ihnen dabei helfen, Stakeholder davon zu überzeugen, dass Ihre Entscheidungen die besten sind.

Senior-Designer

Vielleicht denken Sie, dass Sie schon lange genug in diesem Job unterwegs sind und genug Erfahrung darin haben, Designentscheidungen zu vermitteln. Das mag stimmen, aber wie oft bereiten Sie Präsentationen Ihrer Arbeit wohlüberlegt und ganz bewusst vor? Sie können in diesem Buch nicht nur Ihr aktuelles Wissen überprüfen, ich biete auch eine Menge gut in der Praxis umsetzbarer Taktiken an.

Designentscheidungen zu vermitteln, ist nichts, was man nur einmal im Leben lernen muss, um für immer Experte zu sein. Es erfordert regelmäßige bewusste Anstrengung und Übung. Vielleicht haben Sie irgendwann einmal den schwarzen Gürtel im Judo erreicht. Wenn Sie aber nach Jahren ohne Training die Matte betreten, können Sie ganz schnell verlieren.

Das ganze Produktteam

Obwohl dieses Buch für Designer geschrieben wurde, können – da es nicht besonders technisch gehalten ist und sich mit vielen häufig auftretenden Problemen befasst – die vorgestellten Tipps und bewährten Praktiken auch für Menschen in vielen anderen Funktionen in einem Unternehmen nützlich sein. Ich habe mit vielen UX-Researchern, Entwicklern, Content-Strategen und Product Ownern gesprochen, die bereits von den Konzepten und Ideen dieses Buchs, das jetzt in seiner zweiten Auflage vorliegt, profitieren konnten.

Wie dieses Buch aufgebaut ist

Kapitel 1 zeigt, wie und warum Kommunikation heutzutage ein kritischer Teil des Designprozesses in Unternehmen ist. Unsere Entwürfe sprechen nicht für sich selbst. In vielen Designprozessen ist eine klare Kommunikation die fehlende Komponente.

Die Kapitel 2 bis 10 bauen aufeinander auf und konzentrieren sich auf ein typisches Meeting mit Projektbeteiligten. Wir betrachten den gesamten Verlauf einer solchen Besprechung und Entwurfspräsentation. Bei jedem Schritt wird eine Zeitleiste gezeigt (wie z. B. die folgende), die anzeigt, in welchem zeitlichen und inhaltlichen Abschnitt des Meetings wir uns gerade befinden. Unterwegs wird es darum gehen, die Perspektiven der beteiligten Interessengruppen zu verstehen, sich in die anderen Stakeholder einzufühlen und die Begegnung mit ihnen vorzubereiten. Was das Meeting selbst betrifft, wird es um implizite und explizite Zuhörtechniken gehen und darum, die erforderliche innere Einstellung in uns wachzurufen, bevor wir auf Fragen und Rückmeldungen antworten. Danach stelle ich einige einfache Taktiken und Rezepte vor, um durch die bestmögliche Antwort Unterstützung für Ihre Entwürfe zu erhalten. Doch auch nach Abschluss des Meetings geht die Arbeit weiter, und es müssen gestalterische Anpassungen vorgenommen werden, damit eine möglichst optimale Benutzererfahrung erreicht werden kann. Diese Kapitel behandeln damit alles, was Sie über Meetings mit Projektbeteiligten, in denen Sie Ihre Designentscheidungen erläutern sollen, wissen müssen.

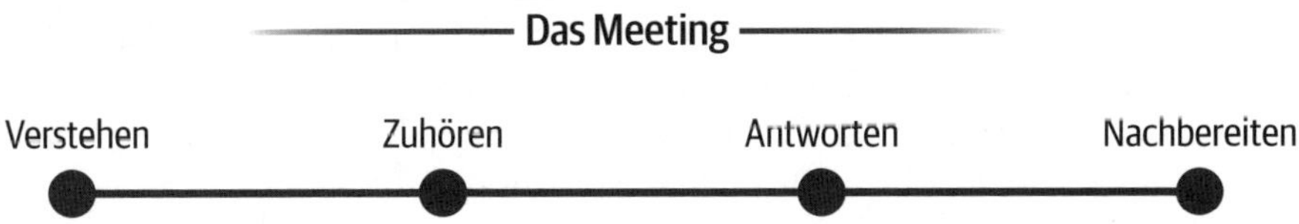

Da die Arbeit mit Menschen immer Unwägbarkeiten bereithält, gebe ich Ihnen weitere Tipps und stelle bewährte Verfahren vor, die auch in vielen anderen Bereichen Ihrer Arbeit hilfreich sein können. In den Kapiteln 3 und 9 wird es ausführlich darum gehen, wie man sich sinnvolle Notizen macht – obwohl es natürlich bei allen Schritten des Gestaltungsprozesses wichtig ist, die eigenen Designentscheidungen gut zu dokumentieren.

Das Buch schließt mit Kapitel 11: »Wie Führungskräfte Designer unterstützen können«. Dieses Kapitel richtet sich an Projektbeteiligte, die an Designentscheidungen beteiligt, aber selbst keine Designer sind, und soll ihnen als Ressource dienen. Führungskräfte und Chefs aller Art können davon profitieren, wenn sie lernen, effektiver mit Designern zusammenzuarbeiten. Ich möchte alle Designer ermutigen, die Lektüre dieses Kapitel den entscheidenden Stakeholdern ans Herz zu legen.

Ich habe dieses Buch geschrieben ...

... damit Designer und Unternehmen die großen Kommunikationshürden zwischen allen Projektbeteiligten überwinden und bessere UX-Lösungen entwickeln können. Dazu gebe ich Ihnen wirklichkeitsnahe, praktische Ratschläge an die Hand. Mit diesem Buch möchte ich einerseits meine eigenen Ideen über den Einfluss von Kommunikation auf Designprozesse dokumentieren und erläutern, zum anderen hilft es mir selbst dabei, mir mein tägliches Vorgehen explizit bewusst zu machen. Dieses Buch ist meine persönliche Checkliste für gute Kommunikation über Design, und ich freue mich sehr darauf, es mit Ihnen teilen zu können. Ich hoffe, dass es auch für Sie ein nützliches Werkzeug sein wird.

Durch dieses Buch habe ich viele beeindruckende Menschen kennenlernen dürfen. Die gewonnenen Freundschaften und Verbindungen, die Gespräche, Tipps und Ratschläge waren und sind von unschätzbarem Wert für mich. Es waren fantastische Erfahrungen, und ich freue mich sehr, dass ich mit diesem Buch und den entstandenen Kontakten den Austausch über einen wichtigen Bereich unserer Branche fördern konnte. Darüber hinaus hat es mir die Möglichkeit gegeben, weltweit auf Konferenzen zu sprechen und mit Teams arbeiten zu dürfen, die ich sonst nie kennengelernt hätte. Manche Leser und Leserinnen berichten mir davon, dass dieses Buch positiven Einfluss auf ihre berufliche Laufbahn hatte oder ihnen zu einer Beförderung verhalf. Andere erzählen mir, welche Taktiken sie angewendet und ob diese funktioniert haben oder nicht. Ich hatte das Vergnügen, Dutzende von Teams in Workshops zu begleiten, in denen wir diese Fähigkeiten persönlich üben, diskutieren und verfeinern konnten.

Ich würde mich freuen, auch von Ihnen zu hören. Nehmen Sie Kontakt zu mir auf, folgen Sie mir auf Twitter, fügen Sie mich auf LinkedIn hinzu und erzählen Sie mir, wie Sie mit einem Problem umgegangen sind. Vor allem wünsche ich mir, dass das Buch auch für Sie ein wertvoller Helfer sein wird.

Fügen Sie mich auf LinkedIn hinzu: *https://www.linkedin.com/in/tomgreever*

Folgen Sie mir auf Twitter: *https://twitter.com/tomgreever*

Folgen Sie mir auf Instagram: *https://www.instagram.com/tomgreever*

Artikel, Podcasts und Videos zu diesem Thema finden Sie auch auf meiner Website: *https://tomgreever.com*

Danksagungen

Jemand hat mich einmal gefragt, was ich zur Entspannung mache. Lesen? Kino? Sport? Ich genieße diese Dinge zwar, aber nachdem ich ein paar Minuten darüber nachgedacht hatte, antwortete ich, dass ich mich am besten entspannen und erholen kann, wenn ich mit meiner Frau Hannah Zeit verbringe und mich mit ihr unterhalte. Dieses Buch wäre nicht entstanden ohne ihre Unterstützung, ihr Verständnis und ihre Ermutigung. Hannah ist mein Lieblingsmensch, meine immer aufrichtige Mitarbeiterin und hingebungsvolle Partnerin. Sie ist viel klüger als ich und hat mehr zu diesem Buch beigetragen, als sie selbst zugeben würde. Ohne ihre Verzichtbereitschaft hätte ich dieses Buch nicht (jetzt sogar zum zweiten Mal!) fertigstellen können. Ich liebe dich, Schmusekätzchen.

Auch den Gutachtern bin ich zu großem Dank verpflichtet: Dennis Kardys, Christy Ennis-Kloote, Anthony Armendariz, Heather Wydeven, C. Todd Lombardo, Brad Nunnally, Cynthia Savard Saucier, Dan Klyn, Kate Rutter und Cindy Alvarez. Dank ihrer Hilfe hat dieses Buch an Genauigkeit gewonnen und an manchen, recht offensiven Formulierungen verloren.

Zu guter Letzt (aber deshalb nicht minder) möchte ich all meinen aktuellen und früheren Kunden, Chefs und deren Führungskräften danken. Ohne sie (ohne euch!) wäre dieses Buch nicht möglich gewesen. In gewisser Weise sind tatsächlich alle Menschen, mit denen ich jemals gearbeitet habe, an diesem Buch beteiligt. Erst durch euch habe ich wirklich gelernt, über Design zu sprechen. Ich musste es! Ihr habt mir keine Wahl gelassen! Meine Erfahrungen sind in der jahrelangen gemeinsamen Arbeit mit *euch* gewachsen – und jetzt ist es an der Zeit, sie mit der Welt zu teilen.

1

Tolle Designer sind tolle Kommunikatoren

Mussten Sie jemals Änderungen an Ihren Entwürfen vornehmen, mit denen Sie nicht einverstanden waren? Ich auf jeden Fall! Es ist nicht einfach, über Design zu sprechen, besonders mit Menschen, die selbst keine Designer sind. Die Fähigkeit, Designentscheidungen effektiv zu vermitteln, ist für den Erfolg eines Projekts von entscheidender Bedeutung, da sich in der Regel derjenige durchsetzt, der sich am besten verkaufen kann. Ich würde sogar so weit gehen und behaupten, dass der Unterschied zwischen einem guten Designer und einem hervorragenden Designer in der Fähigkeit liegt, nicht nur durch Gestaltung bestimmte Probleme oder Aufgaben zu lösen, sondern auch überzeugend deren Funktion und Wirkungsweise zu erklären, um schließlich die nötige Zustimmung und Unterstützung zu erhalten, um mit dem Projekt voranzukommen. Und genau darum geht es in diesem Buch: Unterstützung für Ihre Designentscheidungen zu erhalten.

Am Designprozess sind viele Personen beteiligt. Was einst als bloße visuelle Ästhetik für eher nachrangig gehalten wurde, steht heute im Zentrum der Aufmerksamkeit. Menschen aus dem gesamten Unternehmen wissen heutzutage, wie wichtig es ist, eine hervorragende Benutzererfahrung zu bieten – und alle wollen an ihrem Entstehungsprozess beteiligt sein. Marketing, Führungskräfte, Entwickler, Produktmanager und selbst Mitarbeiter aus der Buchhaltung möchten gern mitteilen, wie etwas ihrer Meinung nach funktionieren sollte. Die Menschen begeistern sich für UX, für die User Experience, weil sie um die langfristigen Auswirkungen auf das Produkt, das Unternehmen und das Geschäftsergebnis wissen. Und die gute Nachricht? Sie sind eine ziemlich gefragte Person!

Das große Meeting

An einem Sonntag im Januar musste ich einen verspäteten Flug nach San Francisco nehmen, um mich am nächsten Morgen mit einem Kunden zu treffen. Aber es war nicht »irgendein Treffen«. Etwa ein Dutzend Personen aus verschiedenen Bereichen des Unternehmens präsentierten dem CEO eines großen Onlinehändlers ihre Entwürfe. Vice Presidents, Geschäftsführer, Product Owner, UX-Designer: Alle waren Teil einer dreistündigen Veranstaltung, die den Grundstein für eine ganze Saison voller Projekte legen sollte, die sämtlich davon abhingen, ob der CEO sie letztlich absegnen würde.

Nachdem ich zur Vorbereitung mit mehreren Produktmanagern gearbeitet und an mehreren Meetings teilgenommen hatte, war mir klar, was Gegenstand meiner geplanten Präsentation sein sollte, sodass ich mit der Vorbereitung meiner Folien beginnen konnte. Am Freitag vor dem großen Meeting nahm ich an einer vierstündigen Telefonkonferenz teil, in der jeder im Team seine Präsentation vor einem der Vice Presidents übte, der Feedback dazu gab und Vorschläge machte, wie man seine Ideen am besten dem CEO präsentieren könnte.

Es drehte sich alles nur um eines: die Präsentation von Designideen vor einem CEO, um dessen Unterstützung und Zustimmung zu erhalten. Es gab weitere vorbereitende Besprechungen, Diskussionen darüber, wie der CEO wohl reagieren würde, lange Abende, um alles perfekt vorzubereiten, und Umstellungen von Terminplänen, damit auch zeitlich alles passte. Ich selbst bin alleine für dieses eine Meeting 16 Stunden gereist, verbrachte zwei Nächte im Hotel und einen ganzen Tag in einem Konferenzraum. Glücklicherweise verlief das Treffen gut. Der CEO war sehr aufgeschlossen, gab hervorragendes Feedback, und alle gingen anschließend daran, die von ihnen konzipierte Arbeit umzusetzen.

Aber das ist nicht der wichtige Teil dieser Geschichte.

Was mir an der ganzen Sache auffiel, war der Aufwand, der betrieben wurde, um einer einzelnen Person Designideen zu vermitteln. Der Zeitaufwand, den die anderen Designer für die eigentliche Erstellung der Mockups brauchten, war trivial im Vergleich zu der Zeit und Energie, die in die Suche nach der besten Art und Weise floss, diese zu präsentieren. *Die Kommunikation über die Entwürfe war wichtiger als die Entwürfe selbst.*

Auch wenn Sie nicht zu einem derart großen Team gehören oder nicht mit einem riesigen Unternehmen zusammenarbeiten, in dem ein Meeting mit dem CEO eine solch große Sache ist, bleibt das Prinzip doch gleich: Die Art und Weise, wie wir mit anderen Projektbeteiligten über Design sprechen, ist entscheidend für den Erfolg unserer Projekte.

Design ist subjektiv ... irgendwie

Wenn ich für mein Team neue Designer suche und mit ihnen Bewerbungsgespräche führe, frage ich sie immer: »Was macht ein gutes Design aus?« Die Antworten sagen viel darüber aus, wie die Bewerber über Design und insbesondere über UX denken. Die meisten Antworten sind vorhersehbar und klingen oft so oder ähnlich: »Eine gute Nutzung von Freiraum«, »Einfachheit« oder – einer meiner Favoriten: »Wenn man nichts mehr entfernen kann.« Nun, an diesen Antworten ist nichts falsch. Sie zeigen typische Herangehensweisen an Design, aber sie beschreiben nicht wirklich, was ein Design in den Augen eines Unternehmens gut macht. Das ist nicht die Herangehensweise, die ich mir von Designern und Designerinnen in meinem Team wünsche, denn sie basiert auf subjektiven Aspekten – auf einer Ästhetik, der nicht unbedingt jeder zustimmen würde.

Ich weiß nicht genau, wie die Bewerber auf solche Definitionen kommen, die sich anhören, als stammten sie direkt aus den Memoiren einer Jonathan-Ive-Biografie. Ich glaube nicht, dass sie das auf einer Kunsthochschule gelernt haben. Mich beunruhigt, dass sie diese Schlagwörter wahrscheinlich im Umfeld von Social-Media-Design aufgeschnappt haben, wo »UX« ungefähr so viel bedeutet wie »etwas, das so cool aussieht wie ein iPhone«. Das ist eine Mentalität, bei der es vor allem um Beliebtheit geht und bei der die Schönheit von Dingen vorschnell mit Benutzerfreundlichkeit gleichgesetzt wird. Es ist dieselbe Kultur, die gut meinende Designer dazu veranlasst, ein »Redesign«-Mockup irgendeiner populären Website oder App zu entwerfen, ohne die geringste Ahnung davon zu haben, was ein Unternehmen wirklich braucht. Bei dieser Denkweise geht es weniger um die Lösung von Problemen als vielmehr um reine Likes.

In Wahrheit ist natürlich jedes Design subjektiv. Was die eine mag, hasst der andere. Was mir einleuchtend erscheint, mögen Sie ganz anders betrachten. Was in einem Kontext funktioniert, kann in einem anderen kläglich scheitern. Deshalb ist es so schwierig, über Design zu sprechen, besonders – ich wiederhole mich da gern – mit Menschen, die keine Designer sind. Es gibt nur wenig gemeinsames Verständnis davon, was Design ist oder sein sollte.

Zu viele Köche ...

Es wäre ein Leichtes, Designs zu entwickeln, wenn es da nicht andere Personen im Projekt gäbe, die mit unseren Entscheidungen möglicherweise nicht einverstanden sein werden. Aber genau das wird passieren!

Es gibt eine Menge Leute, die wenig oder gar nichts über Design wissen, aber Kraft ihrer Autorität unsere Designpraxis beaufsichtigen und letztlich bestimmen können. Sie wollen sich berechtigterweise an der Diskussion beteiligen, sind aber keine ausgebildeten Designer und besitzen nicht das gleiche Fachwissen wie wir, was Gestaltung oder Technologie angeht.

Interessanterweise geben diese Personen oft gern zu, dass sie keine Experten sind. Sie wissen, dass sie nichts wissen, bestehen aber trotzdem darauf, dass ihre Ideen und Vorstellungen richtig sind. Das ist eines der bizarrsten Phänomene unserer Beziehung zu anderen Stakeholdern! Da geben Menschen bereitwillig zu, dass sie von unserem Job nicht viel verstehen, bestehen aber dennoch auf Änderungen, von denen wir annehmen, dass sie sich nachteilig auf die UX auswirken. Sie behaupten, dass sie uns als Experten vertrauen, und überstimmen uns dennoch häufig. Das kann ausgesprochen demütigend und verwirrend sein, aber vielleicht liegt das Problem nicht vollständig bei diesen Entscheidern.

Stakeholder sind naturgemäß Teil des Entscheidungsprozesses, aber wir als Designer tun uns schwer damit, sie auf eine förderliche Weise einzubeziehen, die unsere Ziele nicht gefährdet. Wie genau wir das schaffen können, das müssen wir jetzt herausfinden.

Jeder ist ein Designer!

Jeder erkennt gutes Design, wenn er es sieht, selbst wenn er nicht weiß, wie man es selbst entwickelt. Das klingt frustrierend (sogar absurd), aber es stimmt. Das Gleiche gilt für andere Künste, wie z.B. Musik. Auch wenn ich kein Instrument spielen kann, kann ich doch entscheiden, welche Musik ich mag (und welche nicht). Trotz unterschiedlichster Vorlieben wissen wir alle ziemlich genau, welche Musik wir gerne hören, auch wenn wir nicht wissen, wie wir solche Klänge selbst produzieren können.

Andy Zelman, Skeleton Claw Comics (mit freundlicher Genehmigung: *http://skeletonclaw.com*)

Die Schnittstelle ist Ihre Schnittstelle

Da Designarbeit so oft visuell geprägt ist, interessieren sich Menschen für den Teil, den sie sehen, fühlen oder mit dem sie interagieren. Sie interessieren sich für die Schnittstelle. Wenn Ihre Aufgabe darin besteht, eine Benutzeroberfläche zu entwerfen, werden sich also alle für alles interessieren, was Sie tun! Ihre gesamte Arbeit ist damit exponiert und löst natürlich mehr Meinungsäußerungen und Vorschläge aus, als das in vielen anderen Bereichen in einem Unternehmen der Fall wäre.

Unsere Designarbeit ist entscheidend für den Markterfolg der Produkte unserer Arbeitgeber oder Kunden, deshalb sind wir auch dafür verantwortlich, deutlich zu machen, in welcher Weise und warum unsere Arbeit so wertvoll ist. Das passiert nicht von selbst. Dazu braucht es Arbeit, dazu braucht es Übung, aber noch wichtiger: Dazu braucht es gute Kommunikation.

Da ist kein U oder X in »Team«

Man könnte vermuten, Kollaboration müsse der Höhepunkt eines großartigen Designprozesses sein: Unterschiedliche Meinungen finden zusammen, damit daraus die bestmögliche Lösung entsteht. Das ist es, was sich alle wünschen. Dabei hat man das Bild einer kleinen Gruppe respektvoller Intellektueller vor Augen, die leidenschaftlich und gemeinschaftlich über die richtigen Lösungen debattieren, bis die Diskussion zu einem idealen Design führt, auf das niemand allein hätte kommen können. Teamwork in Reinkultur! Alle gehen zufrieden nach Hause, fühlen sich erfüllt und respektiert – bereit für die nächste gestalterische Herausforderung. Oder? Wir mögen uns diese Form der Zusammenarbeit zwar wünschen, aber es wird deutlich komplizierter, wenn wir nicht alle einer Meinung sind. Wenn wir nicht miteinander übereinstimmen, neigen wir dazu, uns defensiv zu verhalten – uns zu verteidigen. Und wenn das passiert, können wir uns nicht mehr auf die wirklichen Probleme konzentrieren. Das Meeting endet dann nicht mit einem gemeinschaftlichen Ergebnis, sondern mit einem murrend akzeptierten Kompromiss und – oft genug – einer verkrüppelten User Experience.

In solchen Situationen verderben zu viele Köche den Brei. Jeder hat irgendeinen Vorschlag dazu, wie man ein bestimmtes Problem lösen könnte. Wir hören von verschiedenen Seiten unterschiedliche Meinungen und sind außerstande, unsere eigenen Entscheidungen gegen diese Flut von Rückmeldungen zu verteidigen. Aus einer Anregung wird eine Idee für etwas anderes. Diese Idee regt dazu an, über etwas Drittes nachzudenken. Wird dem jetzt nicht Einhalt geboten, kann die Konversation außer Kontrolle geraten und zu einem Durcheinander gut gemeinter Änderungen mutieren, die in ihrer Gesamtheit den Untergang für das komplette Projekt bedeuten. Das Ziel, das wir gemeinsam erreichen wollten, gerät durch Gruppendenken und Herdentrieb aus dem Blick. Denken Sie daran: Teamarbeit hört immer mit Arbeit auf.

Der CEO-Button

Aus diesem Grund gibt es Phänomene wie den *CEO-Button*.

> Der CEO-Button ist eine ungewöhnliche oder unerwartete Anfrage einer Führungskraft, eine Funktion hinzuzufügen, die das Gleichgewicht eines Projekts komplett zerstört und den eigentlichen Sinn des Designerdaseins untergräbt.

Das klingt lustig, ist aber leider wahr. Sie können Wochen oder Monate damit verbringen, die bestmögliche App zu entwickeln. Ihr Team hat alle Best Practices einfließen lassen. Sie haben Usability-Tests durchgeführt, um zu beweisen, dass es funktioniert. Und doch kann eine einzige Führungskraft daherkommen und die ganze Sache in die Luft jagen. Das möchten wir verhindern.

Das Homepage-Syndrom

Ein weiteres häufiges Problem ist das *Homepage-Syndrom*.

> Das Homepage-Syndrom ist ein Zustand, bei dem der Startbildschirm einer App oder Website zu einem Auffangbecken für alles nur Denkbare wird, zu einem Sammelsurium von Links, Schaltflächen und Werbebannern. Das anwenderfreundliche Gefüge löst sich auf und bringt Designer dazu, sich abends verzweifelt in den Schlaf zu weinen.

Manchmal entartet, wie sehr wir uns auch bemühen mögen, eine Startseite zu einem riesigen Durcheinander. Jeder möchte, dass sein eigener Geschäftsbereich dort vertreten ist. Fast so, als würde etwas gar nicht existieren, wenn es nicht auf der Startseite vorkommt. Das neue große Ding, das wir gerade auf den Markt bringen? Stell es auf die Homepage. Und diese andere Sache, die nicht so gut läuft? Stell sie auf die Homepage, vielleicht können wir damit etwas erreichen. Kommt Ihnen das bekannt vor? Wir müssen lernen, mit diesem Phänomen umzugehen.

Der Job heißt Kommunikation

Die gute Nachricht lautet, dass das kein Naturgesetz ist. Die Disruptionen und Kompromisse, die bei kollaborativen Designprozessen in Unternehmen und Organisationen so häufig vorkommen, lassen sich durch eine bessere Kommunikation mit den beteiligten Interessengruppen vermeiden. Meiner Erfahrung nach gehen die meisten Probleme oder Bedenken, die Projektbeteiligte an uns herantragen, auf Missverständnisse oder Fehlkommunikation zurück. Der Schlüssel liegt in der Art und Weise, *wie* wir mit ihnen über unsere Entwürfe sprechen.

Das macht Sinn, wenn man genauer darüber nachdenkt. Alle unseren zwischenmenschlichen Beziehungen sind nichts weiter als eine ständige Abfolge von Übereinkünften und Missverständnissen. Wir können nicht immer beeinflussen, wie uns andere anfänglich verstehen. Jeder geht mit seinem persönlichen Erfahrungsschatz in Gespräche. Was wir jedoch steuern können, ist die Art und Weise unserer Kommunikation, um dadurch das zukünftige Verständnis zu beeinflussen. *Wie* wir mit Menschen sprechen und *was* wir dabei sagen, wird ihre Reaktionen mitbestimmen.

Auch wenn Sie immer gesagt bekommen haben, dass es Ihr Job sei, Dinge zu entwerfen – in Wirklichkeit heißt Ihr Job: Kommunikation!

Die guten Kommunikatoren gewinnen

Als besserer Kommunikator eröffnen sich Ihnen mehr Möglichkeiten. Ich bin immer wieder erstaunt darüber, wie viele Designer sich für einen Job bewerben, obwohl ihnen grundlegende Kommunikationsfähigkeiten fehlen. Interessenten schicken mir Lebensläufe ohne Begleitmail, vergessen Vorstellungsgespräche oder befolgen die Vorgaben nicht. Letztlich widme ich meine Aufmerksamkeit aber nur solchen Kandidaten, die gut kommunizieren können. Die schlechten Kommunikatoren landen ganz schnell im Abseits.

Häufig bringen meine Chefs oder Kunden zum Ausdruck, dass sie mich unter anderem deshalb eingestellt haben, weil es so schwer ist, Leute zu finden, die zuverlässig sind und effektiv kommunizieren können. Ich habe schon viele Geschichten über ehemalige Designer gehört, die einfach nicht gut darin waren, Erwartungen zu formulieren, Anweisungen zu befolgen oder sich klar über ihre Arbeit mitteilen zu können. Ob sie gut und erfolgreich mit den anderen Projektbeteiligten zusammenarbeiten können, insbesondere mit Entwicklern und Managern, ist oft das, was gute Designer von schlechten unterscheidet. Es geht nicht darum, dass Sie das innovativste Design entwerfen können, sondern darum, dass die Art und Weise, in der Sie mit Menschen zusammenarbeiten, Vertrauen in Sie und Ihre Kompetenz vermittelt.

Wenn Sie ein guter Kommunikator sind, wird Ihr Job einfacher. Es mag seltsam klingen, aber möglicherweise ist das bereits alles, was Sie brauchen, um sich von anderen Designern abzuheben – selbst von denen, die künstlerisch vielleicht talentierter sind als Sie. Ganz einfach: Am Ende gewinnen die besseren Kommunikatoren.

Klarheit führt zum Erfolg

Es geht aber um mehr als um Worte. Wir müssen unsere Worte zu etwas machen, das eine Veränderung bewirkt oder Menschen dazu bringt, unsere Entscheidungen zu unterstützen. Wir müssen genau erklären, warum wir was wie getan haben. Es reicht nicht, oft genug oder ausdauernd zu reden – wir müssen unsere Worte auf zwingende und überzeugende Weise einsetzen. Es geht darum, sich verständlich und effektiv zu artikulieren.

Der Schlüssel liegt darin, sich sowohl der Botschaft bewusst zu sein, die man vermitteln will, als auch der Reaktion, die man hervorrufen möchte. Wenn Sie es schaffen, Ihre Botschaften so zu gestalten, dass Sie damit die gewünschten Reaktionen hervorrufen, werden Sie mit viel größerem Erfolg Ihre Ziele erreichen.

Die besten Ideen gewinnen (nicht immer)

Man möchte glauben, dass sich immer die besten Ideen durchsetzen und großartige Entwürfe für sich selbst sprechen. Dass am Ende die besten Ideen ausgewählt werden, ist aber eine sehr idealistische Vorstellung. Das sollte vielleicht so sein, aber das wirkliche Leben sieht oft anders aus. Und zudem ist der Mensch

Teil der Gleichung. Die besten Ideen müssen sich (leider) in ganzen Serien von Meetings bewähren, in denen konkurrierende Interessen um Aufmerksamkeit buhlen. Derjenige, der die anderen davon überzeugen kann, dass er recht hat, setzt sich durch. Ihr Design mag revolutionär sein, aber wenn ein aggressiver und redegewandter Vertriebsmitarbeiter Ihren Chef davon überzeugen kann, dass Sie danebenliegen und er recht hat, wird eher dieser die nötige Unterstützung bekommen.

Designer, die ihre Arbeit nicht gut erläutern und begründen können, werden am Ende als Verlierer dastehen und gezwungen sein, Änderungen vorzunehmen, mit denen sie nicht einverstanden sind. Das soll nicht heißen, dass die Beziehung zu den Stakeholdern feindlich sein muss. Nein, solche Diskussionen können sich sehr wohl wie gute, solide Teamarbeit anfühlen. Wenn Sie aber den Mund nicht aufbekommen und Ihre Sicht der Dinge darlegen, werden Sie oft gezwungen sein, nachteilige Änderungen an Ihren Entwürfen vorzunehmen zu müssen.

Können Sie Ihre Entwürfe stattdessen klar und verständlich erläutern, hat das vielfältige Wirkungen:

Sie zeigen Ihre Intelligenz.
: Sie sind klug. Sie wissen, wovon Sie sprechen. Sie haben Erfahrung auf diesem Gebiet. Man kann Ihnen die Lösung anvertrauen.

Sie demonstrieren Zielgerichtetheit.
: Sie haben darüber nachgedacht und sind drangeblieben. Sie verfolgen einen logischen Ansatz. Dies ist keine zufällige Idee. Es gibt ein Ziel und einen Fokus.

Sie strahlen Selbstvertrauen aus.
: Sie wissen, was Sie wollen. Und wie Sie es erreichen können. Sie argumentieren solide und geben kein Wischiwaschi von sich. Sie meinen, was Sie sagen.

Sie zeigen Respekt.
: Sie sind gut vorbereitet. Sie wissen die Meinungen aller Beteiligten zu schätzen. Sie verschwenden nicht deren wertvolle Zeit. Das zeugt von Wertschätzung.

Bei der Vermittlung von Design geht es darum, zu kommunizieren, *warum* wir etwas in genau der gezeigten Weise gemacht haben, damit die Stakeholder unsere Beweggründe besser verstehen. Ja, wir können unsere Arbeit sogar so präsentieren, dass sie auch *deren* Bedürfnisse und Erwartungen anspricht. Die Projektbeteiligten können Vertrauen zu uns aufbauen, indem wir durch Logik und Vernunft unser Fachwissen beweisen und es auf eine Weise vermitteln, die sie verstehen können. Wir müssen also die Macht der Kommunikation nutzen, uns klar und verständlich ausdrücken und andere auf diese Weise davon überzeugen, dass unsere Entscheidungen die bestmögliche Lösung darstellen. Uns entschieden und verständlich auszudrücken, wird uns helfen, erfolgreich zu sein.

Ein guter Designer werden

Um die Vermittlung unserer Designentscheidungen zu verbessern, sollten wir uns einmal ansehen, was ein Design erfolgreich macht, denn das bestimmt, wie wir darüber kommunizieren. Lassen Sie uns die UX auf ihren Kern reduzieren. Wir müssen verstehen, was eine großartige Benutzererfahrung ausmacht, damit wir die zugrunde liegenden Überlegungen und Ansätze darstellen können.

Die Großen Drei

Lassen Sie uns also zurückkehren zur Frage: *Was macht gutes Design aus?* Man kann über die Antwort so lange diskutieren, wie man will: Wenn es um die Gestaltung der User Experience geht, ist ein Entwurf nur dann wirklich gut, wenn er ein Problem löst. Meistens versuchen wir, Unternehmensprobleme zu lösen oder ein Ziel zu erreichen, das dem Unternehmenswachstum dient. Wenn wir einem benutzerzentrierten Designansatz folgen, geht es aber nicht nur um die Unternehmensaufgaben, sondern auch darum, unsere Designs für die Menschen, die sie letztlich benutzen sollen, möglichst einfach bedienbar zu machen.

Dabei vergessen wir jedoch oft, dass es noch andere Personen gibt, die Einfluss auf unser Projekt haben. Es reicht nicht aus, einfach eine unglaublich gute App zu entwickeln, wir müssen uns auch die Unterstützung unseres Teams sichern. Ohne diese Unterstützung wird unser Projekt nicht vorankommen.

Der Unterschied zwischen einem guten Designer und einem hervorragenden Designer liegt in der Fähigkeit, ein Problem nicht nur zu lösen, sondern auch zu artikulieren, wie das Design es auf eine Weise löst, die überzeugend ist und eine breite Zustimmung erreicht.

Insgesamt gibt es aus meiner Sicht drei Dinge, die den Erfolg eines Designs ausmachen:

1. Es löst ein Problem.
2. Es lässt sich einfach benutzen.
3. Es wird von allen unterstützt.

Dies sind die Grundlagen für hervorragende UX, die ein Durchschnittsmensch (wie die Stakeholder) verstehen kann. Projekte, die scheitern, weisen meist in einem dieser Bereiche Defizite auf. Wenn alle drei Punkte erfüllt sind, wird Ihr Projekt erfolgreich sein.

Schauen wir uns diese drei Voraussetzungen genauer an.

Löse das Problem

In unserer Arbeit geht es vor allem darum, bestimmte Aufgaben zu lösen: Geschäftsziele zu erreichen, Engagement, Konversionen, Interaktionen, Feedback auszulösen. Wie auch immer die Problemstellung lautet – unsere Aufgabe ist es, eine Lösung zu finden und deren Erfolg zu messen. Aber wie können wir herausfinden, ob wir unsere Aufgabe erfüllt haben? Indem man sich vor und nach einer Veränderung die Metriken ansieht: Man verfolgt bestimmte Kennzahlen und überprüft, ob sie sich verbessern.

Hoffentlich haben Sie und Ihr Team diese Ziele, Metriken oder Leistungskennzahlen (*Key Performance Indicators*, *KPIs*) für Ihr Projekt bereits festgelegt. Falls nicht, empfehle ich Ihnen, das selbst zu tun, damit es einen Maßstab gibt, den Sie in Ihren Gesprächen anlegen können. Projekte ohne solche Zielangaben werden mit Sicherheit nur vor sich hinvegetieren. Wenn man nichts in der Hand hat, an dem man seinen Erfolg messen kann, wie will man dann andere davon überzeugen, dass man mit den eigenen Einschätzungen richtigliegt? Ansonsten ist das Ganze lediglich eine Frage der Meinung, und subjektive Bewertungen werden das weitere Vorankommen erschweren. Wenn Ihr Team also noch keine messbaren Ziele etabliert hat, sollten Sie so schlau sein, jetzt selbst welche einzuführen. Finden Sie heraus, was die wichtigsten Faktoren für Ihre Stakeholder sind – Impressionen, Konversionen, Registrierungen neuer Nutzerkonten – und wählen Sie dann eine oder zwei messbare Größen aus, die Sie verbessern möchten, und halten Sie sie schriftlich fest. Setzen Sie sich Zielgrößen und nutzen Sie sie zu Ihrem Vorteil, wenn Sie mit anderen über das Projekt sprechen.

Obwohl wir als Designer sicherlich versiert darin sind, an solche Problemstellungen mit kreativen Lösungen heranzugehen, sind wir uns über unsere eigenen Denkprozesse nicht immer ausreichend genug im Klaren, um anderen Menschen zu vermitteln, warum wir bestimmte Dinge auf eine bestimmte Weise getan haben. Bei unseren Lösungen kommt Intuition ins Spiel, und das ist es, was uns zu guten Designern macht: Wir wissen, wie wir bestimmte Probleme gestalterisch lösen können. Wir erkennen Lösungen oft fast von selbst, ohne viel darüber nachzudenken. Ein anderes Mal kommen wir vielleicht nur durch zähes Ausprobieren zu einem Ergebnis. Und unabhängig davon, welchen dieser Wege wir beschreiten, nehmen wir im Laufe der Zeit Änderungen vor und verwandeln unsere Ideen in etwas, das letztlich einen Mehrwert bietet. Es ist jedoch gar nicht so einfach, herauszufinden, was diese Intuition eigentlich antreibt. Wieso fühlt sich etwas »richtig« an? Und wie können wir anderen Personen unsere Sichtweise vermitteln? Auf welche Weise führt eine bestimmte Kombination von kleinen Schritten zur richtigen Lösung? Unsere praktische Erfahrung darin, Problemstellungen durch Design zu lösen, muss von einer Bewusstheit begleitet werden, die uns hilft, anderen Menschen unsere Entscheidungen zu erklären.

Wenn Sie an einem Entwurf arbeiten, müssen Sie sich jede Entscheidung, die Sie treffen, bewusst machen und verstehen, warum Sie sie treffen. Sie müssen sich ständig fragen: *»Welches Problem versuche ich damit zu lösen?«* In Kapitel 7 werde ich einige der Methoden beschreiben, die ich selbst am häufigsten zur Beschreibung meiner Lösungen verwende. Für den Moment sollten Sie sich einfach darüber im Klaren sein, dass Sie sich aller Änderungen, die Sie vornehmen, aller neuen Dinge, die Sie hinzufügen, und aller Umstellungen, die auf dem Weg zur passenden Schnittstelle nötig sind, bewusst sein müssen. Diese zuerst noch unbewussten Entscheidungen sind der Schlüssel, um anderen Menschen Ihre Entwürfe zu erklären und sicherzustellen, dass Ihre Perspektive als Experte im Mittelpunkt des endgültigen Entscheidungsprozesses steht.

Am besten ist es, all das aufzuschreiben. Es hat etwas, Ihre unbewussten Gedanken in eine greifbarere Form zu bringen, sodass Sie sich später an alle Einzelschritte erinnern können. Da Sie messbare Aufgaben zu bewältigen haben, beschreiben Sie sie und die gefundenen Lösungen. Tun Sie alles, was nötig ist, um Ihren eigenen Gedankengang zu dokumentieren.

Ich bin ein Listenersteller: Ich liebe es, Listen zu führen und sie über alle meine Geräte hinweg zu synchronisieren. Manche Menschen ziehen es vor, alles auf Papier zu erfassen und ihre Hand zu benutzen, um ihre Gedanken mit der physischen Welt zu verbinden. Sie können sich einfache Notizen machen oder komplexe Skizzen anfertigen. Bringen Sie Ihre Lösungen zu Papier oder zeichnen Sie ein Storyboard, das die Vorher-nachher-Effekte Ihrer Entwürfe zeigt. Die Methode, mit der Sie Ihre Antworten notieren, spielt letztlich keine Rolle. Es geht darum, dass Sie konkret über Ihre Entscheidungen nachdenken.

Hier sind ein paar Beispiele aus meiner eigenen Arbeit:

Problem	Lösungsvorschlag
Die Benutzer bemerken nicht, dass bei einer Änderung der Filtereinstellungen die Ergebnisliste aktualisiert wird, da dies sofort geschieht.	• Den Zähler, der die Anzahl der Listenelemente anzeigt, näher an die Filter verschieben, damit der Benutzer die Änderung der Anzahl sehen kann. • Wenn der Benutzer eine Checkbox aktiviert, kurz einen Lade-Spinner anzeigen. • Hinzufügen einer Schaltfläche »Fertig«, die das Bedienfeld schließt, sodass der Benutzer das Gefühl bekommt, eine Aufgabe abgeschlossen zu haben.
Benutzer gehen von der Marketing-Landingpage nicht zu den nächsten Schritten über.	• Überschrift und Hero-Image nach links verschieben, um auf der rechten Seite Platz für den Call-to-Action (CTA) zu schaffen. • Die Farbe des CTA auf Rot ändern; den Werbetext ändern. • Hintergrundbild entfernen, zu ablenkend. • Die »Nächste Schritte«-Liste so positionieren, dass sie über den Fold hinausreicht, damit der Nutzer veranlasst wird, zum zweiten CTA zu scrollen.
Benutzer legen in der Listenansicht »Suchergebnisse« keine Produkte in den Warenkorb.	Anzahl der Aktionen reduzieren, die erforderlich sind, um einen Artikel aus der Suche in den Warenkorb zu legen. Hinzufügen mit Tippgeste oder einem Tastendruck: • Tippt oder klickt man auf »In den Warenkorb«, wird der Artikel zunächst automatisch dort hinzugefügt, ohne dass man eine Menge oder andere Informationen angeben muss. • Beim Berühren ändert sich die Schaltfläche in eine Menge mit dem Anfangswert 1. Der Benutzer kann die Menge nach Bedarf erhöhen. • Die zweite Bestätigungsschaltfläche »In den Warenkorb« weglassen. • Animierte Meldungen einbauen, um anzuzeigen, dass das Element hinzugefügt wurde. • »Weiter zur Kasse«-Call-to-Action einfügen unterhalb der Meldungen. • Bei Elementen mit Optionen, wie z. B. Farbe oder Größe, wird automatisch ein Standardwert gesetzt, aber dem Benutzer wird die Möglichkeit gegeben, diesen innerhalb der Ansicht zu ändern.

Es mag auch sinnvoll sein, Ihre Entwürfe nur mit Worten zu beschreiben. An unserer Arbeit ist so vieles rein visuell, dass es schwierig sein kann, sich vorzustellen, wie das in einer Welt ohne Bilder »klingt«. Warum sollten wir – da unser Endziel darin besteht, anderen Menschen davon zu erzählen – nicht versuchen, jedes Detail sprachlich so zu formulieren, dass jemand, der es nicht selbst sehen kann, dennoch ein Bild vor Augen hat? Wie würden Sie jemandem am Telefon Ihre Entwürfe erklären? Oder per E-Mail? Wenn Sie Ihre Arbeit in dieser Form beschreiben, werden Sie auch Beweggründe entdecken, die Ihnen bisher noch gar nicht bewusst waren. Diese Übung soll Ihnen dabei helfen, Ihren eigenen Denkprozess aufzudecken und Ihre Entscheidungen zunächst sich selbst zu erklären. Sie ist nicht als Ersatz für die visuelle Präsentation Ihrer Entwürfe gedacht.

Hier ein Beispiel aus einem meiner eigenen Projekte:

> Die Listenansicht ist standardmäßig alphabetisch nach Ländern sortiert. Das Standard-Sortiermenü ist oben rechts zu erreichen. Jedes Element der Liste besitzt genau die richtige Höhe, die ein mobiles Touch-Target haben muss. Die Flagge des jeweiligen Landes wird auf der linken Seite des Eintrags angezeigt. Wir glauben, dass Nutzer die Einträge so besser erfassen können. Neben der Flagge steht in fetter Schrift der Name des Landes und direkt darunter, in kleinerer grauer Schrift, eine kurze Beschreibung des Projekts. Ein kurzer Verweis auf den Titel des Berichts. Ganz rechts von diesen Bedienelementen befinden sich zwei Dinge: 1. eine Zusammenfassung der Daten für den Berichtstyp, den der Benutzer ausgewählt hat. Es wird zum Beispiel der Prozentsatz angezeigt, etwa 34 Prozent für die Infektionsrate, oder die Summe in Kurzschreibweise wie 1,5 m. 2. ein Pfeil als Hinweis, dass es »rechts« weitere Inhalte gibt, wenn der Benutzer auf dieses Element tippt. Durch die Flagge kann der Benutzer schnell das richtige Land finden, und der kurze Datenausschnitt soll bei der Entscheidung helfen, ob er per Tippgeste den detaillierteren Bericht aufrufen will. Mit diesem Design sollte der Benutzer in der Lage sein, die Liste schnell zu durchsuchen, um den passenden Bericht zu finden.

Eine solche Verschriftlichung muss nicht lang sein und sollte auch nicht zu viel Zeit in Anspruch nehmen. Es ist keine sinnlose Beschäftigungstherapie. Tun Sie alles, was Ihnen hilft, Ihre eigenen Überlegungen besser kennenzulernen. Wenn Sie sich zum Beispiel dabei ertappen, dass Sie Ihre Entwürfe mit denen einer anderen beliebten Plattform vergleichen, ist das ein Zeichen dafür, dass es bei Ihrer Entscheidung darum ging, ein Problem zu lösen, das die andere Plattform möglicherweise bereits adressiert hat. »Wenn Sie auf die Schaltfläche tippen, wird der nächste Satz an Ergebnissen auf die gleiche Weise wie bei SocialAppXY geladen.« Es ist in Ordnung, Entscheidungen auf Basis einer anderen App zu treffen, aber es ist nicht immer das beste Argument. Es erlaubt Ihnen aber, eine Reihe neuer Fragen zu stellen, um Ihrem eigenen Denken auf den Grund zu gehen: Warum wird das in SocialAppXY so gemacht? Ist unser Kontext ähnlich genug? Hat SocialAppXY irgendwelche Daten dazu erhoben?

Wurde diese Wahl absichtlich getroffen? Jedes Mal, wenn Sie in der Lage sind, Ihre Entwürfe zu beschreiben, decken Sie einen Teil Ihres Denkprozesses auf, was Ihnen dabei helfen kann, erfolgreicher darüber zu sprechen.

Sie müssen diese Notizen nicht mit Ihren Kunden oder Stakeholdern teilen. Vielleicht werden sie nie das Licht der Öffentlichkeit sehen, und das ist auch in Ordnung. Im Moment geht es mehr darum, das Bewusstmachen zu üben, als um die Kommunikation mit anderen. Entscheidend ist, dass das Schreiben über den eigenen Schaffensprozess Ihrem Gehirn dabei hilft, Verbindungen herzustellen zwischen dem Problem, an dem Sie arbeiten, und der Art und Weise, in der Ihre Entwürfe es lösen. Je stärker Sie solche Vernetzungen ausbilden, desto besser sind Sie darauf vorbereitet, mit anderen über diese Themen zu sprechen. Ziel ist es, einen für Sie geeigneten Weg zu finden, Ihren Gedankenprozess in etwas Reales, Teilbares und Sichtbares zu verwandeln, um die passenden Worte zu finden, damit Sie sich anderen Menschen auf eine verständliche und sinnvolle Weise erklären können.

Mach es einfach

Wenn wir einen anwenderzentrierten Designansatz verfolgen, müssen wir natürlich etwas entwerfen, das sich einfach benutzen lässt. Obwohl wir wissen, dass beim Design Benutzerfreundlichkeit die zentrale Herausforderung darstellt, ist es nicht immer leicht, das anderen Menschen nahezubringen. Ich gehe natürlich davon aus, dass Sie wissen, worum es bei Usability geht. Schließlich will ich Ihnen keine Ratschläge dazu geben, wie Sie Ihre Oberflächen benutzerfreundlich(er) gestalten können, sondern möchte Ihnen helfen, Ihren eigenen Ansatz, was Benutzerfreundlichkeit angeht, zu durchdenken, damit Sie ihn anderen Menschen besser vermitteln können.

Genauso wie bei anderen Problemen, die Sie in Ihrem Leben gelöst haben und bei denen Sie sich Ihre Entscheidungen bewusst gemacht haben, müssen Sie das auch hier tun. Fragen Sie sich bei jedem Schritt des Prozesses, bei jeder Entscheidung, die Sie treffen: »Wie wirkt sich das auf den Benutzer aus?« Die Schwierigkeit bei der Beantwortung dieser Frage liegt darin, dass wir oft einfach nicht wissen, wie sich unsere Entscheidungen auf die Benutzer auswirken werden. Wir können nur Vermutungen anstellen, ausprobieren und Schlüsse aus dem ziehen, was wir beobachten. Wie im vorherigen Abschnitt gilt: Schreiben Sie es auf. Sie müssen diese Frage zuerst für sich selbst beantworten können, damit Sie darauf vorbereitet sind, diese Antwort auch den Projektbeteiligten zu geben.

Will ich festhalten, wie sich meine Entwürfe auf die Benutzer auswirken, schreibe ich eine User Story, die entweder auf einer von mir beobachteten Session mit Usern oder lose auf dem allgemeinen Anwendungsfall basiert. Hier einige Beispiele:

<table>
<tr><th>Designänderungen</th><th>Wie sie sich auf die Nutzer auswirken</th></tr>
<tr><td>
</td><td>Zwei sehr ähnliche Schaltflächen für »Anmelden« und »Registrieren« nebeneinander anzuzeigen, ist für manche Benutzer verwirrend. Wir haben beobachtet, dass Benutzer bei der Entscheidung, welche Schaltfläche sie wählen sollen, zögern, weil sich diese so ähneln. Da »Registrieren« in diesem Zusammenhang am häufigsten gewählt wird, habe ich dieser Schaltfläche die volle Breite des Containers gegeben und die Schaltfläche »Anmelden« in einen Textlink geändert. Das sollte neuen Benutzern die Registrierung erleichtern, während für bestehende Benutzer weiterhin ein einfaches Log-in möglich ist. Die meisten bereits registrierten Benutzer werden direkt auf ihre Kontoseite geführt, da sie automatisch eingeloggt werden. Dies sollte die Verwirrung verringern und die Konversionsrate erhöhen.</td></tr>
<tr><td>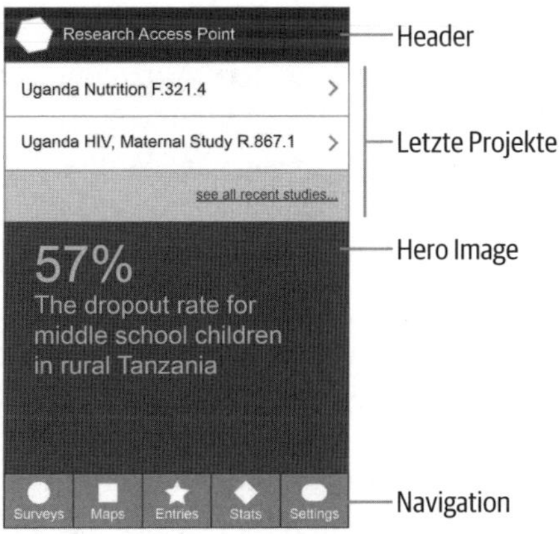
</td><td>In der Feldforschung brauchen Wissenschaftler schnellen Zugriff auf ihre Daten, ohne langwierig durch die App navigieren zu müssen. Anstatt das Hero-Image am oberen Rand des Startbildschirms anzuzeigen, verschieben wir es zugunsten einer darüber angezeigten Liste »Letzte Projekte« weiter nach unten. Auf diese Weise stehen ihnen die Berichte leichter zur Verfügung – und genau dazu wird die App in erster Linie genutzt, nachdem auf die Projekte zugegriffen wurde.</td></tr>
</table>

Vereinfacht gesagt, geht es bei Usability um zwei Dinge: gesunden Menschenverstand und Nutzerforschung. Wenn Sie mit einem Projekt beginnen, gibt es meist noch keine Daten oder Beobachtungsergebnisse. Sie haben also gar keine andere Wahl, als Vermutungen darüber anzustellen, was für den Benutzer am besten funktionieren wird. Als Usability-Experte kennen Sie sich mit der Gestaltung von Benutzeroberflächen aus, sodass Sie fundierte Annahmen dazu treffen können, was Ihrer Meinung nach eine möglichst einfache Nutzererfahrung gewährleistet. Hier kommt der gesunde Menschenverstand ins Spiel. Es gibt wirklich keinen Grund, zu viel darüber nachzudenken. Erstellen Sie die einfachste Lösung, die Sie sich vorstellen können. Tun Sie, was Sie für sinnvoll halten, und machen Sie von da aus weiter.

Das, was *Sie* für sinnvoll halten, und das, was ein Anwender *tut*, sind natürlich oft zwei Paar Schuhe. Deshalb gibt es Nutzerforschung. Nachdem wir einige fundierte Überlegungen angestellt haben, müssen wir unsere Ideen mit echten Menschen testen. Nutzerforschung kann viele Formen annehmen, aber die am häufigsten genutzten Werkzeuge sind entweder Datenanalysen oder Usability-Studien. Wir werden in Kapitel 6 genauer darauf eingehen. Ich möchte hier nur schon darauf hinweisen, dass die Herausforderung bei Analytikdaten darin besteht, dass sie uns nur sagen, *was* die Benutzer getan haben. Sie können uns nicht sagen, *warum* sie es getan haben. Wie sich Ihre Entscheidungen auf die Anwender auswirken, können Sie nur herausfinden, indem Sie sie beobachten. Treffen Sie also die bestmöglichen Annahmen aufgrund der vorliegenden Daten (soweit es welche gibt), aber testen Sie Ihre Entwürfe dann mit echten Menschen, und zeichnen Sie Ihre Beobachtungen auf. Die Ergebnisse werden Sie vielleicht überraschen, aber Sie werden viel besser dafür gewappnet sein, Ihre Entscheidungen zu verteidigen.

Unterstützung bekommen

Es reicht allerdings nicht, alle Aufgaben zu lösen und unsere App benutzerfreundlich zu gestalten. Wenn uns die Stakeholder nicht unterstützen, werden wir nicht weiterkommen. Sie können das innovativste Design der Welt entwickeln, aber wenn niemand in Ihrem Projektteam versteht, was Sie da eigentlich tun, wird Ihr Entwurf am Ende nicht umgesetzt.

Was passiert, wenn Sie keine Unterstützung finden? Sie werden die ewig gleichen Gespräche wieder und wieder führen müssen. Wenn sich die Projektbeteiligten nicht daran erinnern, warum Sie bestimmte Dinge auf eine ganz bestimmte Weise angegangen sind (weil Ihre Erklärung nicht überzeugend oder einprägsam genug war), werden sie eine bereits gestellte Frage beim nächsten Treffen erneut zur Sprache bringen. »Also, warum genau hatten wir uns darauf geeinigt, das so und nicht anders zu machen?« Wenn die Menschen nicht von Ihren Lösungen überzeugt sind, werden sie immer wieder über Alternativen nachdenken. Der Projektumfang wird mit der Zeit anwachsen, weil irgendjemand vorschlägt, noch etwas hinzuzufügen: hier ein einfaches Steuerelement, dort eine weitere Schaltfläche, hier ein zusätzliches Menü. Als Ergebnis werden Sie in Ihrer Arbeit gebremst, weil Sie sich durch die dauernde Beschäftigung mit diesen ganzen Vorschlägen verzetteln. Am Ende müssen Sie vielleicht ein Produkt mit suboptimaler UX ausliefern, nur weil Sie die Beteiligten nicht für Ihre Lösung gewinnen konnten.

Die Unterstützung aller Mitglieder Ihres Teams zu erhalten – darauf liegt das Hauptaugenmerk dieses Buchs. Wir werden nicht weit kommen, wenn wir uns nicht darauf einigen können, gemeinsam in die richtige Richtung zu gehen. Darum geht es bei der Einwerbung von Unterstützung: Menschen davon zu überzeugen, uns die Lösung anzuvertrauen. Sie müssen ein Umfeld schaffen, in dem alle genau verstehen, was Sie tun, an Ihre Kompetenz glauben und Ihre Entscheidungen unterstützen, damit sich keine Hemmnisse ergeben.

Ich verwende absichtlich das Wort »Unterstützung« und nicht etwa »Zustimmung« oder »Einverständnis«. Wir werden niemals alle dazu bringen können, sich auf eine bestimmte Lösung zu einigen. Um Zustimmung geht es auch nicht, denn sie impliziert ein gewisses Maß an Konsens. Das ist nicht das, wonach wir suchen. Wir suchen *Unterstützung* – für uns, unser Fachwissen, unsere Lösungen oder unseren Plan für das weitere Vorgehen. Es ist möglich, die Unterstützung aller Projektbeteiligten zu bekommen, auch wenn sie mit unserer Lösung nicht einverstanden sind. Genau genommen suchen wir nach einer *Einigung, im Projekt voranzukommen*, nicht nach einer *Einigung auf eine Lösung*. Vorwärtsdynamik ist das Ziel, nicht Konsens. Wir brauchen schlicht die Unterstützung der Stakeholder.

Und um diese nötige Unterstützung zu erhalten, müssen wir unsere Entwürfe genau zu verstehen lernen, indem wir uns fragen: *»Warum ist unsere Lösung besser als die Alternative?«* Diese Frage impliziert, dass wir die Alternativen kennen, sie in Betracht gezogen oder sogar ausprobiert haben und bereit sind, zu erklären, warum unsere Lösung besser ist.

Alles, was wir entwerfen, kann man auch anders machen. Bei jedem Entwurf, den wir erstellen, gibt es eine alternative – oft gegensätzliche – Möglichkeit, die gleiche Problemstellung zu lösen. Genau deshalb gibt es Meinungsverschiedenheiten über die zu wählenden Lösungen. Es ist das zentrale Problem bei der Vermittlung und Begründung von Designentscheidungen. Als Designer sind wir sehr gut darin, Lösungen für ein Problem zu finden, aber weniger geschickt darin, *alle* Lösungen zu erkennen. Sobald wir glauben, die richtige Lösung gefunden haben, werden wir kurzsichtig.

Heureka! Unsere Lösung ist so einleuchtend, warum noch Zeit mit der Überprüfung anderer Ansätze verschwenden? (Schließlich haben wir einen engen Zeitplan und müssen dem Kunden schon bald etwas präsentieren.) Doch diese Einstellung führt fast immer zu einem Gespräch, auf das wir nicht gut vorbereitet sind, weil der Kunde eine alternative Idee vorschlägt, die wir nicht bedacht hatten.

Paradoxerweise haben wir uns meist gedanklich durchaus mit einigen der Alternativen beschäftigt. Wahrscheinlich haben wir sie ausprobiert, Dinge umgestellt und sind schließlich bei der Lösung gelandet, die wir für die beste halten. Aber all diese kleinen Veränderungen und Versuche haben wir uns nicht ausreichend bewusst gemacht, um darauf vorbereitet zu sein, anderen Menschen unseren Designprozess verständlich zu machen. Oft wissen wir auch im Voraus, was unsere Kunden vorschlagen werden. Wenn Sie schon einmal mit den beteiligten Stakeholdern gearbeitet haben, können Sie ziemlich gut einschätzen, wie sie reagieren werden (darauf kommen wir ausführlich in Kapitel 3 zurück). Wenn Sie jedoch schon erahnen können, wie die Stakeholder reagieren werden, sich aber mit diesen Alternativen nicht wenigstens insoweit beschäftigt haben, dass Sie erklären können, warum Ihre Lösung besser ist, werden Sie es schwer haben, andere zu überzeugen.

Der entscheidende Punkt ist und bleibt: Machen Sie sich bewusst, warum Ihre Designentscheidungen besser sind als die möglichen Alternativen. Wie bei den beiden vorherigen Fragen sollten Sie Ihre Antworten aufschreiben. Machen Sie eine Liste der alternativen Lösungen der gestellten Aufgabe. Erstellen Sie eine Reihe alternativer Entwürfe, die Sie in der Hinterhand behalten und zücken, wenn Sie sie brauchen. Notieren Sie zu diesen Alternativen in einer kurzen Liste die Gründe dafür, dass dadurch das Problem nicht so gut gelöst wird wie durch den von Ihnen vorgeschlagenen Entwurf. Dieses kritische Nachdenken über die anderen Optionen wird Sie darauf vorbereiten, Ihre Entscheidungen mit anderen Menschen zu diskutieren.

Manchmal erstelle ich neben meinem eigenen Entwurf sehr einfache Wireframes der Alternativen. Wenn der Kunde beginnt, Fragen zu meiner vorgeschlagenen Lösung zu stellen, kann ich diese schnell vorzeigen und die Unterschiede visuell demonstrieren.

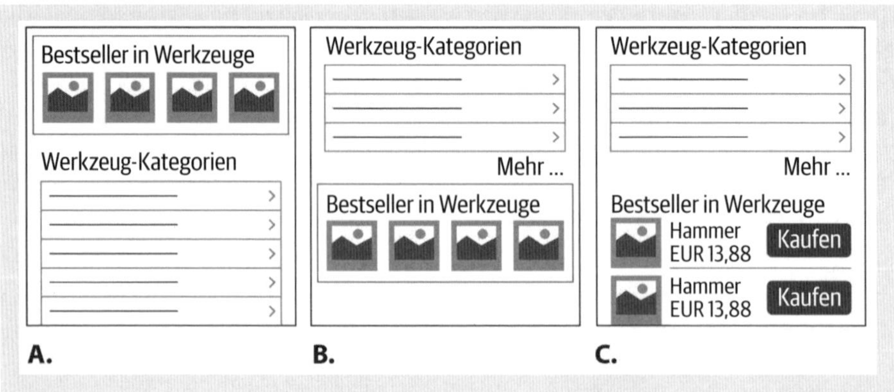

Mach es möglich

Wenn wir erfolgreich mit Menschen über unsere Designs kommunizieren wollen, müssen wir in der Lage sein, diese drei Fragen zu unserer Arbeit zu beantworten:

1. Welche Aufgabe wird damit gelöst?
2. Wie wirkt es sich auf den Anwender aus?
3. Warum ist unsere Lösung besser als die Alternativen?

Diese Fragen zu beantworten, dient als Übung, die Ihnen helfen soll, Ihre Wahlmöglichkeiten zu verstehen. Kümmern Sie sich dabei nicht zu sehr um Details. Wenn Sie diese drei Fragen beantworten können, sind Sie auf dem besten Weg, Ihre Entscheidungen gegenüber den Personen verteidigen zu können, die Einfluss auf Ihr Projekt haben. Ihre Antworten bilden die Grundlage für Ihre Entgegnungen auf alle Bedenken der Projektbeteiligten bezüglich Ihrer Entwürfe.

Ihre Fähigkeit, sich über eine Aufgabenstellung Gedanken zu machen und dafür *eine* Lösung zu finden, die Sie begründen und vermitteln können, ist wichtiger, als *jedes* Mal die perfekte Lösung zu entwerfen. Wenn andere Menschen erkennen, dass Sie sich intensiv mit einer Aufgabe beschäftigt haben und bewusst handeln, sind sie eher bereit, Ihnen zu vertrauen, selbst wenn sie anderer Meinung sind. So werden Sie ein wirklich guter Designer: indem Sie Ihre Entwürfe anderen Menschen auf eine verständliche Weise nahebringen und vermitteln.

Es dreht sich also genauso sehr um Kommunikations- wie um Designfähigkeiten. Sie müssen Ihre Entscheidungen verstehen und sie dann jemandem gegenüber artikulieren, der sich mit Design nicht so gut auskennt wie Sie. Verwenden Sie die in diesem Kapitel vorgestellten Fragen als Leitfaden, um Ihre Designentscheidungen besser zu erklären und andere davon zu überzeugen, dass Sie richtigliegen und die bestmögliche Erfahrung für die Benutzer bieten können.

Auch wenn sehr deutlich ist, wie uns effektive und überzeugende Kommunikation erfolgreicher sein lässt, ist die Umsetzung in der Praxis doch nicht ganz ohne. Dabei geht es um mehr als nur darum, die richtigen Dinge zu sagen. Nichts davon, was wir sagen, wird irgendeine Wirkung haben, wenn wir uns nicht zuvor auf unser Publikum eingestellt haben. Jetzt, da wir die Bedeutung der Kommunikation im Design erkannt haben, können wir den nächsten Schritt auf dem Weg zum hervorragenden Designer machen: Wir werden beginnen, die Dinge aus der Perspektive der Stakeholder zu sehen.

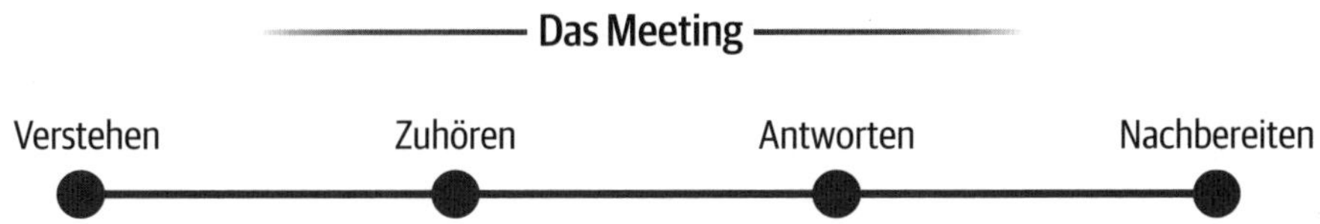

2

Auch Stakeholder sind Menschen

Bevor wir uns genauer der Frage widmen, wie wir den Stakeholdern zuhören und uns mit ihnen austauschen, möchte ich kurz auf den Beziehungsaspekt eingehen. Um die Kommunikation zwischen Ihnen und Ihren Stakeholdern zu verbessern, ist es in allererster Linie wichtig, die Beziehung zu ihnen zu verbessern, indem Sie Vertrauen und eine persönliche Verbindung zu ihnen aufbauen. Das hat oft größeren Einfluss als unsere Wortbeiträge in Besprechungen.

Sowohl im Leben wie bei der Arbeit dreht sich alles um Beziehungen. Es geht nicht nur darum, *wen* Sie kennen, sondern auch um die Qualität einer Beziehung. Wir müssen die Welt mit den Augen der Personen betrachten, die Einfluss auf unser Projekt haben. Wir müssen uns in ihre Köpfe hineinversetzen, herausfinden, wie sie ticken, und diese Informationen nutzen, um mit ihnen auf produktive und wertschätzende Weise zu kommunizieren.

Ich finde es fast ein bisschen komisch, dass wir UX-Designer zwar immer die Anwender an die erste Stelle setzen und uns empathisch in deren Perspektive beim Blick auf eine Benutzeroberfläche einfühlen, es aber oft versäumen, das auch bei den Menschen zu tun, die letztlich den Schlüssel zu unserem Erfolg in der Hand halten. Lassen Sie uns die gleichen Prinzipien auf diejenigen Menschen übertragen, mit denen wir zusammenarbeiten, damit wir gemeinsam bessere Resultate erzielen. Wir müssen uns die Zeit nehmen, die anderen Projektbeteiligten wirklich zu verstehen. Mehr noch, wir müssen uns auf einer persönlichen Ebene mit ihnen auseinandersetzen und die Qualität unserer Interaktionen verbessern.

In diesem Kapitel soll es darum gehen, wie wir den ganzen Prozess noch einmal von außen betrachten können, bevor wir uns in einer Folge von Meetings verheddern. Beginnen wir mit einer allgemeinen Darstellung der Beziehungen zu unseren Stakeholdern, damit wir sie auf möglichst effektive Weise ansprechen können.

Dazu sollten wir:

Andere als Menschen wahrnehmen
: Jeder Mensch hat neben der Arbeit auch andere Dinge im Kopf, von denen wir nichts wissen.

Gemeinsame Erfahrungen schaffen
: Wenn wir eine gemeinsame Basis finden, können wir Vertrauen aufbauen.

Einfühlungsvermögen entwickeln
: Lernen Sie andere Sichtweisen möglichst genau kennen, sodass Sie handlungsorientiert reagieren können.

Gute Fragen stellen
: Lernen Sie zu verstehen, wie Interessen abseits der Arbeit die Perspektive der Projektbeteiligten beeinflussen.

Neben diesem allgemeinen Ansatz, unsere Stakeholder besser kennenzulernen, sollten wir die einzelnen Mitglieder eines Teams ebenfalls sehr individuell betrachten und die Qualität unserer Kommunikation verbessern, indem wir:

Einflusspersonen identifizieren
: Wenn wir die verschiedenen Funktionen der Teammitglieder betrachten, können wir besser antizipieren, welche Wertvorstellungen ihre Reaktionen auf unsere Arbeit beeinflussen werden.

Gute Beziehungen aufbauen
: Oft sind es die einfachen Dinge, die eine gute Beziehung begründen: Seien Sie authentisch, packen Sie mit an, seien Sie hilfsbereit. In guten Beziehungen gestaltet sich die Kommunikation einfacher.

Uns in andere hineinversetzen

Um auf Menschen zu und auf sie einzugehen, müssen wir zuerst ihre jeweiligen Sichtweisen verstehen. Es geht darum, ihre Sprache zu lernen, sie besser kennenzulernen und unser Projekt auf Kurs zu halten. Letztlich besteht unsere Aufgabe darin, zu lernen, wie wir unsere *Stakeholder erfolgreich machen*: Helfen wir ihnen, erfolgreich zu sein, wird das als Nebeneffekt auch uns helfen, erfolgreich zu sein. Wir können ein besseres Gefühl für den persönlichen

Hintergrund anderer Personen entwickeln, indem wir uns immer wieder daran erinnern, dass sie auch nur Menschen sind, indem wir durch geteilte Erfahrungen eine gemeinsame Basis aufbauen, indem wir Empathie für ihre Perspektive entwickeln und Fragen stellen, die uns Einblick in ihre Welt geben.

Andere als Menschen wahrnehmen

Das Problem mit uns Menschen ist, dass wir alle gleichzeitig so unberechenbar und doch auch unglaublich berechenbar sind. Oft werden die Personen, die mit Ihnen in Besprechungen sitzen, innerlich mit Dingen beschäftigt sein – sowohl aus ihrem privaten wie auch aus ihrem beruflichen Alltag –, die ihnen wichtiger sind als das aktuelle, also Ihr Designprojekt. Die Menschen sind ausgelastet (oder glauben es zumindest). »Es laufen gerade zu viele Dinge gleichzeitig« oder »Ich muss zu einem anderen Meeting«, heißt es dann. Wie dem auch sei: Viele Menschen, deren Unterstützung Sie benötigen, sind nicht immer vollständig auf das fokussiert, was Ihnen gerade am Herzen liegt. Darüber hinaus können ihre Haltungen zu Ihrer Arbeit und ihre Reaktionen darauf mehr mit den Dingen zu tun haben, die außerhalb vonstattengehen, als mit dem, was Sie ihnen während eines Treffens gerade zeigen.

Bevor wir weitermachen, halten Sie einen Moment inne und denken Sie an die am aktuellen Projekt beteiligten Menschen. Rufen Sie sich ihre Gesichter, Namen und ihre Aufgabe im Unternehmen in Erinnerung. Und jetzt machen Sie sich ganz bewusst: Es sind Menschen. Jede und jeder für sich ist ein einzigartiges Individuum. Alle haben Gefühle und eine persönliche Geschichte. Sie alle führen Beziehungen außerhalb der Arbeit: zu Freundeskreisen, Partnern und Partnerinnen, Eltern und Kindern. Wenn die Besprechung zu Ende ist, gehen sie vielleicht ihre Mutter im Krankenhaus besuchen. Jemand muss seine Töchter zu einem Fußballspiel bringen. Und jemand anderer wird nach Hause gehen und ein schwieriges Gespräch mit seinem Partner führen. Obwohl wir während der Arbeit so viel Zeit miteinander verbringen, finden die wichtigsten Beziehungen all dieser Menschen woanders statt.

Wir werden niemals wirklich wissen, was in ihren Köpfen vor sich geht, aber wir können uns klarmachen, dass die Art und Weise, wie sie auf unsere Ideen und Entwürfe reagieren, vielleicht (oder sogar wahrscheinlich) gar nichts mit uns zu tun hat. Es gibt einfach zu viele andere Faktoren, Ablenkungen und Probleme im Leben eines Menschen, als dass wir einfach davon ausgehen dürfen, dass ihm das, was wir gerade von ihm wollen, ebenfalls wichtig ist. In der Psychologie beschreibt das Konzept der *Attribution*, wie Menschen sich gegenseitig wahrnehmen und speziell wie wir das Verhalten anderer Menschen betrachten. Interessanterweise neigen die meisten Menschen dazu, das Verhalten anderer Menschen als direktes Abbild ihrer Persönlichkeitsmerkmale zu bewerten, während wir unser eigenes Verhalten in erster Linie als situationsabhängig verstehen. Vielleicht bewerten wir die Reaktionen von Stakeholdern also unfair. Es liegt in unserer Natur, dass wir schnell glauben, dass ihre persönlichen Eigenschaften (»Es sind keine Designer ...«) der Grund dafür sind, dass sie mit unseren Lösungen nicht einverstanden sind. Aber das stimmt nicht.

Hat Ihre Kollegin mit Ihnen auf dem Flur nur ganz kurz über die neuen Interaktionen reden wollen, die Sie eingebaut haben? Vielleicht hat sie mit Problemen in ihrem Privatleben zu kämpfen. Hat der Kerl, der Sie in Ihrem letzten Meeting so derbe angegangen hat, Ihnen nicht die Schuld für ein Problem zugeschoben, für das eigentlich er verantwortlich war? Vielleicht fühlt er sich von seinem Chef unter Druck gesetzt. Ist schon einmal plötzlich eine Führungskraft aufgetaucht und hat erklärt, dass alles über den Haufen geworfen werden muss? Vielleicht kommt er oder sie gerade von einem Meeting, und das Budget wurde gekürzt. Für die Reaktionen der Stakeholder auf unsere Designarbeit gibt es oft eine situative Erklärung, von der wir vielleicht nie etwas erfahren. Ich ziehe es immer vor, an das Beste in den Menschen zu glauben, anstatt das Schlimmste über ihre Absichten anzunehmen.

Ich werde nie vergessen, wie einmal ein Manager zu fortgeschrittener Stunde mit einer dringenden Anfrage zu unserem Team kam. Plötzlich sollten wir alles liegen lassen, woran wir gerade arbeiteten, um einige Konzepte für ein völlig neues, anderes Projekt zusammenzustellen. Die einzige Erklärung dafür schien zu sein, dass diese neue Idee plötzlich höchste Priorität bekommen hatte. Ich versuchte, die Situation zu verstehen, aber es ergab einfach keinen Sinn und entsprach auch nicht dem, was wir vorher vereinbart hatten. Wir taten aber unser Bestes, um ihn zu besänftigen, nur damit er ein paar Tage später das neue Projekt wieder fallen ließ und uns mitteilte, dass wir wieder zu unserer ursprünglichen Aufgabe zurückkehren sollten. Später fand ich heraus, dass er einen seiner größten Verträge verloren hatte und kurz davorstand, seine finanziellen Ziele und damit auch seinen persönlichen Bonus zu verfehlen. Dieses neue Projekt war ein letzter verzweifelter Versuch gewesen, noch etwas auf die Beine zu stellen – was er uns aber niemals gesagt hätte.

Natürlich war es nicht angemessen, wie er unser Team in dieser Situation behandelt hatte, aber das ist nicht der Punkt. Es geht darum, dass bei ihm etwas anderes vor sich ging, das wir zu der Zeit nicht verstanden hatten. Und eigentlich gehen *immer* andere Dinge vor, von denen Sie nie erfahren werden. Es gibt *immer* Dinge, die das Verhalten von Menschen beeinflussen und von denen wir nichts wissen. Und es wird *immer* Dinge geben, die wir nicht vorhersehen können. Immer. Je öfter Sie sich daran erinnern, desto besser für Sie.

Unsere Aufgabe als effektive Designer ist es, gerade genug von dieser Realität zu erkennen, damit wir mit den Menschen in unserem Arbeitsumfeld so reden können, dass wir trotz aller persönlichen Ablenkungen anderer zum Kern dessen vordringen, was zur Erledigung unserer Aufgabe gerade wichtig ist. Wir müssen immer daran denken, dass die Art und Weise, in der Menschen auf unsere Arbeit reagieren, vielleicht gar nichts mit uns oder unseren Designs zu tun hat. Halten Sie also so oft wie nötig inne, schauen Sie sich die Personen um Sie herum bewusst an und nehmen Sie sie als das wahr, was wir alle sind: als Menschen.

Gemeinsame Erfahrungen schaffen

Unsere Unfähigkeit, die Perspektive anderer Personen einzunehmen, resultiert oft aus einem Mangel an gemeinsamen Erfahrungen. Wir haben mit den anderen einfach nicht genug zusammen erlebt. Warum scheinen sich manche Menschen besser zu verstehen als andere? Warum fühlen wir uns zu manchen Menschen sofort hingezogen, zu anderen aber nicht? Das liegt daran, dass wir mit ihnen etwas gemeinsam haben. Wenn wir gemeinsame Erfahrungen besitzen, gibt es etwas, worüber wir reden können. Gibt es dagegen keinerlei Gemeinsamkeiten mit einer anderen Person, ist es fast unmöglich, mit ihr über irgendetwas zu reden. Uns fällt einfach nichts ein. Andererseits hat jeder *irgendetwas* mit einem anderen Menschen gemein – deshalb ist es so einfach, über das Wetter zu reden. Und obwohl das Wetter durchaus als Einstieg taugt, müssen wir bereit sein, tiefer vorzudringen, wenn wir unsere Stakeholder verstehen wollen.

Das soll nicht heißen, dass wir im Privatleben anderer Menschen wühlen sollten. Tatsächlich gibt es viele Möglichkeiten, wie wir auf professioneller Ebene Erfahrungen und Erlebnisse mit anderen Menschen teilen können. Das kann so etwas Einfaches wie ein gemeinsames Mittagessen oder ein Drink nach der Arbeit sein. Es spielt keine Rolle, worüber Sie dabei reden: die Arbeit, das Leben oder die Lieblingsserie. Der Punkt ist, dass Sie sich selbst, Ihr Ego und den täglichen Arbeitsstress möglichst ausblenden. Sie sind dem Büro und dem gewohnten Arbeitsumfeld entflohen und erleben mit dieser anderen Person etwas, das Sie sonst nicht gemeinsam erleben würden.

Viele Unternehmen organisieren genau aus diesem Grund Maßnahmen zum Teambuilding und informelle Mitarbeitertreffen. Wenn das nicht zu Ihrer Unternehmenskultur gehört, können Sie selbst für ähnliche Begegnungen oder Ereignisse sorgen. Gemeinsame Erlebnisse können auch durch den Besuch von Konferenzen, die ehrenamtliche Mitarbeit bei der jährlichen Wohltätigkeitsveranstaltung Ihres Unternehmens oder bei ähnlichen Aktionen entstehen. Sie können andere Menschen aber auch einfach um Rat bitten: »Hey, ich habe mir überlegt, ein Teleskop zu kaufen, und ich weiß, dass du dich für Astronomie interessierst. Was würdest du mir empfehlen?« Verbindungen zu anderen Menschen herzustellen, ist ein wichtiger Schritt, um sie zu verstehen.

Ein Roadtrip mit Josh

Ich erinnere mich gern daran, wie drastisch sich meine Beziehung zu einem Kollegen und meine Einstellung zu ihm verändert hat, nachdem wir einige Tage zusammen beruflich unterwegs waren. Josh hatte eine ähnliche Aufgabe wie ich, aber in einer anderen Abteilung. Das führte dazu, dass wir viele gemeinsame Ressourcen nutzten und sich unsere Wege gelegentlich bei Projekten kreuzten. Ich hatte den Eindruck, dass man mit ihm nur schwer auskam: Er war unorganisiert, rücksichtslos, und ich mochte ihn deshalb nicht besonders. Für mich war es besonders herausfordernd, mit ihm an einem Projekt zu arbeiten, weil ich erwartete, dass er eine Menge Ideen haben würde, die alle bloß zusätzliche Arbeit für mich bedeuteten. Aber durch einen Zufall nahmen wir eines Tages beide an derselben Konferenz teil. Wir fuhren zusammen hin und auch wieder zurück – jeweils drei Stunden. Wir wohnten im selben Resort, das zufällig eine absolute Wellness-Oase war. Und wir verbrachten dort – weit entfernt von unserem üblichen Umfeld – jeden Tag damit, Dinge zu arrangieren, mit Leuten zu reden und die meisten Mahlzeiten gemeinsam einzunehmen. Dadurch lernte ich ihn sehr schnell viel besser kennen.

Fast sofort änderte sich meine Meinung über Josh. Von da an waren seine Vorschläge innovativ! Er erschien mir nicht mehr rücksichtslos, sondern nur zu sehr beschäftigt und zu wenig auf Details bedacht. Nichts hatte sich geändert, nur meine eigene Sichtweise auf ihn – durch unsere gemeinsamen Erfahrungen. Danach wurde es viel einfacher, mit Josh zusammenzuarbeiten und in Projekten seine Unterstützung zu bekommen. In der Tat wurde er einer meiner größten Verbündeten.

Sie müssen nicht zu einem Roadtrip mit Projektbeteiligten aufbrechen, um miteinander vertrauter zu werden. Eine gemeinsame Basis kann man schon entwickeln, indem man sich vor Beginn des Meetings über etwas Interessantes unterhält. Vielleicht fällt Ihnen bei jemandem auf, dass sie immer das neueste Gadget bei sich hat, Klamotten einer Marke trägt, die Sie auch mögen, oder bei ihm ein Souvenir aus Paris auf dem Schreibtisch steht. Gemeinsamkeiten zu entdecken, kann einen großen Beitrag dazu leisten, alle (auch Sie selbst) daran zu erinnern, dass Sie gemeinsame Interessen haben. Wir sind mehr als nur Pixelschieber. Wir sind Menschen. Oft sind wir selbst es, die dem Aufbau guter Beziehungen im Wege stehen.

Einfühlungsvermögen entwickeln

Menschen, die im UX-Bereich arbeiten, reden viel davon, Empathie für die Anwender zu entwickeln. Wenn wir echtes Einfühlungsvermögen für sie aufbringen könnten, würden wir bessere Anwendungen entwickeln. Aber was ist mit den Stakeholdern? Wir müssen uns auch in sie einfühlen, wenn wir wirklich zu ihnen durchdringen wollen.

Einfühlungsvermögen für unsere Stakeholder zu entwickeln, bedeutet, dass wir versuchen, unser Projekt aus ihrer Perspektive zu betrachten, damit wir nicht länger das Gefühl haben, uns schützend vor unsere eigenen Ideen stellen zu wollen. Wir erkennen dann, dass ihre Reaktionen und Vorschläge auf einer Realität beruhen, die für sie wichtiger ist als unsere eigene. Wenn Sie wirklich Empathie für die Projektbeteiligten empfinden, können Sie nicht nur deren Sichtweise einnehmen, sondern fühlen sich tatsächlich zu entsprechendem Handeln angespornt. Sie werden Änderungen an Ihren Entwürfen vornehmen wollen, weil Sie deren Bekümmernisse spüren können.

Das ist der Punkt, an dem sich Ihre Sichtweise verändert. Wenn Sie echtes Einfühlungsvermögen entwickeln, werden Sie Ihre Aufgabe darin sehen, den anderen Stakeholdern zum Erfolg zu verhelfen. Ihr Erfolg hängt von deren Erfolg ab. Es geht darum, Probleme für sie zu lösen, sei es, indem Sie ihre Sichtweisen in Ihrer Designarbeit berücksichtigen oder einfach Ihre Arbeit auf eine Art und Weise präsentieren, die die Bedürfnisse der anderen Beteiligten anspricht. Sie werden spüren, wie wichtig es ist, diese Bedürfnisse zu erfüllen, und möchten etwas dazu beitragen.

Das bedeutet nicht, dass Sie einfach alles tun, was andere gern hätten. Es bedeutet, dass Sie mit ihnen nicht mehr aus einer Position der Verteidigung heraus kommunizieren, sondern in einer Atmosphäre der Solidarität. Vielleicht sind Sie sich immer noch nicht über eine Lösung einig, aber zumindest sind Sie jetzt besser darauf vorbereitet, mit ihnen über Ihre Designentscheidungen zu sprechen. Sich in die Stakeholder einfühlen zu können, ist wichtig, um eine grundlegende innere Haltung zu finden, aus der heraus wir die bestmögliche Antwort auf Feedback geben können (wie wir in Kapitel 5 und danach sehen werden). Wir dürfen nicht davon ausgehen, dass wir angemessen darauf vorbereitet sind, das Feedback der Stakeholder zu hören und darauf zu reagieren, ohne uns zuvor in die anderen einzufühlen.

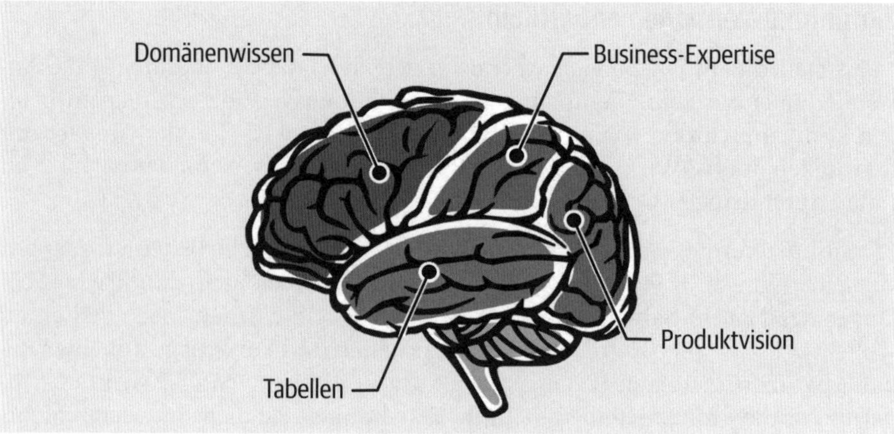

Das Stakeholder-Gehirn entmystifiziert! Unsere Stakeholder verfügen über wertvolles Fachwissen und Informationen über das Unternehmen, die wir für unseren Erfolg benötigen.

Mit Weitblick führen

In einem meiner Projekte arbeitete ich mit einem visionär denkenden Manager zusammen. Für das erste Release entwickelten wir aber bloß ein einfaches *Minimum Viable Product* (MVP) – ein »minimal lauffähiges Produkt« mit dem absoluten Minimum an Funktionen. Bei den ersten Treffen war er von dessen grundlegender Funktionalität nicht wirklich überzeugt. Er wusste um die Einschränkungen des Projekts, aber wir waren auf seine Unterstützung angewiesen. Er war bei den Meetings immer dabei, aber nie sonderlich begeistert. Im Laufe der Zusammenarbeit versuchte ich, unser Projekt aus seiner Perspektive zu betrachten. Als Führungskraft hatte er adlergleich immer alles im Blick, was so vor sich ging. Wir aber präsentierten ihm nur ein kleines Detail, das für ihn vermutlich nicht mehr als ein winziger Punkt auf seinem Produktradar war. Er schaute schon voraus auf das Endgame, eine von Fanfaren begleitete wuchtige Veröffentlichung, aber wir befanden uns ganz im Hier und Jetzt und konzentrierten uns auf einen einzelnen Zwischenschritt.

Zu diesem Zeitpunkt entschied ich mich, zu jedem Meeting zwei verschiedene Mockups mitzubringen. Eines zeigte unser MVP – bescheiden und einfach. Das andere Mockup präsentierte eine innovative, grenzenlose Großartigkeit, die wir zumindest auf kurze Sicht nie erreichen würden. Aber indem ich ihm beide Konzepte vor Augen hielt, konnte ich seine Aufmerksamkeit gewinnen. Ich sprach über diese unglaubliche Vision einer idealen Zukunft, konnte aber gleichzeitig unseren aktuellen Entwurf zeigen und Unterstützung dafür bekommen. Er konnte erkennen, wo wir hinwollten, und war daher eher bereit, unser MVP mitzutragen

Wäre ich nicht in der Lage gewesen, mich in seine Position einzufühlen, wäre ich gar nicht erst auf diese Idee gekommen. Auch wenn es mich mehr Arbeit gekostet hat – auf lange Sicht hat es sich gelohnt, weil wir mit unseren Entwürfen weiterkamen. Er vertraute uns mehr, weil er jetzt auch die Vision zu sehen bekam. Bei der Arbeit mit Führungskräften ist es meiner Erfahrung nach oft die beste Vorgehensweise, sowohl zu zeigen, was kurzfristig möglich ist, als auch das angestrebte künftige Endergebnis. Diese Herangehensweise erzeugt die nötige Begeisterung und erhöht die Chance, dass die Stakeholder Sie unterstützen.

Gute Fragen stellen

Sich in die Perspektive unserer Stakeholder hineinzuversetzen, erfordert viel Geduld und Arbeit. Es ist nichts, das einem zufliegt: Es braucht Zeit und Übung. Sie können diese Fähigkeit erlernen, indem Sie mit demselben Ansatz arbeiten, den Sie auch bei den Benutzern Ihrer Applikation anwenden würden – indem Sie Fragen stellen. Wenn wir unsere Stakeholder als Menschen wahrnehmen, gemeinsame Erfahrungen schaffen und Empathie für ihre Situation entwickeln wollen, ist Fragen zu stellen das Beste, was wir tun können.

Mein Schwager Lars ist einer der interessantesten Menschen, die ich kenne. Wo immer er auftaucht, die Menschen unterhalten sich gerne mit ihm. Das Komische ist, dass er gar nicht besonders aufgeschlossen wirkt. Er ist ein wenig zurückhaltend, drückt sich vorsichtig aus und redet nie zu viel. Dennoch scheint es, als würden sich die Menschen zu ihm hingezogen fühlen. Wenn sie ihn sehen, bleiben sie stehen und reden. Wenn sie ihn am anderen Ende des Raums sehen, gehen sie zu ihm. Warum? Weil Lars gute Fragen stellt. Die Menschen lieben es, mit ihm zu reden, weil er es schafft, sie zum Reden zu *bringen*. Sie empfinden ihn als gescheiten und aufgeweckten Gesprächspartner, der intensiv an ihrem Leben interessiert ist, nicht weil er gut reden, sondern weil er gut Fragen stellen kann.

Lars' Beispiel zeigt, dass wir anderen Menschen Fragen über sie selbst stellen sollten, damit sie sich wertgeschätzt fühlen und gern mit uns reden. Diese Herangehensweise an Beziehungen und Unterhaltungen wird uns dabei helfen, einen Ruf als interessanter Gesprächspartner aufzubauen. In der Folge werden die Menschen mehr mit uns reden wollen und, als Nebenprodukt, uns eher zuhören, wenn es für uns wirklich darauf ankommt.

Werden Sie persönlich

Menschen lieben es, über sich selbst zu sprechen. Selbst Personen, die ansonsten weniger geneigt sind, Informationen preiszugeben, plaudern ganz gern über persönliche Dinge, die ihnen wichtig sind. Nehmen Sie sich also die Zeit, ein wenig über die Projektbeteiligten zu erfahren. Sie werden erkennen, dass sich deren Leben nicht nur um die Arbeit dreht. Stellen Sie keine Ja/Nein-Fragen, und werden Sie nicht so persönlich, dass Sie die übliche soziale Distanz unterschreiten. Bleiben Sie bei leichten Themen. Lassen Sie sie einfach das erzählen, was sie gerne mit Ihnen teilen möchten. Es eignen sich Fragen wie:

- Was haben Sie (hast du) am Wochenende gemacht?
- Wie war Ihr (dein) Urlaub?
- Haben Sie (Hast du) in letzter Zeit irgendwelche guten Filme gesehen?
- Was gibt es Neues?

Diese Fragen sind ziemlich simpel und dennoch ausgesprochen wertvoll. Sie sind allgemein genug, um in keine Fettnäpfchen zu treten, und können gleichzeitig eine Konversation einleiten, die Ihnen hilft, etwas über die Sichtweisen Ihres Gesprächspartners zu erfahren. Sie bereiten den Weg, jemanden besser kennenzulernen und später vielleicht spezifischere Fragen stellen zu können.

Wenn Sie wissen, dass jemand Kinder hat, fragen Sie nach ihnen. Fast jeder wird mit Ihnen gern über seine Kinder sprechen – darin sind alle Menschen gleich. Das Gleiche gilt für Haustiere: Menschen lieben es, über ihre Haustiere zu sprechen. Ich hatte einmal ein persönliches Treffen mit einer Stakeholderin. Während wir zum Konferenzraum gingen, fragte ich sie, ob sie Haustiere hätte. Sofort zückte sie ihr Telefon, um per Fernzugriff auf die Kamera zuzugreifen, die sie in einem für die Katze gebauten Außenbereich montiert hatte. Günstigerweise kam damit das Gespräch auch schnell auf Technik und die App, mit der sie ihre Kamera steuerte. Daraus entwickelte sich auf ganz natürliche Weise eine Diskussion über UX. Sie nach Haustieren zu fragen, bot ihr ein Thema, über das sie gerne sprach, und gab mir die Gelegenheit, meine Fachkenntnis zu demonstrieren und dabei etwas Vertrauen und Respekt in Bezug auf das Projekt zu gewinnen, das wir gleich besprechen würden. Geschickte Fragen können manchmal auf ungeahnte Weise unsere Beziehungen verbessern und dabei helfen, genau das zusätzliche Quäntchen Vertrauen zu gewinnen, das Sie brauchen, um erfolgreich über Ihre Designs zu kommunizieren.

Teilen Sie sich mit

Das Ganze ist aber keine Einbahnstraße. Sie sollten auch einige Informationen über sich selbst preisgeben, um mit anderen ins Gespräch zu kommen. Finden Sie etwas, das Sie selbst interessiert, und fragen Sie danach:

- Ich war am vergangenen Wochenende campen – mögen Sie Camping?
- Wir hatten gestern Abend meine ganz Familie zum Essen da – kochen Sie gerne?
- Gestern lief dieser tolle Film – haben Sie ihn gesehen?

Anderen einen Einblick in Ihr eigenes Leben zu gewähren, ist eine hervorragende Möglichkeit, in sich ein Gefühl dafür zu entwickeln, dass Ihre Gesprächspartner genau so sind wie Sie. Unabhängig davon, wie sie tatsächlich reagieren, werden Sie vielleicht feststellen, dass Sie viele Gemeinsamkeiten haben. Ich war zu Besuch bei einem Kunden in New York, der mir anbot, mich in seinem Auto zum Mittagessen mitzunehmen. Es war ein kleines Auto, aber ich bemerkte zufällig, dass es eine aufgerüstete Auspuffanlage hatte. Ich fragte ihn danach, weil ich selbst gerade einen Oldtimer restaurierte und neugierig war, wie sein Interesse an Autos aussah. Ich erzählte ihm von meinem Projekt, und wir fingen an, uns erst einmal ganz allgemein über Autos zu unterhalten. Kurz darauf erzählte er mir davon, dass er sich in seinen Zwanzigern Geld geliehen hatte, um ein Flugzeug zu kaufen. Er besaß dieses Flugzeug noch immer und schwärmte vom Fliegen. Ich hatte mit diesem Kerl schon mehrere Monate zusammengearbeitet, aber ich hatte nicht die geringste Ahnung davon, dass er Pilot war! Tatsächlich erzählt er mir jetzt jedes Mal, wenn wir uns sehen oder hören, die letzten Neuigkeiten übers Fliegen, weil er weiß, dass ich daran interessiert bin. Dadurch, dass ich von meinen eigenen Interessen gesprochen hatte, ergab sich also die Möglichkeit, eine Gemeinsamkeit zu entdecken.

Kommen Sie aufs Berufliche

Aber um die Perspektive der Stakeholder zu verstehen, müssen wir auch ein Gefühl dafür entwickeln, wie sie ihre Arbeit und unser Projekt angehen. Es ist also ebenfalls wichtig, zu erfahren, wie andere über unseren Arbeitskontext denken. Fragen Sie beispielsweise:

- Wie fanden Sie das Meeting letzte Woche?
- Wie läuft die Arbeit an Projekt XY?
- Haben Sie diese Woche viel zu tun?

Wenn Sie merken, dass Sie mit einem Projektverantwortlichen aneinandergeraten, liegt das häufig daran, dass die für das gesamte Projekt gesetzten Ziele oder Prioritäten tatsächlich von denjenigen dieser speziellen Person abweichen. Ich schlage Ihnen vor, so direkt wie möglich zu sein, wenn Sie in bestimmten Situationen die Standpunkte und Perspektiven anderer nur schwer erfassen können. Fragen Sie zum Beispiel:

- Was ist Ihre Meinung zu diesem Projekt?
- Wie wirkt sich dieses Projekt auf Ihre Arbeit aus?
- Wie sehen Ihre Prioritäten für dieses Projekt aus?

Wenn Sie anderen die Möglichkeit geben, ihre eigene Meinung oder Sichtweise zu schildern, können Sie daraus möglicherweise Erkenntnisse gewinnen, die sich nicht mit den Unternehmens- oder Projektzielen decken.

Ich hatte einige Schwierigkeiten mit einem Manager, der uns bei verschiedenen Aufgaben unter Druck setzte und dessen Vorschläge mit unserem Ziel, die Konversion zu verbessern, in Konflikt zu geraten schienen. Ich fragte ihn, wie sich unser Projekt auf ihn auswirken würde, und er erzählte mir, dass seine höchste Priorität darin bestand, so schnell wie möglich von der vorhandenen Plattform auf die neue zu migrieren, da er während des Übergangs die Entwicklungsarbeit an beiden Plattformen finanzieren musste. Solange sie gleichzeitig an seinem Budget nagten, stand er unter großem Druck. Allerdings hätte er niemals die Genehmigung für die Entwicklung der neuen Plattform bekommen, wenn das erklärte Ziel nicht eine verbesserte Konversion gewesen wäre. Obwohl unser offizieller Auftrag also darin bestand, die Konversionsrate zu steigern, bestand seine persönliche Agenda darin, die alte Plattform so schnell wie möglich durch die neue zu ersetzen. Nachdem das klar war, konnten wir uns erheblich besser über die Entwürfe und die Prioritäten für den Rest des Projekts verständigen.

Noch einmal: Der Sinn des Fragenstellens liegt darin, Ihr Gegenüber dazu zu bringen, mit Ihnen über das zu sprechen, was diesem wichtig ist. Es geht darum, mehr über die Perspektive des anderen zu erfahren, damit Sie ein besseres Gespür dafür entwickeln können, wie Sie bei Bedarf reagieren können. So schaffen Sie ein Bewusstsein für den Standpunkt des anderen und bereiten den Boden vor für eine Verbesserung der gegenseitigen Beziehung und Kommunikation – und für bessere Ergebnisse bei der Entwicklung der bestmöglichen User Experience.

Einflusspersonen identifizieren

Wir kennen nun verschiedene Möglichkeiten, die Perspektive unserer Stakeholder einzunehmen. Wenden wir uns jetzt den Personen zu, die unsere Projekte beeinflussen, damit wir diese Ansätze auch auf sie zuschneiden können.

Bei jedem Projekt gibt es eine Vielzahl von Personen, die das Ergebnis mit beeinflussen. Lassen Sie uns der Einfachheit halber annehmen, dass es dabei nur drei Haupttypen von Personen gibt, die Sie beachten müssen:

Einflusspersonen im Team
: Die Personen in Ihrem unmittelbaren Team.

Einflusspersonen unter Führungskräften
: Diejenigen Personen, die Ihr Projekt betreuen.

Externe Einflusspersonen
: Personen außerhalb Ihres Teams.

Wenn sich eine solche Person im beruflichen und Projektkontext weiter von Ihnen entfernt befindet, kann es schwierig werden, sie und ihre Sichtweise gut genug kennenzulernen. Dennoch ist es unsere Aufgabe, diese Personen zu identifizieren und sie so gut wie möglich zu verstehen.

Einflusspersonen im Team

Personen, die sich in Ihrem unmittelbaren Einflussbereich befinden, sind diejenigen Menschen, mit denen Sie bei Ihrer täglichen Arbeit ständig interagieren. Dazu gehören normalerweise andere Designer, Entwickler und Projektmanager oder Product Owner. UX-Researcher, Content-Strategen und unsere unmittelbaren Chefs gehören ebenfalls dazu. Manchmal ist es nicht so einfach, mit diesen Leuten ständig zusammenzuarbeiten, einfach weil, nun ja ... man ständig mit ihnen zusammenarbeiten muss! Andererseits ergeben sich daraus viele Möglichkeiten, mehr über sie zu erfahren, herauszufinden, wie sie ticken, und die persönliche Ansprache so zu gestalten, dass sie ihren Notwendigkeiten entspricht.

Im Allgemeinen finden Sie in Ihrem unmittelbaren Team am ehesten Personen, die Sie bei Ihrem Projekt unterstützen können. Sie können diese Beziehungen – zum Nutzen der UX – Tag für Tag ausbauen. Je mehr Zeit Sie mit diesen Personen verbringen, um Lösungen und deren Nutzen zu beschreiben und ein gemeinsames Vokabular zu schaffen, desto eher werden sie Ihnen letztlich bei wichtigen Entscheidungen folgen. Das ist durchaus harte Arbeit, weil man jeden Tag aufs Neue seine unbedingte Hingabe an das Projekt demonstrieren und Wege finden muss, um – auch wenn man nicht die eigentliche Projektleitung ist – Anleitung zu geben. Die Einflusspersonen Ihres unmittelbaren Teams sind Ihre wichtigsten Verbündeten.

Einflusspersonen unter Führungskräften

Das sind Personen außerhalb Ihres unmittelbaren Umfelds, die aber ein Interesse an Ihrem Projekt und Einfluss darauf haben. Meistens handelt es sich dabei um Führungskräfte oder Manager, die Ihr Team betreuen, vielleicht eine oder zwei Hierarchieebenen entfernt. Es kann der Chef sein: die Person, deren Unterstützung Sie am meisten brauchen. Bei kleinen Teams und in Start-ups ist es vielleicht der CEO, mit dem Sie in vielen Fällen ebenfalls eng zusammenarbeiten. In größeren Unternehmen können Mitglieder des Vorstands dazugehören, zu denen Sie vielleicht keinen regelmäßigen Zugang haben. So oder so, diese Personen sind für den Erfolg Ihres Projekts außerordentlich wichtig. Ohne ihre Unterstützung werden Sie nicht die erforderlichen Ressourcen erhalten, um erfolgreich zu sein. In vielerlei Hinsicht liegt der Hauptfokus dieses Buchs auf der effektiven Kommunikation mit diesen Personen.

Hoffentlich gehören bei Ihrem Projekt nicht mehr als ein oder zwei dieser hochrangigen Führungskräfte zu dieser Gruppe. Da es uns in der Regel an Gelegenheiten fehlt, sie häufiger zu treffen, kann es schwierig sein, deren Perspektive wirklich kennenzulernen. Führungskräfte müssen sich ständig mit vielen unterschiedlichen Themen und Projekten beschäftigen und können sich nur mit begrenztem Zeitbudget oder begrenzter freier geistiger Kapazität Ihren sorgfältig durchdachten Präsentationen widmen. In diesem Fall müssen Sie sie in Meetings genau beobachten, möglichst jemanden kennenlernen, der wiederum diese Personen kennt (z. B. einen Assistenten oder eine direkte Mitarbeiterin), und die begrenzten Informationen, über die Sie verfügen, bestmöglich einsetzen. Kurz gesagt, Sie müssen sie irgendwie einzuschätzen lernen und überwiegend situationsbedingt reagieren. Im Laufe der Zeit werden Sie dabei einen entsprechenden Rhythmus entwickeln, der Ihnen bei der Einschätzung und der Kommunikation mit ihnen hilft.

Externe Einflusspersonen

Die dritte Gruppe von Personen, die zwar für Ihre täglichen Entscheidungsprozesse weniger wichtig sind, Ihren Bemühungen aber ebenfalls förderlich oder abträglich sein können, sind externe Einflusspersonen. Die Mitglieder dieser Gruppe sitzen üblicherweise in Bereichen des Unternehmens, die wahrscheinlich nicht direkt mit Ihrer Arbeit oder Ihrem Projekt zu tun haben. Oft aber haben sie das Ohr von Personen aus den anderen beiden Gruppen und können damit über Stellvertreter in Ihr Projekt hineinwirken. Häufig wissen wir nicht einmal, wer diese externen Beeinflusser sind, weil wir nur über Umwege von ihnen hören.

Das können Mitarbeiter aus den Bereichen Buchhaltung und Finanzwesen, IT, Kundenservice oder Personalwesen sein, je nachdem, welche Art von Produkt Sie entwickeln. Es können auch Personen außerhalb des Unternehmens sein: Partnerinnen oder Partner, Freunde oder ehemalige Kollegen einer Führungskraft. Es ist nicht ungewöhnlich, dass Menschen in Meetings Dinge von sich geben wie: »Ich habe die App einem Freund gezeigt, und er fand, dass die Schaltfläche leicht übersehen werden kann.« Oft ist damit die Erwartung verbunden, dass wir Designentscheidungen ausschließlich von dieser anonymen, außenstehenden Person abhängig machen müssten. Noch schlimmer sind Externe, die als Teil der künftigen Nutzerbasis des Produkts betrachtet werden. »Ich habe es meiner Frau (meinem Mann) gezeigt, weil sie (er) zu unserer Zielgruppe gehört, und ihr (ihm) gefiel diese Rasteransicht überhaupt nicht!« Das sind durchaus ernst zu nehmende Herausforderungen, die Sie nicht unterschätzen sollten.

Werte der Stakeholder

Ich versuche immer mein Bestes, Menschen in unterschiedlichen Funktionen als individuelle *Menschen* zu sehen und zu vermeiden, dass bloß aufgrund ihrer Berufsbezeichnung oder Stellung stereotype Bilder in meinem Kopf entstehen. Jeder Mensch ist einzigartig, und Sie müssen ihn unabhängig von seiner Funktion in seiner Individualität erkennen. Dennoch wird die Sichtweise von Projektbeteiligten maßgeblich von ihren täglichen Aufgaben und Tätigkeiten beeinflusst. Schauen wir uns – soweit es möglich ist – einige der typischen Funktionen in einem Team an: Welche Werte sind diesen Personen wichtig, und was bedeutet das für unsere Herangehensweise? Dies ist nur ein Ausgangspunkt, um besser zu verstehen, wie verschiedene Funktionen und Aufgaben der Menschen die Sichtweise auf Ihr Projekt beeinflussen und worauf Sie sich bei der Zusammenarbeit mit ihnen konzentrieren können.

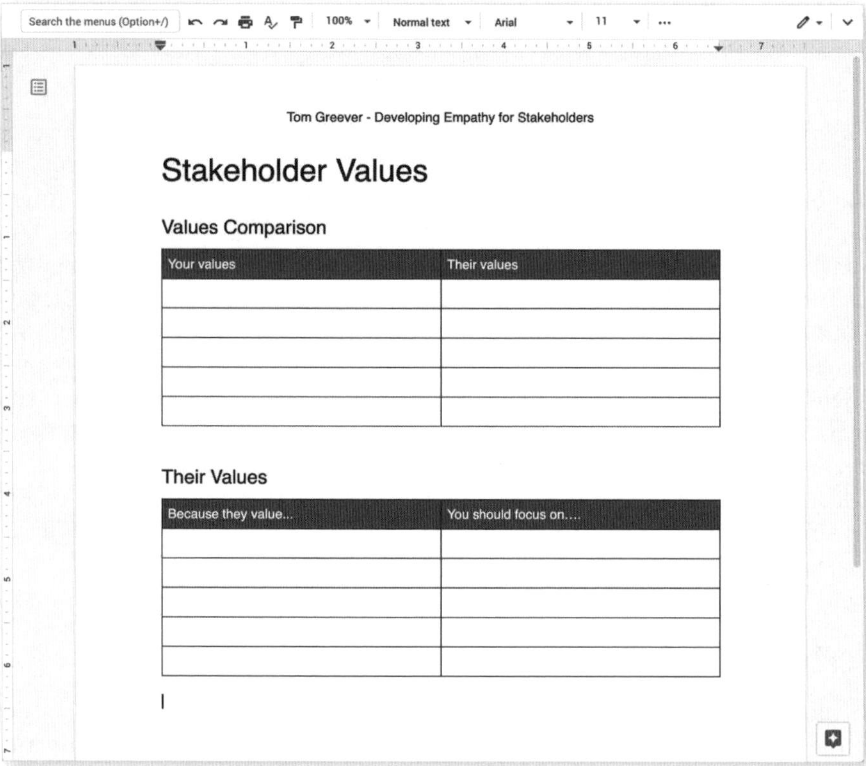

Tom Greever - Developing Empathy for Stakeholders

Stakeholder Values

Values Comparison

Your values	Their values

Their Values

Because they value...	You should focus on....

Sie finden dieses (englischsprachige) Arbeitsblatt hier: *https://tomgreever.com/resources.*

Führungskräfte und Manager

Es ist keine Übertreibung, dass Führungskräfte und leitende Angestellte viel zu tun haben. Das liegt aber weniger an ihrer zeitlichen als vielmehr an ihrer geistigen Belastung. Dieser Personenkreis muss sich ständig auf völlig unterschiedliche Themen, Projekte und Herausforderungen einstellen. Die Teilnahme an Ihrem Meeting könnte eine Führungskraft sogar leicht verwirren, falls sie sich nicht genau an den Endstand der letzten Zusammenkunft erinnern kann. Ihre Aufgabe ist es deshalb, diese Personen so schnell wie möglich auf den aktuellen Stand zu bringen, Ihre Lösungen zu präsentieren und ihr Feedback einzuholen. Führungskräften ist es wichtig, dass Sie sorgfältig nachgedacht und kluge Entscheidungen getroffen haben, die mit ihrer eigenen Unternehmensvision übereinstimmen.

Führungskräfte schätzen ...	Konzentrieren Sie sich deshalb darauf ...
• prägnante Informationen • Unternehmenswachstum • Problemlösungen	• auf den Punkt zu kommen • Ziele zu erreichen • Lösungen zu beschreiben

Entwickler

Die Zusammenarbeit mit Entwicklern kann für Designer besonders herausfordernd sein – und dennoch können sie zu unseren besten Verbündeten werden. Gerade weil sie so anders über unsere Projekte denken, liegt in einer gelungenen Abstimmung eine große Chance, mehr Unterstützung aus anderen Unternehmensbereichen zu bekommen.

Entwickler sehen sich in der Regel auf der einen Seite einer langen Liste noch zu beseitigender Programmierfehler und noch zu ergänzender Erweiterungen gegenüber und auf der anderen einer kaum zu bewältigenden Roadmap der künftigen Entwicklungen. Sie neigen dazu, analytischer vorzugehen, und »sehen« daher einige der von Ihnen entworfenen Details der Benutzeroberfläche gar nicht. Sie sind vielleicht sogar darüber besorgt, dass bestimmten Designaspekten, die ihrer Meinung nach den zusätzlichen Aufwand nicht wert sind, zu viel Aufmerksamkeit geschenkt wird. Ihre Aufgabe besteht darin, ihnen Wert und Vorteile Ihrer Designentscheidungen zu vermitteln, um sie vom Endergebnis zu begeistern, und gleichzeitig zu zeigen, dass Sie den damit verbundenen Entwicklungsaufwand wertschätzen.

Entwickler schätzen ...	Konzentrieren Sie sich deshalb darauf ...
• den einmaligen Entwicklungsaufwand mit minimalen Nacharbeiten • Effizienz und wartbaren Code • die Würdigung des Entwicklungsaufwands	• alle Anwendungsfälle im Vorfeld zu verstehen • den Anwendungsbereich und die Wiederverwendbarkeit von UI-Mustern zu maximieren • den Wert für die Anwender oder das Unternehmen zu kommunizieren

Product Owner

Wenn Ihr Unternehmen groß genug ist, dass es für Ihr Projekt einen fest zugeordneten Product Owner gibt, gehört die Zusammenarbeit mit ihm zu Ihren wichtigsten Aufgaben. Da Product Owner natürlich an guten Produkten interessiert sind, gehören sie meistens zu unseren besten Verbündeten und lassen sind von unseren vorgeschlagenen Lösungen begeistern. Wenn Product Owner wenig von Design oder den Grenzen des technisch Machbaren verstehen oder nur eine ungenaue Vorstellung von der Produkt-Roadmap haben, kann es jedoch eine echte Herausforderung werden, ihren Vorgaben zu folgen.

Product Owner schätzen ...	Konzentrieren Sie sich deshalb darauf ...
• Innovation und Kreativität • Geschäftsziele zu erreichen • eine strategische, langfristige Roadmap	• neue Ansätze zur Problemlösung zu finden • Ihre Entwürfe mit den Unternehmenszielen zu verbinden • zu verdeutlichen, wie Ihr Design das Projekt voranbringt

Projektleitung/Projektmanager

In den meisten Projekten wird es eine Projektleitung geben, auch wenn diese aus mehreren Personen bestehen mag, die eigentlich andere Funktionen haben. Projektleiter und Projektmanager sind dafür verantwortlich, dass das Projekt auf Kurs, im Budget und im Zeitplan bleibt. Sie sind es gewohnt, in Gantt-Diagrammen, Terminen und Auslieferungsdaten zu denken. Sorgen Sie dafür, dass die Projektleitung immer genau weiß, wo Sie im Prozess gerade stehen. Informieren Sie sie so schnell wie möglich über Bedenken und ermöglichen Sie ihr, mit allen anderen Beteiligten zu verhandeln, damit die anstehenden Aufgaben erledigt werden.

Projektleitungen schätzen ...	Konzentrieren Sie sich deshalb darauf ...
• Fristen und die Einhaltung von Zeitplänen	• Effizienzgewinne durch die Wiederverwendung von Designelementen zu ermöglichen
• Kontrolle über Rahmen und Budgets	• Erwartungen in Bezug auf Änderungen zu steuern
• auf dem Laufenden gehalten zu werden	• kontinuierlich über Ihre Fortschritte zu informieren

Marketing-, Content- und Kreativabteilung

Ich finde es unschön, diese drei Bereiche gemeinsam abzuhandeln, aber aus der Perspektive von Designern gibt es hier einfach viele Überschneidungen. Einige Personen aus diesen Bereichen, beispielsweise Content-Strategen, können Teil unserer funktionsübergreifenden Teams sein. Aus Designersicht ist es wichtig, dass es Menschen gibt, die sich überwiegend mit dem Inhalt, dem Erscheinungsbild und dem Text Ihrer Anwendung befassen. Möglicherweise gibt es Branding-Richtlinien, Styleguides oder eine definierte Designsprache, die Grundlage vieler Unterhaltungen mit dieser Personengruppe sein werden.

Informieren Sie sich frühzeitig über diese Anforderungen und die erlaubten Inhalte und Texte und berücksichtigen Sie diese Vorgaben so früh wie möglich in Ihren Entwürfen.

Marketing & Co. schätzen ...	Konzentrieren Sie sich deshalb darauf ...
• Markenkonsistenz im gesamten Unternehmen • eine konsistente Sprache in Texten und Botschaften • Produkte, die dem Kunden einen Mehrwert bieten und verkäuflich sind	• Entwürfe zu erstellen, die zur Marke passen (oder Abweichungen gut zu begründen) • sicherzustellen, dass die von Ihnen verwendeten Texte bereits genehmigt sind (oder Abweichungen gut zu begründen) • spezifische Wertversprechen in Form von Features oder Mikrointeraktionen zu entwickeln

Stakeholder-Storys

Das Schreiben von *User Storys* ist eine beliebte Methode für Designer und Entwickler, um ihre Benutzer besser zu verstehen. Aber haben Sie jemals eine solche Story für Ihre Stakeholder geschrieben? Wenn wir versuchen, ein Projekt aus Sicht der Stakeholder zu betrachten, können solche Erzählungen hilfreich sein. Hier einige Beispiele:

Führungskräfte

- Als Führungskraft möchte ich wissen, woran mein Team arbeitet, damit ich dem oberen Management darüber Bericht erstatten kann.[1]
- Als Führungskraft möchte ich Rückmeldungen zum Design meiner Produkte geben, damit ich dazu beitragen kann, sie zu verbessern.
- Als Führungskraft möchte ich eine Vision vermitteln und eine Roadmap für die Zukunft vorlegen, um mein Team zu begeistern.

Entwickler

- Als Entwickler möchte ich eine solide Anwendung programmieren, damit ich auf meine Arbeit stolz sein kann.

1 Dies ist vielleicht der am häufigsten anzutreffende Faktor, der die Reaktionen unserer Stakeholder auf unsere Arbeit bestimmt. Teil ihrer Aufgabe ist es, mit anderen Menschen darüber zu sprechen!

- Als Entwickler möchte ich qualitativ hochwertigen Code schreiben, damit ich mich nicht mit zu vielen Bugs oder zu hohem Wartungsaufwand herumschlagen muss.
- Als Entwickler möchte ich alle Anforderungen im Voraus verstehen, damit ich meine Arbeit planen und meine Zeit möglichst effektiv einsetzen kann.

Product Owner

- Als Product Owner möchte ich das bestmögliche Produkt entwickeln, um für unsere Kunden und für das Unternehmen einen Mehrwert zu schaffen.
- Als Product Owner möchte ich neue und kreative Ideen liefern, damit ich mit meiner Herangehensweise im Unternehmen Eindruck hinterlasse.
- Als Product Owner möchte ich ein Produkt entwickeln, das einfach und elegant ist und deshalb gern eingesetzt wird.

Projektleitung/Projektmanagement

- Als Projektleiter möchte ich mich regelmäßig mit den Teammitgliedern treffen, um sicherzustellen, dass wir auf dem richtigen Weg sind.
- Als Projektleiter möchte ich den Umfang des Projekts begrenzen, damit wir im Zeitplan bleiben und das Budget nicht vollständig ausreizen.
- Als Projektleiter möchte ich sorgfältig planen, damit ich durch die Bereitstellung der benötigten zeitlichen und anderen Ressourcen unseren Erfolg sicherstellen kann.

Marketing-, Content- und Kreativabteilung

- Als Marketingspezialist möchte ich Feedback zum Produktdesign geben, damit das Endprodukt wettbewerbsfähig und verkäuflich ist.
- Als Marken- oder Content-Stratege möchte ich sicherstellen, dass alle unsere Produkte mit dem gleichen Look-and-feel arbeiten, damit unsere Kunden ein unternehmensweit konsistentes Benutzererlebnis haben.
- Als Creative Director möchte ich in das Design eines Projekts einbezogen werden, damit es mit den anderen von mir betreuten Produkten harmoniert.

Diese einfachen Beispiele sollen verdeutlichen, dass die Mitglieder eines Teams unterschiedliche Perspektiven haben. Wir sollten uns bemühen, sie alle zu verstehen. Ihr Team kann auch andere Ansätze verwenden, z. B. »Jobs-to-Be-Done« oder Personas. Sie könnten eine Empathy Map erstellen oder eine Stakeholder-Analyse durchführen, um ein ausgereifteres Verständnis für diejenigen Personen zu entwickeln, mit denen Sie zusammenarbeiten. Welches Werkzeug oder welchen Ansatz Sie letztlich verfolgen, ist dabei eher nebensächlich. Der Versuch, die Perspektiven der Projektbeteiligten zu verstehen, ist das, was zählt. Je mehr wir uns in ihre Gedankenwelt hineinversetzen können, desto besser können wir ihnen unsere Designentscheidungen vermitteln.

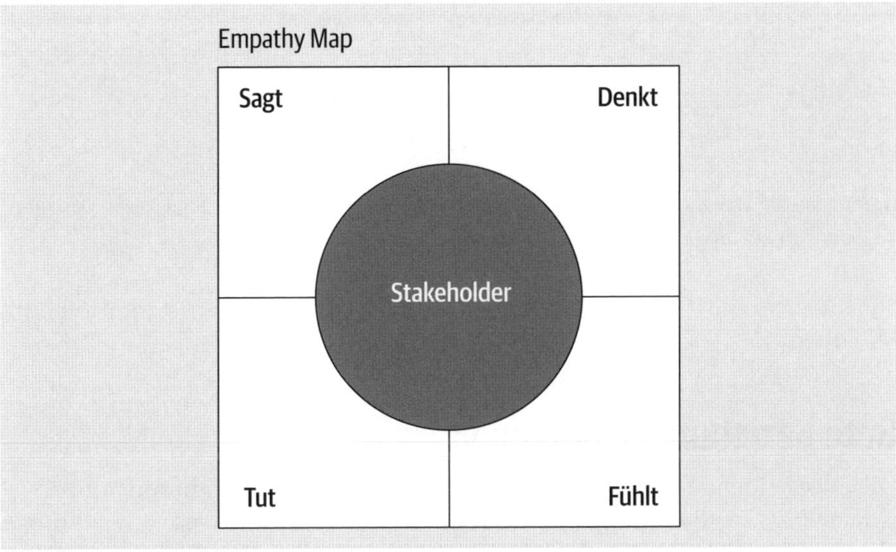

Empathy Maps für Stakeholder können ein weiteres nützliches Werkzeug sein.

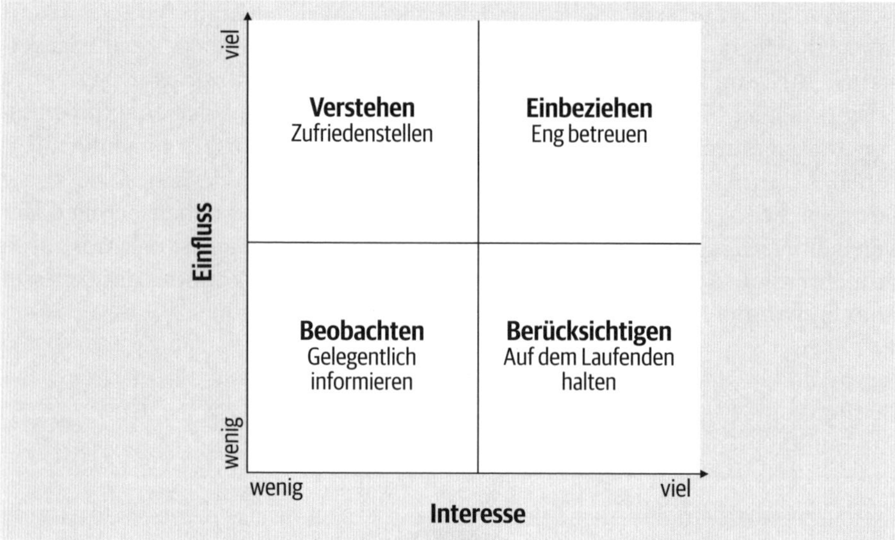

Ordnen Sie die Stakeholder nach Einfluss im Unternehmen und Interesse am Projekt. Das kann Ihnen helfen, sie möglichst effektiv einzubeziehen.

Sie finden diese (englischsprachigen) Vorlagen unter *https://tomgreever.com/resources*.

Gute Beziehungen aufbauen

Die entscheidende Lehre lautet: In guten Beziehungen ist Kommunikation viel einfacher. Gute Beziehungen erfordern Arbeit. Tatsächlich ist deren Aufbau aber ein ziemlich grundlegender und simpler Prozess: Man bekommt heraus, was man hineinsteckt. Lassen Sie uns also einen praktischen Blick auf einige Möglichkeiten werfen, mit denen Sie die Qualität Ihrer Beziehungen zu Stakeholdern verbessern können.

Technologie hat die Geschwindigkeit, mit der wir kommunizieren können, erhöht, aber nicht unbedingt die Qualität unseres Austauschs. Messaging-Tools sind unglaublich nützliche Arbeitsmittel, aber wir müssen aufpassen, dass wir nicht unsere gesamte Kommunikation auf Kurznachrichten beschränken. Auch wenn es manchmal notwendig ist, eine schnelle Antwort abzufeuern, sollte das nicht der einzige Kanal sein, über den Sie mit anderen Menschen interagieren. Suchen Sie wann immer möglich Menschen persönlich auf, um zugewandte und zwanglose Gespräche zu führen. Dies erfordert mehr zielgerichteten Einsatz, zumal in Zeiten, in denen wir zunehmend aus der Ferne arbeiten, aber es ist nicht wirklich schwierig. Nehmen Sie sich die Zeit, durch ein paar einfache Dinge Ihre Beziehungen und, ganz nebenbei, Ihre Kommunikation zu verbessern.

Seien Sie Sie selbst

Der beste Rat, den ich Ihnen geben kann, lautet, im Kontakt mit anderen Menschen einfach Sie selbst zu sein. Allzu oft sind wir Menschen voller Ernst dabei, in ernsthafter Weise ernsthafte Arbeit zu leisten. In dem Bestreben, professionell zu wirken, verbergen manche Menschen (vielleicht auch Sie) gern, wer sie wirklich sind. Wir können uns natürlich hinter einer Fassade verschanzen, immer vorsichtig sein und uns ständig auf Arbeit, Arbeit, Arbeit konzentrieren. So können Sie aber keine Beziehungen zu Ihren Kollegen und Vorgesetzten aufbauen. Sie müssen zeigen, dass Sie ein Mensch sind, und Ihre eigene Persönlichkeit offenbaren, wenn es der Situation angemessen ist. Es gibt durchaus Zeiten, in denen wir unseren professionellen Hut aufbehalten und unsere Arbeit erledigen müssen. Es gibt aber auch Zwischen-, Pausen- und Kaffeezeiten, in denen wir persönlicher mit den Menschen um uns herum umgehen können. Dabei die richtige Balance zu finden, ist wichtig. Andere Menschen werden es auf jeden Fall schätzen, Ihr »wahres« Ich kennenzulernen.

Tun Sie etwas

Es ist ebenfalls wichtig, etwas für andere Menschen zu *tun*, damit sie sich wertgeschätzt fühlen. So ziemlich alles, was über die üblichen Gepflogenheiten des Umgangs innerhalb Ihres Teams hinausgeht, wird bei anderen Menschen einen positiven Eindruck hinterlassen. Dabei geht es meist nur darum, andere mehr oder weniger regelmäßig zu treffen, um mitzubekommen, wie es ihnen geht. Das kann ein kleiner Stopp an ihrem Schreibtisch oder in ihrem Büro sein, eine Einladung zum Kaffee oder eine kleine hinterlassene Notiz. Manchmal reicht es schon aus, jemandem ohne besonderen Anlass »Hallo« zu sagen. Sie könnten dabei auch eine der Fragen stellen, die ich im vorherigen Abschnitt vorgestellt habe, aber letztlich geht es nur darum, auszudrücken, dass Sie beide Teil desselben Team sind und dass Sie persönliches Interesse zeigen.

Wenn ich das Büro eines bestimmten Kunden besuche, schaue ich immer an Jennifers Arbeitsplatz vorbei, weil ich bei einem früheren Projekt gerne mit ihr zusammengearbeitet hatte. Da sie dort aber fast nie anzutreffen ist, hinterlasse ich meist nur eine Haftnotiz, damit sie weiß, dass ich da war. Irgendwann fand ich heraus, dass sie alle meine Notizen aufbewahrt, weil sie sich so sehr darüber freut. Bei einem anderen Kunden arbeite ich gelegentlich direkt mit dem CEO zusammen. Wenn ich dieses Unternehmen besuche, schaue ich immer in seinem Büro vorbei, auch wenn ich keinen Termin bei ihm habe. Einmal befand er sich in einem Gespräch, winkte mich aber zu sich herüber, unterbrach kurz seine Unterhaltung, schüttelte mir die Hand und bedankte sich für meinen Besuch. Ein anderes Mal las ich einen Artikel, der mich an einen früheren Kunden erinnerte. Obwohl wir gerade kein gemeinsames Projekt hatten, schickte ich ihm den Artikel per Textnachricht, was zu einer Wiederaufnahme unseres Austauschs führte. Ich möchte, dass die Menschen wissen, dass ich da bin, um ihnen bei der Erledigung ihrer Aufgaben zu helfen und sie bei der Entwicklung hervorragender und erfolgreicher Produkte zu unterstützen. Mit diesen einfachen Dingen kann ich meine Einstellung ausdrücken und erleichtere es mir, mit ihnen über Design zu sprechen.

Schenken Sie etwas

Sie können noch einen Schritt weitergehen, um vorhandene Beziehungen zu verbessern und Ihr wirkliches Interesse zu zeigen, indem Sie Menschen etwas Nützliches oder Sinnvolles schenken.

Handgeschriebene Karten

Manchmal schicke ich jemandem nach dem Abschluss eines Projekts handgeschriebene Dankesbriefe oder Karten. Nicht oft, aber gelegentlich. In einer Zeit, in der unsere gesamte Kommunikation elektronisch erfolgt, erzeugt eine handgeschriebene Karte Aufmerksamkeit und hinterlässt immer einen besonderen Eindruck. Verstehen Sie mich nicht falsch: Ich bin kein großer Briefeschreiber. Das ist eine echte Überwindung für mich, aber ich glaube, dass es sehr wertschätzend ist – und ich es wahrscheinlich nicht oft genug mache. Wenn Sie sich wie ich mit so etwas schwertun, setzen Sie sich kleine Ziele: Schreiben Sie alle zwei bis drei Monate eine handgeschriebene Karte an einen Kunden oder Stakeholder. Legen Sie sich in Ihrem Kalender entsprechende Erinnerungen an. Möglicherweise hilft Ihnen das, mit einer gewissen Regelmäßigkeit mit den Menschen verbunden zu bleiben, mit denen Sie zusammenarbeiten.

Kleine, preiswerte Geschenke

Beziehungen lassen sich auch aufbauen, indem man bei entsprechenden Anlässen kleine Geschenke verschickt. Das sollen keine Bestechungsversuche sein, sondern nur kleine Zeichen der Wertschätzung. In einigen Unternehmen gibt es Richtlinien zum Umgang mit Geschenken, also stellen Sie sicher, dass Sie das Umfeld verstehen, und benutzen Sie Ihr Urteilsvermögen. In der Regel ist ein kleines Geschenk aber eine gute Möglichkeit, jemandem zu zeigen, dass Sie mehr sind als nur ein Verteidiger von Mockups.

Für Einzelpersonen eignen sich diejenigen Geschenke am besten, die zeigen, dass Sie ihnen zugehört haben. Einer meiner Kollegen war Hobbyfotograf, also habe ich ihm eine Kaffeetasse geschenkt, die wie ein Objektiv aussah. Dem bereits erwähnten Kunden, der Pilot ist, habe ich einen Nummernschildhalter geschickt, auf dem »Mein Zweitwagen ist ein Flugzeug« steht – er spricht noch heute davon und hat mir angeboten, mit ihm eine Runde zu drehen, wenn ich das nächste Mal in New York bin. Einem Arbeitskollegen habe ich zu seiner Hochzeit ein lustiges Buch darüber geschenkt, was Junggesellen vor der Eheschließung unbedingt wissen sollten. Und meine Chefin, die dafür bekannt war, immer Whisky mit Wasser zu bestellen, bekam genau das: Ich habe von beidem jeweils eine Flasche gekauft, ein individuelles Etikett mit dem Titel »Joan's Regular« entworfen und ließ alles von einem Freund in Plastikfolie einschweißen, damit es wie ein echtes Produkt aussah. All das waren kostengünstige, einfache Wege, um jemanden wissen zu lassen, dass ich sie oder ihn schätze. Die Präsente hatten einen persönlichen Bezug. Die eigentliche Wertschätzung lag in den Gedanken, die ich in deren Auswahl gesteckt hatte.

Sollten Sie Bedenken haben, einzelne Personen zu bevorzugen, oder wenn Sie nicht gut darin sind, individuelle Geschenke zu machen, können Sie stattdessen auch etwas für alle mitbringen, wie zum Beispiel Snacks oder Süßigkeiten. Wenn das Team über ein sehr früh angesetztes Meeting stöhnt, bringen Sie was zum Frühstücken mit. Sie können auch ein für die Allgemeinheit gedachtes Glas mit Süßigkeiten auf Ihren Schreibtisch stellen, um den Leuten einen Grund zu geben, vorbeizuschauen. Bieten Sie an, während des Nachmittagstiefs Kaffee zu machen. Bei dieser Art des Gebens bevorzugen Sie niemanden, zeigen aber dennoch, dass Sie die Menschen wertschätzen.

Es mag so aussehen, als hätte die Konzentration auf die Beziehungen zu Stakeholdern nichts mit Design zu tun. Viele Designer gehen davon aus, dass ihre Entwürfe für sich selbst sprechen, vor allem wenn es um UX geht. »Wenn man ein Design erklären muss, dann ist es nicht gut.« Als ob Sie erwarten dürften, dass Sie den Projektbeteiligten einfach ein paar Mockups in die Hand drücken und dann nur darauf warten müssen, dass es alle absegnen. Es ist überraschend, wie sehr eine gute Beziehung die Sichtweise einer anderen Person auf unsere Arbeit beeinflussen kann. Gute Beziehungen zu den Personen, auf die es ankommt, führen dazu, dass unsere Entwürfe tatsächlich eher akzeptiert werden.

Andere bewerten uns vielleicht in erster Linie wegen des Nutzens, den wir für sie haben, speziell in Bezug auf unsere Rolle als Designer. In der Tat stellen wir etwas her, das sie brauchen, und sie betrachten unsere Interaktionen vielleicht ungewollt eher als etwas Mechanisches. Dann wird daraus nichts weiter als ein unpersönliches Tauschgeschäft. Doch je mehr wir ihnen unsere persönliche Seite zeigen, desto mehr Wert und Vertrauen werden sie unseren Ideen,

Anregungen und Vorschlägen beimessen bzw. entgegenbringen. Wir sind keine Roboter, die etwas nur produzieren, um unser Gehalt zu bekommen. Wir sind intelligente Menschen mit ausgezeichneten Ideen, die zusammenarbeiten, um herausragende Produkte zu entwickeln. Sich auf unsere Beziehungen zu konzentrieren, bedeutet mehr, als nur nett zu sein und dafür zu sorgen, dass uns alle mögen. Es geht darum, andere daran zu erinnern, dass auch wir Menschen sind und dass man uns zutrauen kann, hervorragende Lösungen zu entwickeln. Gute Beziehungen können dazu beitragen, dass das am Ende auch geschieht.

Auch Stakeholder sind Menschen

Wenn wir mit unseren Stakeholdern effektiv kommunizieren wollen, müssen wir dieselben Fähigkeiten einsetzen, die wir auch benutzen, um uns mit den Anwendern unserer Designlösungen zu identifizieren. Wir müssen die Menschen anhand ihrer Funktion und Position in unserem Team verstehen, herausfinden, was ihnen wichtig ist, und uns merken, wie wir am besten auf sie ein- und zugehen können. Deshalb sollten wir uns immer wieder daran erinnern, dass auch Stakeholder Menschen sind, dass es sich auch in ihrem Leben um viele andere Dinge dreht und dass wir bewusst gemeinsame Erfahrungen schaffen sollten, damit wir sie besser in ihrer individuellen Persönlichkeit wahrnehmen können. Wenn wir Empathie für Stakeholder entwickeln, wird es uns besser gelingen, in ihrem Interesse und ihren Bedürfnissen entsprechend zu handeln und nicht unsere eigenen Interessen in den Vordergrund zu stellen. Wir werden nicht erfolgreich sein, wenn nicht auch unsere Stakeholder erfolgreich sind.

3

Das Meeting gestalten

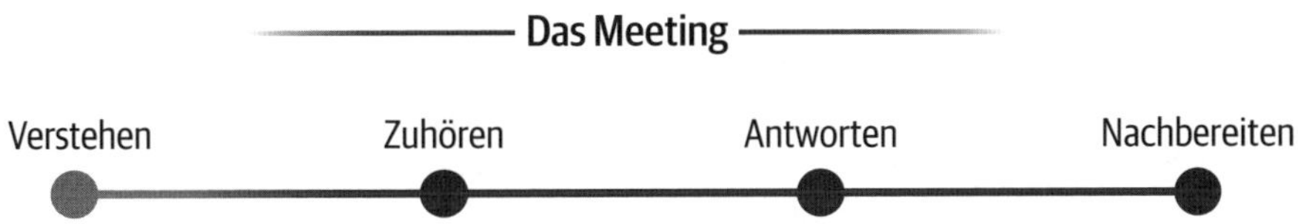

Ah, Meetings! Ob Sie sie lieben oder hassen, sie sind Bestandteil unserer Arbeit. Sicher, manche Unternehmen veranstalten so viele Meetings, dass es unproduktiv wird. Andere bemühen sich, sie aus guten Gründen zu vermeiden. Nennen Sie sie Unterhaltungen, Sitzungen oder Einzelgespräche, wenn Sie wollen. Egal wie man es nennt: Dabei treffen sich Menschen. Einige Treffen finden persönlich statt, während andere aus der Ferne durchgeführt werden. Es spielt keine Rolle, ob es sich um eine große Präsentation in einem Konferenzraum handelt oder um ein einfaches Gespräch bei einem Kaffee. Die Prinzipien sind die gleichen, unabhängig von der Umgebung, den Werkzeugen oder dem mehr oder weniger formalen Charakter des Gesprächs.

Betrachten Sie Meetings, als würden Sie eine Schnittstelle zur Erledigung bestimmter Aufgaben entwerfen. Ob es gelingt, Benutzer dazu zu bringen, eine Aufgabe zu erledigen, hängt zum Teil von ihrer verfügbaren geistigen Kapazität ab: der *kognitiven Belastung*. Je mehr Durcheinander, Optionen oder Hindernisse wir ihnen vor die Nase setzen, desto schwerer fällt es ihnen, die Aufgabe zu erledigen. Genauso verhält es sich bei Meetings mit Stakeholdern. Wir sollten versuchen, so viele Unklarheiten, Optionen und Hindernisse wie möglich zu beseitigen, damit sich die Stakeholder auf die Hauptaufgabe des Meetings konzentrieren können: die Unterstützung unserer Designentscheidungen. Um das zu erreichen, müssen wir unsere Designmeetings besser vorbereiten.

Wenn die Projektbeteiligten durch ein überholtes Mockup abgelenkt sind, ihnen das Ziel nicht klar ist oder sie einfach gedanklich noch mit einem vorhergehenden Meeting beschäftigt sind, wird es viel schwieriger, ihre Unterstützung zu erhalten. Unser Ziel ist es ja nicht, einfach nur ein Meeting zu veranstalten, sondern es produktiv, nützlich und erfolgreich zu gestalten. Deshalb sollten unsere Meetings »nutzbarer« werden – am besten sogar angenehm.

In diesem Kapitel befassen wir uns damit, wie man den geeigneten Kontext herstellt, die Erinnerungsfähigkeit optimiert, Ablenkungen vermeidet, die möglichen Äußerungen der Beteiligten antizipiert und weitere Personen hinzuzieht, die uns helfen können. Darüber hinaus müssen wir uns angemessen auf die Gespräche vorbereiten. Unser Ziel ist es, ein Meeting zu gestalten, das die kognitive Belastung für unsere Stakeholder, unser Team und uns selbst reduziert.

Den Kontext herstellen

Wir können unsere Besprechungen für die Beteiligten einfacher gestalten, wenn wir zu Beginn den Kontext herstellen. Dazu beginnen Sie das Meeting, indem Sie an das Ziel für dieses Projekt oder Design erinnern und kurz benennen, an welcher Stelle sich der Prozess gerade befindet und um welche Art von Rückmeldung es in diesem Meeting geht. Sie sollten auch deutlich machen, dass der Zweck des Treffens darin besteht, die Unterstützung der Beteiligten zu erhalten, um im Projekt voranzukommen, und dass es nicht unbedingt darum geht, dass sich die Teilnehmer über alles, was sie sehen, auslassen.

Für Führungskräfte kann es manchmal schwierig sein, direkt aus einem anderen Meeting zu unserem zu stoßen. Während wir möglicherweise jeden Tag über diese Probleme nachdenken, ist das bei ihnen vielleicht nicht der Fall. Möglicherweise fällt es ihnen schwer, sich daran zu erinnern, worum es in dieser Besprechung überhaupt geht, weil sie täglich in weiteren Meetings sitzen, in denen völlig andere Produkte oder Entwürfe im Mittelpunkt stehen. Deshalb sollten wir den Stakeholdern dabei etwas helfen.

Hier sind ein paar Tipps, um alle schnell auf den aktuellen Stand zu bringen:

Benennen Sie das Ziel.
: Zuerst sollten Sie noch einmal an das vereinbarte Ziel für dieses Projekt oder Design erinnern. Dies sollte idealerweise eine verbesserte geschäftliche Kennzahl oder ein angestrebtes Resultat sein, kann aber auch als Feature oder Ergebnis Ihrer Arbeit formuliert werden. Es kann auch Ihre Antwort auf die Frage sein: *Welches Problem wird damit gelöst?* Wie auch immer das Ziel lautet, benennen Sie es klar und deutlich, bevor Sie Ihre Entwürfe präsentieren.

Fassen Sie die letzte Besprechung zusammen.
: Zweitens: Erinnern Sie kurz an die Diskussion vom letzten Mal bzw. an die dort gemeinsam getroffenen Entscheidungen. Manchmal reicht dazu ein kurzer Satz, manchmal sind es mehrere Punkte, je nach Projekt. Wichtig ist nur, schnell die Erinnerung an das letzte Meeting aufzufrischen.

Zeigen Sie eine Zeitleiste.

Als Nächstes zeigen Sie eine Darstellung, die den Anwesenden verdeutlicht, an welcher Stelle des Designprozesses Sie sich befinden. Dazu kann man eine horizontale Linie verwenden, bei der die linke Seite der Ausgangspunkt ist (Research, Low-Fidelity-Mockups) und die rechte Seite das fertige Design (High Fidelity, bereit zur Auslieferung) markiert. Heben Sie hervor, wo Sie sich in diesem Spektrum befinden und welches Niveau an Designgenauigkeit erreicht ist.

Beschreiben Sie das benötigte Feedback.

Erklären Sie auch, welche Arten von Feedback in diesem Stadium des Projekts hilfreich sind und welche Rückmeldungen noch nicht benötigt werden. Möglicherweise benötigen Sie Feedback zum Gesamtlayout und zum Konzept, aber noch nicht zu bestimmten Texten oder Farben. Wenn Sie den Beteiligten zu verstehen geben, welche Rückmeldungen am hilfreichsten sind, können Sie die Diskussion auf produktive Weise lenken.

Benennen Sie noch einmal das Ziel.

Formulieren Sie abschließend erneut das Ziel. Es ist wichtig, dass immer alle genau wissen, um welche Aufgabe es geht. Gespräche entgleisen schnell, wenn Menschen sich nicht mehr an das Ziel erinnern oder es sich unbemerkt verändert hat. Die Wiederholung des Ziels beugt dem vor.

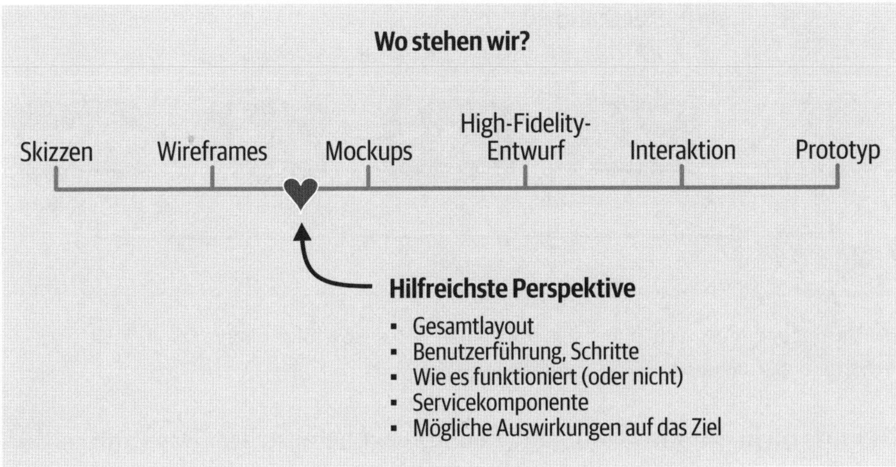

Präsentieren Sie eine horizontale Zeitleiste mit dem aktuellen Stand des Prozesses, um den Kontext des Gesprächs herzustellen.

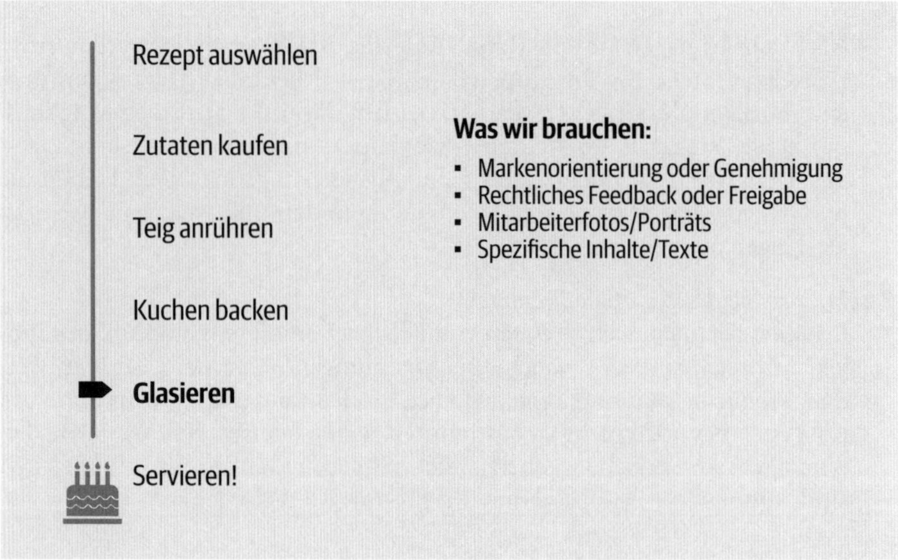

Ein Team erzählte mir, dass sie das Backen eines Kuchens als Metapher verwenden, damit ihre Stakeholder wissen, wo sie sich im Prozess befinden.

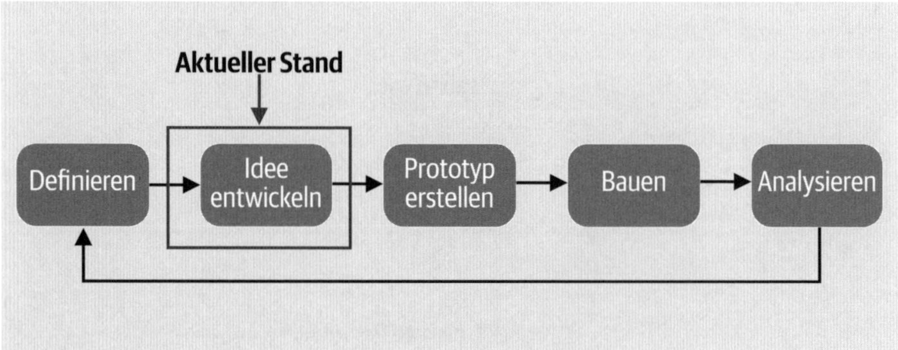

Die Darstellung muss nicht linear sein oder einen festen Abschluss haben. Erstellen Sie eine Abbildung, die am besten zum Prozess Ihres Teams passt.

Es muss nicht zeitaufwendig sein, den Kontext herzustellen. Das kann mit ein paar kurzen Sätzen oder einer einzigen Folie geschehen. Für weniger formale Designreviews notiere ich mir zumindest ein paar Stichpunkte zu den anstehenden Gesprächsthemen. Für offizielle Präsentationen in größerem Rahmen bereite ich manchmal bis zu drei Folien vor. Mein Hauptaugenmerk liegt dabei immer darauf, sicherzustellen, dass die Gesprächsteilnehmer genau wissen, worum es bei einem Meeting geht, damit eine produktive Diskussion entsteht.

Geben Sie dem Meeting einen Titel

Man kann den Kontext für die Beteiligten auf einfache Weise herstellen, indem man bereits den Einladungen einen passenden Titel gibt. Stellen Sie sich den Kalender Ihrer Stakeholder vor, der mit vielen eigenen Einträgen oder solchen mit eher nichtssagenden Bezeichnungen wie »Designreview« gespickt ist: Wollen Sie, dass die Beteiligten auftauchen und sofort fragen: »Worum geht es noch mal in diesem Meeting?« Die Überschrift im Terminkalender sollte bereits beschreiben, um was es gehen wird.

Geben Sie deshalb Ihren eigenen Namen oder die Bezeichnung Ihres Teams sowie den Namen des Produkts, des Projekts oder des Teils der Schnittstelle an, den Sie präsentieren. Sie sollten auch den Inhalt der Besprechung vermitteln, ohne dabei aber den Eindruck zu erwecken, dass der Zweck ausschließlich darin besteht, dass die Teilnehmer Feedback geben.

Ich verschicke beispielsweise Einladungen mit Titeln dieser Art:

- Tom Greever, UX-Fallstudie
- Design der Hausverwaltungsdienstleistungen
- UX-Research: Überlegungen zum Suchen
- Inhalt der Startseite, UX-Team

Ich finde Wörter wie »Review«, »Demo«, »Feedback« oder »Diskussion« unnötig, weil sie implizit sind – genau wie die Bezeichnung »Meeting«. Wenn sich jemand mit uns zu Designfragen trifft, wird er oder sie vermutlich automatisch davon ausgehen, dass es sich um etwas dieser Art handelt. Vermeiden Sie solche Begriffe deshalb.

Der Text der Einladung sollte außerdem einige zusätzliche Informationen enthalten – eine Zusammenfassung dessen, was besprochen werden soll, die Tagesordnung und eventuell Links zu anderen Dokumenten oder Design-Assets. Auf diese Weise haben die Eingeladenen alles zur Vorbereitung zur Hand und müssen nicht erst danach suchen. Die Empfänger freuen sich, weil es ihnen Zeit und Arbeit spart, vor allem aber wird das Meeting selbst dadurch produktiver.

Das Erinnern unterstützen

Bei der Vorbereitung eines effektiven Meetings sollte man auch immer im Blick behalten, wie unser Gehirn funktioniert, um dann dafür zu sorgen, dass sich die Beteiligten später auch an das Besprochene erinnern. Hier sind ein paar einfache Ansätze, die dabei helfen können.

Primär- und Rezenzeffekt

Als Primäreffekt und Rezenzeffekt beschreibt man das Gedächtnisphänomen, dass sich Menschen eher an diejenigen Informationen erinnern, die sie zuerst und zuletzt erhalten haben. Zwischen diesen beiden Punkten fällt das Erinnerungsvermögen stark ab.[1] Wir können diese Effekte zu unserem Vorteil nutzen, indem wir unsere Inhalte in sinnvolle (kleinere) Abschnitte aufteilen und für deutliche Übergänge zwischen den einzelnen Teilen sorgen. Dadurch werden sich die Beteiligten wahrscheinlich an mehr Einzelheiten einer Besprechung erinnern, weil sie als eine Folge kürzerer Gespräche und nicht als ein langes Meeting abgespeichert wird.

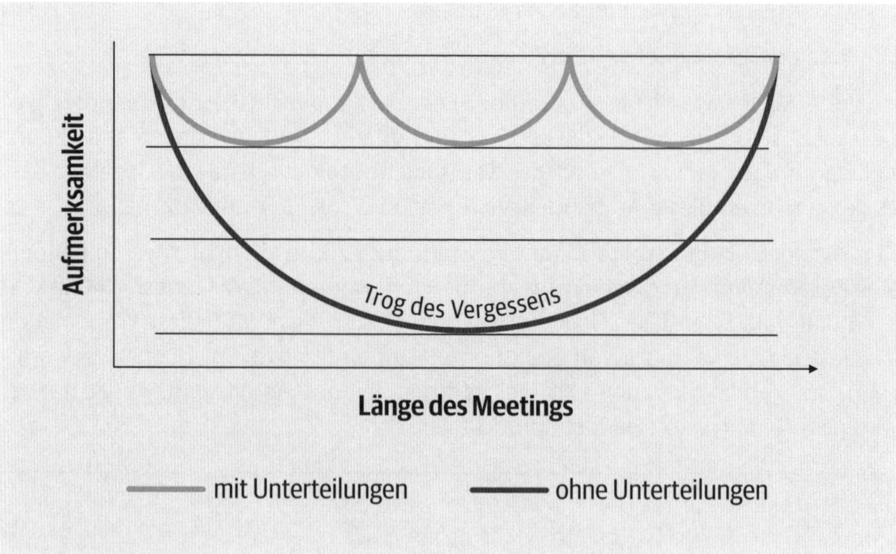

Wenn Ihre Präsentation wie ein einziger langer Vortrag wirkt, wird es für die Anwesenden schwierig, die ganze Zeit aufmerksam zu sein. Brechen Sie Ihre Inhalte dagegen in kleinere Blöcke herunter, unterstützen Sie das Erinnerungsvermögen.

1 Pharmafirmen nutzen dieses Phänomen in ihrer US-Fernsehwerbung aus, indem sie ihre medizinischen Haftungsausschlüsse genau an der Stelle platzieren, an der die Menschen unaufmerksam werden.

Dafür gibt es die gängige Methode, verschiedene Tagesordnungspunkte anzusetzen, zu jedem dieser Punkte klare Entscheidungen zu treffen und danach zu verbalisieren, dass zum nächsten Punkt übergegangen wird. Es kann auch helfen, zusätzliche visuelle Hinweise zu schaffen oder die Monotonie durch Bewegung zu unterbrechen. Sie könnten die Hintergrundfarbe Ihrer Folien ändern, wenn Sie von einem Teil zum nächsten wechseln. Die Veränderung schafft eine klare optische Trennung. Sie könnten auch eine kurze Pause einlegen, alle aufstehen und sich dehnen oder die Teilnehmenden den Platz wechseln lassen oder Snacks verteilen. Es gibt viele Möglichkeiten, um eine klare Trennung zwischen den einzelnen Abschnitten zu schaffen.

Ich verwende oft farbige Registerkarten und eine Punktnavigation, um zu verdeutlichen, wo wir uns in einer Präsentation gerade befinden. Das sorgt für eine klare Unterscheidung zwischen den einzelnen Blöcken oder Entscheidungen.

Wiederholung

Menschen erinnern sich eher an etwas, das wiederholt wurde. Diese universelle Erkenntnis, die auch in Marketing und Werbung genutzt wird, ist für unsere Gespräche mit den Projektbeteiligten ebenfalls nützlich. Was ist das Wichtigste, an das sie sich erinnern sollen? Das Ziel oder Problem, das wir zu lösen versuchen, und die Entscheidung, die wir diesbezüglich getroffen haben. Planen Sie also ein, diese Informationen (verbal oder visuell auf einer Folie) mindestens dreimal während des Meetings zu wiederholen. Menschen erinnern sich eher an etwas, das wiederholt wurde.

Überraschung

Menschen erinnern sich darüber hinaus eher an etwas Unerwartetes. Wenn Sie einen Weg finden, etwas in Ihre Diskussion einzuschieben, das normalerweise nicht Teil Ihrer Besprechungen ist, werden sich die Teilnehmer eher daran erinnern. Dies kann in einer formellen Umgebung schwierig sein, in der allgemein erwartet wird, dass alles eher geschäftsmäßig abläuft, aber etwas Leichtigkeit, Komik oder unerwartete Überraschungen können durchaus wirksam sein. Die einfachste Technik besteht darin, zur rechten Zeit einen Witz zu machen, der eine stagnierende Diskussion unterbricht. Denken Sie daran, dass es nicht um Überraschungen um ihrer selbst willen geht, sondern darum, den Teilnehmern zu helfen, sich später an einen wichtigen Inhalt zu erinnern. Hier ein paar meiner eigenen Interventionen:

- Auf Folien mit Daten, Zielbeschreibungen oder Angaben zum Zeitplan/Lieferdatum habe ich zusätzlich nette Bildchen niedlicher Tiere gezeigt (normalerweise Katzen).
- Ein anderes Mal habe ich ein gesamtes Meeting als Quiz angelegt, bei dem jeder Stakeholder eine Kategorie wählen sollte, die darüber entschied, welchen Teil des Projekts wir als Nächstes besprechen würden. Um ehrlich zu sein, glaube ich nicht, dass die Teilnehmer wirklich begeistert waren – sie schienen eher genervt zu sein –, aber ich glaube, dass es trotzdem effektiv war, weil jeder Stakeholder den entsprechenden Teil des Projekts laut vorlesen musste.
- Bei einem Meeting habe ich Zettel ausgedruckt, auf denen unser Ziel zusammen mit verschiedenen Botschaften im Glückskeks-Stil stand, und diese an die Unterseite der Stühle geklebt. Das Treffen habe ich damit eröffnet, dass ich alle bat, unter ihre Stühle zu schauen und die Botschaften zu lesen.

Die Herausforderung beim Einsatz von Überraschungselementen besteht darin, dass daraus keine Ablenkung entstehen soll. Wie wir später sehen werden, besteht ein Teil unserer Aufgabe darin, Ablenkungen *zu beseitigen*. Sie müssen also die richtige Balance finden, damit die Teilnehmer einerseits aufmerksam genug bleiben, um sich mit Ihren Inhalten zu beschäftigen, ohne andererseits durch Interventionen unnötige Ablenkungen zu verursachen, die das Meeting entgleisen lassen könnten.

Ich wette, Sie haben nicht damit gerechnet, in diesem Buch einen Hai zu finden. Er soll Sie daran erinnern, dass Überraschungen sehr effektiv eingesetzt werden können.[2]

Medien-Mix

Jeder lernt und behält Informationen auf unterschiedliche Weise. Manche Menschen sind verbale Lerntypen, die etwas selbst aussprechen müssen. Andere müssen es hören. Wiederum andere erfassen Informationen am besten visuell. Wenn Sie sich Zeit genommen haben, die Stakeholder etwas kennenzulernen, haben Sie vielleicht bereits eine Vorstellung davon, wie Sie am besten mit ihnen kommunizieren können. Ich empfehle, eine Vielzahl von Methoden zu verwenden, um herauszufinden, was am besten funktioniert. Mit einer Kombination aus verbaler Beschreibung, visueller Präsentation (Folien) und schriftlichen oder gedruckten Informationen gehen Sie auf die meisten Lerntypen ein.

Ich kenne eine Führungskraft, die Dokumente zu bevorzugen schien, die wie Wiki-Seiten mit entsprechenden hierarchischen Überschriften und Auflistungen aussehen. Das ist einfach das Format, an das er gewöhnt war und mit dem er sich wohlfühlte. In einem anderen Unternehmen reagierte der CEO am besten, wenn alles auf Präsentationsfolien stand – selbst in informellen Gesprächen. Ich fand heraus, dass er empfänglicher war, wenn ich meine Texte auf einer dem Markenlayout entsprechenden Folie zeigte. Wenn Sie die passenden Wege finden, die Stakeholder einzubinden, werden diese sich mit größerer Wahrscheinlichkeit an die gemeinsam getroffenen Entscheidungen erinnern.

2 »stensil« ist lizenziert unter CC0 1.0. Public Domain. Um eine Kopie dieser Lizenz anzuzeigen, besuchen Sie *https://creativecommons.org/licenses/cc0/1.0*.

Ablenkungen beseitigen

In einem Designmeeting ist es wichtig, fokussiert zu bleiben. Diskussionen können schnell wegen irgendwelcher Kleinigkeiten in eine unerwartete Richtung abdriften. Design scheint etwas an sich zu haben, das in Gesprächen häufiger zu Verzettelung führt als in anderen Bereichen. Damit alle konzentriert bleiben, ist es am besten, alles zu entfernen, was eine Ablenkung darstellen könnte. Viele Menschen lassen sich leicht von Dingen in den Bann ziehen, die mit dem eigentlichen Ziel des Meetings nichts zu tun haben. Sie entdecken dann plötzlich ein ganz anderes, überhaupt nicht verwandtes Problem oder sind nicht mehr in der Lage, die tatsächlich anstehenden Fragen zu besprechen. Daher ist es Teil Ihrer Aufgabe, auf solche Dinge zu achten und mögliche Ablenkungen zu beseitigen.

Ein typisches Beispiel ist die Verwendung von Platzhalterinhalten: Stockfotos und *Lorem-ipsum-Texte*. Ich kann Ihnen gar nicht sagen, wie oft sich meine Kunden auf den von mir gewählten Platzhalterinhalt gestürzt haben. Hier einige Beispiele:

- Ich hatte eine Website für einen Hersteller von Automotoren entworfen und ein Produktbild ausgewählt, das auf der Startseite verwendet werden sollte. Der Kunde vergeudete daraufhin unmäßig viel Zeit damit, sich darüber auszulassen, dass das gezeigte Motorteil nicht gerade ein Verkaufsschlager sei und in der Tat wegen technischer Mängel aus dem Programm genommen werde. Danach hat er mir das gesamte Sortiment an Motorteilen erklärt.
- Bei einem Projekt für eine Einzelhandelskette, die mir keine Fotos von der Innenausstattung ihrer Filialen zur Verfügung stellen konnte, suchte ich stattdessen online ein Platzhalterbild heraus und baute es in die Mockups ein. Es stellte sich heraus, dass ich ein Foto ihres größten Konkurrenten ausgewählt hatte. Dieser Stakeholder kam nur schwer mit der Situation zurecht, dass in einem Mockup für die Website seines eigenen Unternehmens Fotos der Konkurrenz zu sehen waren.
- Bei einer Kartenanwendung setzte ich einen Screenshot von Google Maps dort als Platzhalter ein, wo später die Karte erscheinen sollte. Mein Kunde nutzte einen anderen Kartendienst und konnte sich nur schwer damit abfinden, dass das Bild nicht wie die Karten aussah, die später in der realen Anwendung auftauchen würden.
- Bei einer App für ein Pharmaunternehmen war meine Kundin verwirrt darüber, warum sie den *Lorem-ipsum*-Text nicht verstehen konnte, obwohl sie Latein studiert hatte. Sie verbrachte einen Teil des Meetings damit, ihn laut vorzulesen, und ich musste ihr erklären, warum wir im Design pseudolateinische Blindtexte verwenden.

In jedem einzelnen Fall hat mein Platzhalterinhalt für unnötige Ablenkung gesorgt.

Die Beseitigung solcher Ablenkungen erfordert oft zusätzliche Arbeit. Wir verwenden schließlich Blindtexte, weil das einfacher ist, als echte Texte zu schreiben. Wir verwenden Stockfotos, weil eine schnelle Suche uns Unmengen von Möglichkeiten bietet. Bei einem agilen bzw. Lean-Ansatz legt man Wert auf schnelle Iterationen, Minimum Viable Products, schnelles Arbeiten und kurze Sprints. Die Vorstellung, zusätzlichen Aufwand in die Vorbereitung von Mockups stecken zu müssen, scheint diesen Ansätzen zu widersprechen. Schlimmer noch, es könnte Sie ausbremsen, oder? Nicht unbedingt.

Einer meiner Kunden war sehr darauf bedacht, dass alles perfekt in Rastern angeordnet ist. Meine Wireframes waren ein wenig chaotisch, eben weil sie bloß Wireframes waren: quick and dirty, gerade ausreichend, um meine Ideen zu kommunizieren. Er begann, Vorschläge zur Änderung des Layouts zu machen: »Verschieben Sie diesen Call-to-Action hierhin und dieses Element nach dort unten.« Keine kleinen Optimierungen, sondern eine umfassende Überarbeitung. Mir wurde klar, dass er so sehr davon abgelenkt war, dass die Elemente nicht perfekt ausgerichtet waren, dass er versuchte, das Design ausgeglichener wirken zu lassen. Ich unterbrach die Diskussion für eine Pause und nahm mir ein paar Minuten Zeit, alles sauber auszurichten. Fast sofort veränderte sich sein Feedback. Viele seiner Einwände gegen die Platzierung der Hauptelemente lösten sich in Luft auf. Jetzt konnten wir uns auf die wirklichen Aufgaben konzentrieren. Aber ich habe gelernt, dass es bei dieser speziellen Person wichtig war, mir die Zeit zu nehmen, meine Wireframes sorgfältig vorzubereiten, um sowohl in den Meetings Zeit zu sparen als auch mögliche Nacharbeiten zu vermeiden.

Ganz so einfach wie das Entfernen von Platzhalterinhalten oder das Ausrichten von Elementen ist es aber nicht immer. Manche Menschen werden durch jegliche Verwendung von Farbe abgelenkt. Andere irritieren veraltete UI-Elemente, die nicht im Mittelpunkt der Besprechung stehen, wie z.B. ein altes Navigationselement, von dem sie wissen, dass es nicht dort erscheinen sollte. Jeder Mensch tickt ein wenig anders, und unsere Aufgabe ist es, diese Ablenkungen zu erkennen und zu beseitigen.

Natürlich müssen Sie für sich abwägen, ob sich der zusätzliche Aufwand lohnt und an anderer Stelle Zeit spart, nämlich wenn es darum geht, die Zustimmung der Beteiligten zu erhalten. Ich persönlich finde, dass es den zusätzlichen Aufwand wert ist, um in einem Projekt gut voranzukommen. Falls Ihr Kunde durch irgendetwas so abgelenkt wird, dass er nicht entdeckt, dass eine wichtige Anforderung nicht erfüllt wird, fällt dies meist erst zu spät im Prozess auf. Tun Sie also alles Nötige, um Ihre Stakeholder bei der Stange zu halten, auch wenn es etwas mehr Zeit und Vorbereitung erfordert.

Einer Kundin gefiel das linke Bedienfeld, das Axure beim Generieren eines Prototyps erstellt, ausgesprochen gut. Es ist nur ein Iframe, der jede einzelne Seite des Prototyps auflistet, eine Sitemap des gesamten Projekts.[3] Sie mochte es so sehr, dass sie bei jedem unserer Gespräche darauf zurückkam: »Wow, es ist so praktisch, dass man direkt alle Seiten sehen kann.« Normalerweise ignorierte ich ihre diesbezügliche Faszination einfach und setzte die Besprechung fort. Schließlich schlug sie bei einem Telefonat tatsächlich vor, es als Navigation für die App zu verwenden. »Ich finde es einfach toll, dass man die ganze Zeit alles sehen kann«, meinte sie. »Das sollten wir für unsere Navigation nutzen!« Die gesamte zuvor geleistete Designarbeit, um eine konsistente, sinnvolle Hierarchie für die App zu schaffen, stand auf der Kippe! Auch hier entschied ich mich, nicht sofort zu reagieren, sondern suchte stattdessen in der Axure-Ordnerstruktur und schickte ihr den direkten Link zur HTML-Datei, die sich dadurch außerhalb des Iframes öffnen ließ. So konnte ich verhindern, dass sie das linke Panel überhaupt noch zu Gesicht bekam. Danach hat sie es nie wieder erwähnt.

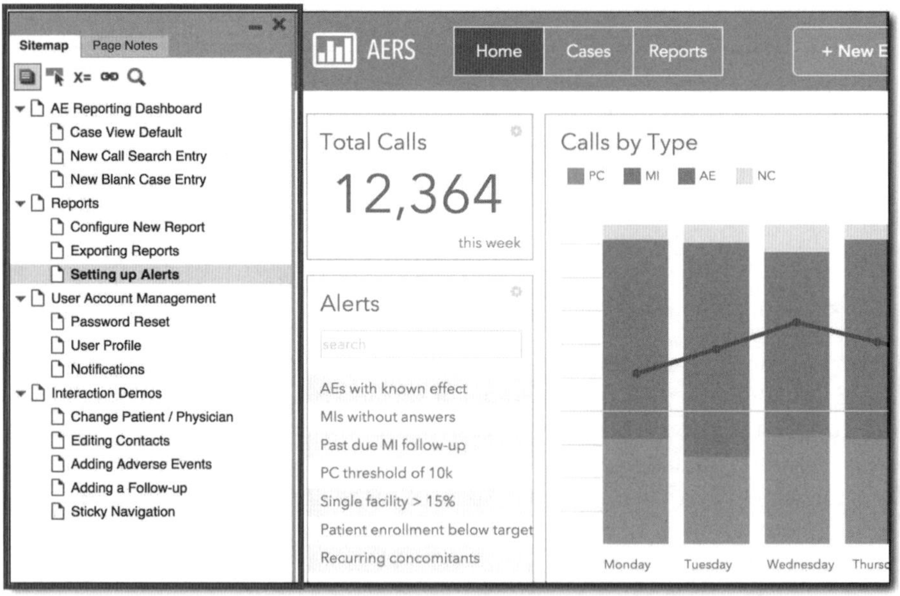

Eine meiner Kundinnen war von dem linken Panel, das Axure generiert (hier hervorgehoben), so abgelenkt, dass sie vorschlug, es für die Navigation der App zu verwenden, die wir gerade entwickelten.

3 Es war eine frühe Version von Axure, bei der man die Anzeige dieses Panels nicht abschalten konnte. In neueren Versionen können Sie dieses Feld aus dem Prototyp entfernen.

Bei einer von mir entworfenen App brauchten wir ein Icon für das Benutzerkonto und wählten dafür die Silhouette einer Person. Die Software, die ich benutzte, bot nur eine begrenzte Anzahl von Symbolen zur Auswahl, und dieses spezielle Benutzersymbol war wirklich sehr »bauchig« – eine schreckliche Form. Dennoch verwendete ich es aus Zeitgründen als Platzhalter, weil ich es überflüssig fand, nur für die Mockups ein eigenes Symbol zu entwerfen. Nach *drei* Besprechungen, bei denen mich jeweils andere Personen darauf angesprochen hatten, wie schrecklich das Symbol sei, beschloss ich schließlich, mir die Mühe zu machen, ein eigenes zu kreieren und diese ständige Ablenkung zu beseitigen. Hätte ich von Anfang an ein besseres Icon verwendet, hätte ich mir die Mühe sparen können, es jedes Mal erklären zu müssen.

Das standardmäßige Platzhaltersymbol, das mir die Software zeitsparend angeboten hatte (links), war so schrecklich, dass es dauernd ablenkte. Also nahm ich mir schlussendlich die Zeit, ein besseres auszuwählen (rechts).

Wenn Sie Ihre Projektbeteiligten besser kennenlernen, können Sie auch eher einschätzen, was sie ablenken könnte, und diese Dinge bereits im Vorfeld aus dem Weg räumen. Zu oft machen sich Leute (vor allem Nicht-Designer) Gedanken über Dinge, die nichts mit der aktuellen Aufgabenstellung für die Website oder Anwendung zu tun haben. Selbst nachdem man ihnen zu verstehen gegeben hat, dass dies vorläufige Details sind und nicht zum Thema gehören, kommen sie meiner Erfahrung nach trotzdem immer wieder darauf zurück. »Ich weiß, dass wir schon beim letzten Mal darüber gesprochen haben, aber ich finde immer noch, dass wir das Menü neu gestalten sollten.« Beseitigen Sie diese Ablenkungen einfach vollständig! Ablenkungen sollten nur ein einziges Mal auftauchen. Wenn sich dieselbe Ablenkung bei zwei Besprechungen hintereinander bemerkbar macht, läuft etwas falsch. Nehmen Sie sich die Zeit, diese Ablenkungen zu entdecken und zu beseitigen, damit Sie sich auf die wirklichen Fragen bezüglich der Effektivität Ihrer Designs konzentrieren können.

Reaktionen antizipieren

Wenn Sie die Personen, mit denen Sie zusammenarbeiten, gut genug kennen, sollten Sie voraussehen können, wie sie auf Ihre Entwürfe reagieren werden. Im vorherigen Kapitel haben wir die Personen, die Einfluss auf unsere Projekte haben, und einige ihrer Werte und Motivationen identifiziert. Bedenken wir, was wir über die ihrer jeweiligen Funktion entsprechenden Sichtweisen und Werte bereits wissen, können wir einige ziemlich gute Vermutungen darüber anstellen, wie sie auf unsere Designs reagieren werden. Glücklicherweise sind die meisten Menschen ziemlich berechenbar. Sie neigen dazu, auf gleiche Reize gleich zu reagieren. Je öfter Sie bereits mit ihnen zu tun hatten, desto einfacher wird es, ihre Reaktion vorherzusehen. Es braucht ein paar Begegnungen, bis man herausgefunden hat, wie Menschen verdrahtet sind, aber die Vorhersage von Reaktionen ist deutlich einfacher, als man glauben mag.

Tipps für Fernbesprechungen

Den meisten Lesern dieses Buches ist nicht bewusst, dass ich von zu Hause aus arbeite und viele der Meetings, die ich beschreibe, nicht von Angesicht zu Angesicht stattfinden. Tatsächlich habe ich häufiger Meetings per Videokonferenz geleitet als persönlich – auch schon lange vor der Corona-Krise. Hier sind einige Tipps für effektive Videokonferenzen:

- **Erinnern Sie alle Teilnehmenden daran, dass sie ihre Kameras einschalten sollen.** Selbst wenn sich einige Teilnehmer einer Konferenz gemeinsam in einem realen Konferenzraum befinden, sollte dennoch jeder seinen eigenen Laptop und seine eigene Kamera verwenden, damit sich wirklich alle Teilnehmer untereinander sehen können. Personen, die nicht zu sehen sind, fühlen sich schnell übergangen.
- **Teilen Sie Ihren Bildschirm und Ihr Live-Video.** Alle sollen sowohl Ihr Gesicht als auch den Inhalt, den Sie präsentieren, sehen können.
- **Suchen Sie einen guten Hintergrund aus.** Idealerweise setzen Sie sich vor eine einfache Wand und sorgen dafür, dass Licht auf Ihr Gesicht fällt. Es ist nicht hilfreich, wenn die Teilnehmenden irgendein Bücherregal im Hintergrund abscannen oder Ihr Gesicht zu dunkel ist. Aus diesem Grund befindet sich hinter meinem Schreibtisch absichtlich eine leere, blau gestrichene Wand. Virtuelle Hintergründe sind eine Alternative, wirken aber oft eher als Ablenkung.

- **Werden Sie Experte im Stummschalten.** Ihr Mikrofon sollte nur eingeschaltet sein, wenn Sie sprechen. Merken Sie sich das Tastaturkürzel zum Stummschalten des Mikrofons und verwenden Sie es. Die besten Remote-Teams sind Experten im Stummschalten.
- **Seien Sie sich Ihrer Mimik bewusst.** Lächeln und nicken Sie so, als wären Sie persönlich anwesend. Es kann abträglich wirken, wenn man mitten in einer Besprechung das Gesicht verzieht, selbst wenn der Auslöser überhaupt nichts mit dem Meeting zu tun hat. Verwenden Sie eine Webcam an dem von Ihnen verwendeten Bildschirm, damit es so aussieht, als würden Sie die Teilnehmer der Besprechung ansehen. Es wirkt irritierend, wenn man mehrere Displays verwendet und dauernd zur Seite schaut.
- **Schalten Sie alle Benachrichtigungen aus.**[4] Es gibt zu viele Ablenkungen, eintreffende Chat-Nachrichten und die Verlockung, zwischendurch irgendwelche Likes in den sozialen Medien zu überprüfen. Schalten Sie alles ab und konzentrieren Sie sich ausschließlich auf die Menschen in Ihrem Meeting.
- **Reduzierung technischer Risiken.** Wählen Sie sich zusätzlich zu Ihrem Computer-Audio auch per Telefon ein. Wenn das Internet ausfällt, haben Sie damit immer noch eine Audioverbindung. Wenn Sie können, verwenden Sie kabelbasiertes Ethernet statt WiFi; es ist viel schneller und zuverlässiger. Ich verwende sogar einen eigenen Router, um Bandbreite für mein Büro zu priorisieren, damit nicht etwa meine videostreamenden Kinder meine Meetings beeinträchtigen können.

Ein Manager, der schon einmal nach einer von Ihnen verwendeten Farbe gefragt hat, wird allgemein kritischer über Details der Benutzeroberfläche nachdenken. Ein Entwickler, der Analysen zur aktuellen App sehen wollte, wird es schätzen, wenn Sie Ihre Behauptungen mit Daten untermauern. Einer Führungskraft, der ein Call-to-Action nicht weit genug oben auf einer Seite stand, sollten Sie erklären, wie sich Ihre Designentscheidungen auf die Konversionsrate und den Verkauf auswirken. Wir können davon ausgehen, dass wir von diesen Personen jedes Mal ähnliche Ideen, Empfehlungen und Einwände hören werden. Vielleicht braucht man nicht einmal eine besondere soziale Kompetenz, um Reaktionen vorauszuahnen, sondern nur ein einfaches Rezept: Persönlichkeit + Funktion/Werte + beobachtete Reaktionen = vorhersehbares Verhalten! Obwohl es natürlich nicht ganz so simpel ist, wird das Verhalten der Projektbeteiligten mit der Zeit einfacher vorhersehbar.

4 Das schützt auch davor, dass bei einer Präsentation versehentlich unpassende Benachrichtigungen über den geteilten Bildschirm zu sehen sind.

Gehen Sie also Ihre Entwürfe genau durch, schauen Sie sich die Tagesordnung an und entscheiden Sie, wie Sie Ihre Ideen am besten präsentieren können. Auf die gleiche Weise, wie wir in unserer Anwendung einen bestimmten Nutzerflow erzielen wollen, sollten wir uns auch um den Flow unserer Designdiskussion kümmern. Stimmen Sie den Ablauf auf die Teilnehmer eines Meetings ab. Fragen Sie sich zu jeder Person:

- Was ist ihr am wichtigsten?
- Was sind ihre persönlichen Ziele für dieses Design?
- Was weiß ich bereits über ihre Vorlieben und Abneigungen?

Denken Sie über ihre besondere Funktion nach und machen Sie sich Gedanken darüber, inwiefern ihre Perspektive Ihnen helfen kann. Wenn Sie sich nicht sicher sind, fragen Sie ganz direkt, was sich jemand von der Diskussion erhofft oder in welcher Form sich jemand selbst einbringen möchte oder könnte. Es ist vollkommen angemessen, den Beteiligten zu sagen, dass Sie sichergehen wollen, die gemeinsame Zeit nicht zu verschwenden. Wenn Sie die Motivation und das jeweilige Engagement der Teilnehmer verstehen, können Sie die Tagesordnung besser strukturieren und vorhersehen, wie sich die Dinge entwickeln werden.

Einwände antizipieren

Nachdem Sie alle Beteiligten in Ihre Überlegungen einbezogen haben, notieren Sie alle Einwände, mit denen Sie rechnen, und Ihre jeweilige Antwort darauf. Solange Sie noch nicht gut darin sind, Ihre Antworten spontan zu formulieren, hilft es, sich darauf bereits im Vorfeld vorzubereiten.

Machen Sie eine Liste und lesen Sie sie so oft, bis Sie sich damit sicher fühlen. Auch wenn Sie nicht jede zu erwartende Reaktion mit einer bestimmten Person in Verbindung bringen können, ist eine solche Liste mit möglichen Einwänden dennoch eine gute Idee. Das kann in Form von Fragen geschehen, die gestellt werden könnten, oder Meinungsäußerungen, mit denen Sie rechnen.

Hier sind einige Beispiele dafür, wie Sie erwartete Einwände formulieren könnten:

Startseite	Produktseite
• Warum wurde hier einer der Call-to-Actions (CTAs) entfernt? • Läuft das Karussell automatisch weiter? (Justin) • Die Werkzeugnavigation ist zu voll. (Kristen) • Was ist mit dem Feed für »Empfohlene Artikel« passiert? • Wir dürfen die Schaltfläche »Beitreten« nicht unterhalb des Menüs »verstecken«. (Mark)	• Warum ist das Bild nicht größer, so wie wir es besprochen hatten? • Müssen wir zwei verschiedene Schaltflächen verwenden? Können wir den CTA oberhalb des Folds platzieren? • Warum stehen die Bewertungen so weit unten auf der Seite? • Diese Interaktion sollte den Artikel automatisch in den Warenkorb legen. (Kristen) • Dieser Flow kann komplexer aussehen, als Sie es hier berücksichtigt haben. (Mark)

Bereiten Sie Alternativen vor

Wenn Sie antizipieren, wie die Projektbeteiligten reagieren werden, müssen Sie auch Alternativen vorbereiten – das können Alternativen sein, die Sie selbst in Betracht gezogen haben, aber auch solche, von denen Sie glauben, dass sie während des Meetings vorgeschlagen werden. In Kapitel 1 lautete eine der Fragen, die wir für unsere Stakeholder zu beantworten versuchten: *Warum ist unsere Lösung besser als die Alternative?*

Zeigt man Alternativen auf (insbesondere solche, die nicht die beste Lösung darstellen), verkompliziert das die Diskussion, weil wir gezwungen werden, unsere bevorzugte Lösung überzeugend zu begründen. Viele Designer vermeiden das, indem sie grundsätzlich darauf verzichten, Alternativen zu präsentieren. Sie befürchten, dass der Kunde womöglich das »falsche« Konzept bevorzugt und auf dessen Umsetzung besteht. Auch wenn dieses Risiko tatsächlich immer besteht, untergräbt es den Zweck der Vermittlung von Designentscheidungen, wenn wir mit dieser Angst in unsere Meetings gehen. Wenn wir nicht in der Lage sind, die Stakeholder davon zu überzeugen, dass die von uns empfohlene Lösung besser ist als mögliche Alternativen, leisten wir entweder keine gute Arbeit bei der Kommunikation mit ihnen, oder wir verstehen ihre Bedürfnisse nicht gut genug, um ein Design zu entwickeln, das die anstehende Aufgabe tatsächlich löst. Aber wir wollen ja, dass sie unsere Lösung unterstützen, auch und gerade nachdem sie alle Alternativen in Betracht gezogen haben. Wir können sie nicht von allen Ideen abschirmen, die vorgeschlagen werden könnten. Stattdessen erklären wir, warum unsere Lösung die beste ist. Nur so können wir ihre langfristige Unterstützung dafür gewinnen.

Mit alternativen Designs und Mockups können Sie nachweisen, dass Sie andere Ansätze ausprobiert haben, und begründen, warum Ihr Vorschlag effektiver ist. Wenn Sie vermuten, dass jemand nach einem von Ihnen ausgewählten Icon fragen wird, bringen Sie einfach einen Haufen alternativer Icons mit. Das zeigt, dass Sie über diese Frage nachgedacht haben und sich für die Ihrer Meinung nach beste Lösung entschieden haben. Manchmal wurde ein aktuell zu besprechender Entwurf in einem früheren Meeting vorgeschlagen. Die Stakeholder haben Sie möglicherweise gebeten, einige Änderungen vorzunehmen (trotz all Ihrer Bemühungen, sie vom Gegenteil zu überzeugen), und nun müssen Sie ihnen den entsprechend angepassten Entwurf zeigen. In diesen Situationen ist die Präsentation von Alternativen absolut entscheidend, um zu demonstrieren, warum die von Ihnen vorgeschlagene Lösung besser ist. Dennoch müssen Sie das Gespräch auf Basis des von den Stakeholdern gewünschten Entwurfs führen. Präsentieren Sie also die verlangte Änderung, aber bereiten Sie auch Alternativen vor, die Sie für bessere Lösungen halten.

Bringt man Alternativen in die Diskussion ein, anstatt sich nur mit einer einzelnen vorgeschlagenen Idee zu beschäftigen, schafft man Raum, um die Vorzüge der einzelnen Optionen zu diskutieren – einen Raum, den Sie öffnen und den Sie kontrollieren können. Gehen Sie ohne Alternativen ins Meeting, werden sich die Stakeholder ihre Smartphones schnappen, wild im Internet suchen und die erstbeste Option vorschlagen, die sie finden können. Warten Sie dagegen mit einer Reihe von gut vorbereiteten Ideen auf, wird diese viel stärkere Argumentation alles schlagen, was jemand innerhalb von ein paar Sekunden im Internet finden kann. Werfen Sie verworfene Ideen niemals weg, sondern bringen Sie sie mit. Wir werden uns in Kapitel 6 noch einmal mit der Darstellung von Alternativen befassen.

Bereiten Sie Daten und Untersuchungsergebnisse vor

Bereiten Sie ebenfalls Daten oder Forschungsergebnisse (Analysen, Usability-Berichte, Ergebnisse von Benutzertests) vor, die die einzelnen Teile Ihres Vorschlags stützen. Es ist eine Sache, einfach einen Vorschlag zu machen, aber eine andere, auch Daten zu präsentieren, die Ihre Lösung argumentativ stützen. Meistens reicht es aus, wenn Sie darauf hinweisen, dass Ihre Entscheidungen auf Daten und/oder Untersuchungsergebnissen beruhen, und einen kursorischen Überblick über die Ergebnisse geben. In der Tat empfehle ich, Daten erst dann zu zeigen, wenn es notwendig wird, um ein bestimmtes Argument anzubringen. Wenn Menschen anderer Meinung sind oder wenn sie auf Ihre Entwürfe mit Skepsis reagieren, kann es auf jeden Fall helfen, Daten zur Untermauerung der eigenen Position zu nutzen. Es reicht aber, solche Daten für diesen Fall vorbereitet in der Hinterhand zu halten. Knallen Sie sie nicht einfach ohne Anlass im Verlauf Ihrer Präsentation auf den Tisch.

Daten sind sehr mächtig (fast zu mächtig) und können mitunter eine seltsame Wirkung auf Menschen haben. Manchmal entsteht dadurch eine Atmosphäre, in der Menschen das Gefühl bekommen, selbst nichts mehr beitragen zu können. »Nun, wenn die Forschung das sagt, dann sollten wir dem wohl folgen.« Damit kann man eine Diskussion auch abwürgen, bevor sie überhaupt begonnen hat. Aber wir wollen und müssen die Stakeholder in Entscheidungen mit einbeziehen. Auf der anderen Seite habe ich auch schon erlebt, dass Untersuchungsergebnisse aufgrund der Methodik oder der »Stichprobengröße« abgelehnt wurden. Tatsächlich kann ein eloquenter »Experte«, der in einem Meeting seine Meinung kundtut, die gleiche Durchschlagskraft entwickeln wie Ihre vorgelegten Untersuchungsergebnisse. Seien Sie also darauf vorbereitet, Ihre Entscheidungen mit Daten und Forschungsergebnissen zu verteidigen, tun Sie es aber erst, wenn es wirklich notwendig wird.

Im Zuge Ihrer Arbeit mit Stakeholdern geht es darum, zu lernen, wie sie ticken, herauszufinden, welche Dinge ihnen wichtig sind, und dann im Vorfeld Ideen zu entwickeln, wie Sie im jeweiligen Moment auf sie reagieren können. Erwartbare Reaktionen zu formulieren, alternative Entwürfe mitzubringen und Daten oder Forschungsergebnisse bereitzuhalten – all das sind wichtige Bestandteile Ihres Vorgehens. Nicht jedes Meeting wird Ihnen allein deshalb perfekt gelingen, aber Sie werden besser auf möglichst viele Eventualitäten vorbereitet sein. Oft hilft es schon, zu ahnen, was man in einer Besprechung zu erwarten hat, um sich dann spontan und punktgenau ausdrücken zu können.

Schaffen Sie ein Unterstützungsnetzwerk

Wenn Sie sicherstellen möchten, dass die Stakeholder Ihre Arbeit unterstützen, sollten an Besprechungen auch Personen teilnehmen, die Ihnen den Rücken stärken, Ihre Argumente stützen und im Zweifel den Ausschlag geben können, wenn es zur endgültigen Entscheidung kommt: Sie brauchen Fürsprecher.

Dass Sie Menschen davon überzeugen können, Ihre Entscheidungen zu unterstützen, zeigt, dass Sie mit Ihren Ideen nicht allein stehen. Es demonstriert, dass Ihnen andere kluge Anwesende zustimmen (deren Einfluss vielleicht sogar größer ist als Ihrer). Es geht darum, die nach Meinung aller Experten besten Vorgehensweisen zu finden. Und wenn neun von zehn Designern zustimmen, warum sollte ein Vorgesetzter oder Projektleiter das nicht auch tun? Zwar entscheidet längst nicht unbedingt die Mehrheit, aber eine breite Unterstützung zu haben, ist definitiv überzeugender, als einem skeptischen Manager ganz alleine gegenüberzustehen.

Bitten Sie um Unterstützung

Wir sollten dafür sorgen, dass an Designmeetings weitere Personen teilnehmen, die bereit sind, in unserem Sinne gute Fragen zu stellen, auf bestimmte wichtige Elemente hinzuweisen oder sich für unsere Entwurfsvorschläge einzusetzen. Es kann sein, dass wir uns nicht an alles erinnern, was kommuniziert werden muss, daher ist es äußerst hilfreich, jemanden an der Seite zu haben, der einspringen kann, wenn wir etwas vergessen. Diese Personen könnten Ihnen eine Frage stellen, die Sie zu einer gut formulierten Antwort anregt, oder einfach nur bekräftigen, was Sie bereits gesagt haben.

Dies geschieht in eng zusammenarbeitenden Teams oft ganz von selbst. Wenn der Rest des Teams mit Ihrer Arbeit vertraut ist, kommt es häufig vor, dass andere im Laufe der Besprechung einspringen, wenn sie merken, dass Sie etwas Wichtiges noch nicht erwähnt haben. Vielleicht sagt jemand: »Zeig doch bitte mal, was passiert, wenn man auf diese Schaltfläche klickt.« Oder vielleicht meldet sich, wenn mehr als ein Entwurf präsentiert wird, jemand zu Wort mit »Die erste Option ist besser, weil ...« und wiederholt und unterstützt damit, was Sie bereits gesagt haben.

Ich empfehle Ihnen, mit anderen offen über Ihren Bedarf an Unterstützung zu sprechen. Es ist vollkommen in Ordnung, Menschen im Voraus darum zu bitten. Ziel ist dabei, die eigene Argumentation zu stärken und zu zeigen, dass andere mit Ihnen übereinstimmen. Seien Sie offen zu anderen Personen, wenn Sie Unterstützung brauchen, bitten Sie sie, Ihnen zu helfen und sich zu äußern, wenn die Situation es erfordert.

Unterstützer ausfindig machen

Mitstreiter für die eigene Vision gewinnt man eher in Einzelgesprächen als in einem Konferenzraum. In einer Gruppenumgebung zögern Menschen manchmal, zuzustimmen, wenn sie wissen, dass die verantwortliche Führungskraft eine abweichende Vorstellung hat. Sie sollten deshalb bereits herausfinden, wer bei Ihren Entwürfen mit an Bord ist, bevor die Besprechung stattfindet. Sie könnten »Wechselwähler« identifizieren, die am Ende bei einer möglichen Mehrheitsentscheidung den Ausschlag geben könnten, oder andere Personen bitten, Ihnen bei Bedarf zu helfen. Achten Sie darauf, ausreichende Beziehungen zu anderen aufzubauen, damit Sie über ein kleines Reservoir möglicher Helfer verfügen. Das ist nichts, was man kurz vor einem Meeting mal so eben aus dem Hut zaubern könnte.

Am ehesten finden Sie diese Form der Unterstützung in Ihrem eigenen Team: bei anderen Designerinnen oder Entwicklern, die an der gesamten Diskussion und dem Designprozess beteiligt waren und sind. Diese Personen sind bereits auf Ihrer Seite und waren an den Designentscheidungen beteiligt, die Sie präsentieren. Ihr Unterstützerkreis sollte immer darauf vorbereitet sein, Sie zu verteidigen, sollten die Dinge eine unerwartete Wendung nehmen. Aber es reicht nicht aus, einfach davon auszugehen, dass sie es im Ernstfall auch tatsächlich tun werden. Wenn es ein Konzept, eine Idee oder ein Design gibt, bei dem Sie mit Widerstand rechnen, seien Sie offen und lassen Sie sie wissen, dass Sie möglicherweise Unterstützung brauchen.

Ihr Team muss jedoch nicht die einzige Unterstützerquelle sein. Es ist auch hilfreich, andere Personen im Unternehmen ausfindig zu machen, die ein Interesse an Ihrem Projekt und vielleicht einen gewissen Einfluss haben, den Sie nutzen können. Es gibt fast immer Menschen, die verstehen, was Sie tun, die von dem Projekt begeistert sind und die dessen Erfolg kaum erwarten können. Das kann jemand sein, mit dem Sie früher in einem anderen Bereich zusammengearbeitet haben, oder jemand, der Sie öfter an Ihrem Arbeitsplatz besucht hat und von den Entwürfen begeistert schien.

Finden Sie diese Personen und beziehen Sie sie mit ein. Laden Sie sie zu der Besprechung ein, falls das angemessen ist, und bereiten Sie sie darauf vor, bei Bedarf das Wort zu ergreifen. Erklären Sie ihnen, worum es bei dem Treffen geht, geben Sie ihnen vorab eine Kopie der Tagesordnung und Entwürfe und bitten Sie sie direkt um ihre Unterstützung. Sie können sie durchaus ganz direkt bitten, sich bei Unstimmigkeiten zu Wort zu melden. Weisen Sie, falls möglich, auf die spezifischen Problembereiche hin, die Sie als Diskussionspunkte erwarten, und sprechen Sie darüber, wie sie Ihnen helfen können. Geben Sie ihnen alle Daten oder andere Begründungen, die Sie haben. Ihr Ziel muss sein, dass die Personen, die für Sie eintreten, sich mit Ihren Argumenten wohlfühlen und von Ihren Vorschlägen überzeugt sind.

Andere begreifen es

In einem Meeting mit dem Chef einer großen E-Commerce-Site präsentierte ich einige kürzlich umgesetzte Entwürfe sowie einige neue Konzepte, die aktuell in Arbeit waren. Das Treffen verlief gut. Er stellte ein paar Fragen, auf die ich eingehen konnte, und wir verließen das Meeting in guter Stimmung und mit einer Liste von Punkten, die wir für eine weitere Überarbeitungsrunde in Betracht ziehen sollten. Unmittelbar danach zog mich eine teilnehmende Managerin zur Seite und meinte: »Hey, es tut mir leid, dass ich mich bisher so rar gemacht habe, aber ich wünsche mir wirklich, dass Ihr Projekt Erfolg hat, und würde mich gerne dafür einsetzen. Vielleicht können wir die nächsten Meetings vorbesprechen, damit ich Sie unterstützen kann und wir mit einer Stimme sprechen.«

Hier war also jemand, der den Wert der Kommunikation mit Stakeholdern verstand. Obwohl sie selbst zu den Stakeholdern gehörte, sah sie die Vorteile einer Zusammenarbeit, um das bestmögliche Ergebnis zu erzielen. Sie mochte unsere Ideen, vertraute auf unsere Expertise und wollte sicherstellen, dass wir nicht gebremst werden. Natürlich wurde sie Teil meines Unterstützungsnetzwerks! Und obwohl sie nicht an jedem Projektmeeting teilnahm, habe ich es mir zur Gewohnheit gemacht, regelmäßig Kontakt aufzunehmen und sie in unseren Designprozess mit einzubeziehen, sodass sie in Gesprächen außerhalb unserer formellen Präsentationen als Fürsprecherin wirken konnte.

Denken Sie immer daran, dass andere Menschen Ihnen dabei helfen können, Ihre Ziele zu erreichen. Lernen Sie, solche Beziehungen auf- und auszubauen, und erlauben Sie anderen, wertvolle Beiträge zur Diskussion zu leisten. Entdecken Sie diejenigen Menschen, die Ihnen bei der Verwirklichung Ihrer Vision helfen können, und schauen Sie, dass sie auf dem Weg zum Erfolg an Ihrer Seite stehen. Eine kleine Gruppe von Menschen zu haben, die Sie in einem Meeting unterstützen, schafft eine Atmosphäre des Konsenses. Dass andere Ihnen zustimmen, zeigt, dass Sie wissen, wovon Sie reden. Es verteilt die Verantwortung für Entscheidungen auf das gesamte Team. Es geht nicht um die Idee nur einer Person, sondern um eine Idee, die auch von anderen Menschen unterstützt wird. Mehr noch, es gibt anderen Menschen die Möglichkeit, an Ihrer Stelle zu sprechen. Vielleicht stellen Sie fest, dass Sie selbst gar nicht mehr so viel reden müssen, weil andere einen Teil davon für Sie übernehmen. Es ist für eine Führungskraft, die mit Ihrer Lösung nicht einverstanden ist, viel schwieriger, auf Änderungen zu bestehen, wenn die anderen Experten im Raum auf Ihrer Seite sind.

Machen Sie eine Generalprobe

Jetzt, da Sie Ihre Stakeholder verstanden, Ablenkungen beseitigt, erwartbare Reaktionen antizipiert und eine Gruppe von Menschen versammelt haben, die Ihnen den Rücken stärken, ist es an der Zeit, das Meeting Schritt für Schritt durchzugehen, Ihre Präsentation zu proben und alle Beteiligten darauf vorzubereiten. Die Wichtigkeit des Meetings bestimmt natürlich, wie viel Sie üben sollten, aber ich habe die Erfahrung gemacht, dass es von Vorteil ist, daraus auch für weniger wichtige Treffen eine Gewohnheit zu machen. Die folgenden Aktionspunkte können, egal ob es sich nun um ein tägliches Stand-up-Meeting oder eine große Präsentation für eine Führungskraft handelt, Ihrem Gespräch Struktur geben. Ich würde Ihnen empfehlen, sie jedes Mal in ihrer Gesamtheit anzuwenden, aber wie viel Zeit Sie dafür insgesamt aufwenden, mag sich je nach Situation unterscheiden.

Was ist mit Diskussionen per E-Mail oder Chat?

Es ist üblich, dass Diskussionen über Design auch über asynchrone Kommunikationskanäle geführt werden. Schließlich benutzen viele Menschen Messaging, verwenden Tickets und verschicken E-Mails. Das ist viel bequemer, als ein Meeting zu vereinbaren, insbesondere in Unternehmen mit Fernarbeit. Ich habe zwei Ansätze, was zeitversetzt geführte Diskussionen über Design angeht.

Ansatz 1: Lassen Sie es.

Im Ernst, führen Sie Diskussionen über Ihre Entwürfe nicht auf diese Weise. Vermeiden Sie es, soweit irgend möglich. Es schmälert Ihre Arbeit, weil sich dabei der Fokus unverhältnismäßig stark auf das Visuelle richtet und es zudem jedem Empfänger erlaubt, reflexartig zu reagieren, ohne dass Sie in solchen Fällen Ihre Überlegungen erläutern können. Man kann auf diese Weise Entscheidungen innerhalb des eigenen Designteams treffen, sofern alle eine gemeinsame Sichtweise und Sprache haben, aber mit Stakeholdern, die nicht aus dem Designbereich stammen, geht dabei zu viel verloren. Meiner Meinung nach ist es das Risiko nicht wert.

Ansatz 2: Video verwenden

Um die Nachteile der asynchronen Kommunikation zu umgehen und trotzdem auf die individuellen Zeitpläne und Aufmerksamkeitsphasen aller Beteiligten Rücksicht zu nehmen, empfehle ich Ihnen, Designpräsentationen als Video aufzunehmen und zu teilen (und auf statische, in einen Text eingefügte Screenshots und Direktnachrichten zu verzichten). Verwenden Sie dazu eine Software zur Bildschirmaufzeichnung, und gehen Sie Ihre Entwürfe durch, als wären Sie gemeinsam mit anderen im selben Raum.

Dieses Vorgehen bietet zwei große Vorteile: Erstens können alle anderen Sie hören und sehen. Tonfall, Körpersprache und Präsentationsweise kommen beim Betrachter an. All das fehlt, wenn Sie das Gleiche per Chat oder E-Mail tun. Zweitens führt es normalerweise dazu, dass sich die Empfänger einen geeigneten Zeitpunkt aussuchen, um das Video anzuschauen und darauf zu reagieren. Es ist eher unwahrscheinlich, dass sie sich das Video während eines anderen Meetings oder in einer Schlange am Flughafen ansehen. Ein Video wird den Empfänger meist veranlassen, sich dafür Zeit und Raum zu nehmen, was auch der Qualität der Reaktionen zugutekommt.

Meiner Erfahrung nach ist die Präsentation per Video sehr effektiv. Und nicht nur das: Die Projektbeteiligten schätzen die Videos, teilen sie und bitten mich, das auch weiter so zu machen. Es ist eine Win-Win-Situation.

Hier noch einige Tipps, wie Sie Ihre Videos möglichst wirkungsvoll aufnehmen können:

- Schreiben Sie ein kurzes Skript, in dem Sie notieren, was Sie sagen wollen. Achten Sie aber darauf, dass Sie nicht so klingen, als würden Sie ablesen.
- Halten Sie es kurz. Zweieinhalb Minuten ist die perfekte Dauer, finde ich. Es kann auch mal fünf Minuten dauern, aber versuchen Sie, sich so kurz wie möglich zu fassen.
- Fügen Sie die Aufnahme Ihrer Webcam als Bild-im-Bild ein, damit die Betrachter Ihr Gesicht sehen können. Das geht zwar nicht mit jeder Software, fügt aber einen vorteilhaften menschlichen Touch hinzu.
- Teilen Sie das Video als Link. Senden Sie es nicht als Anhang, damit Sie nicht versehentlich irgendeine Mailbox verstopfen. In E-Mail- oder Chat-Software bleiben Anhänge manchmal auch hängen. Am besten verwenden Sie gehostete oder Streaming-Videodienste (YouTube, Vimeo).

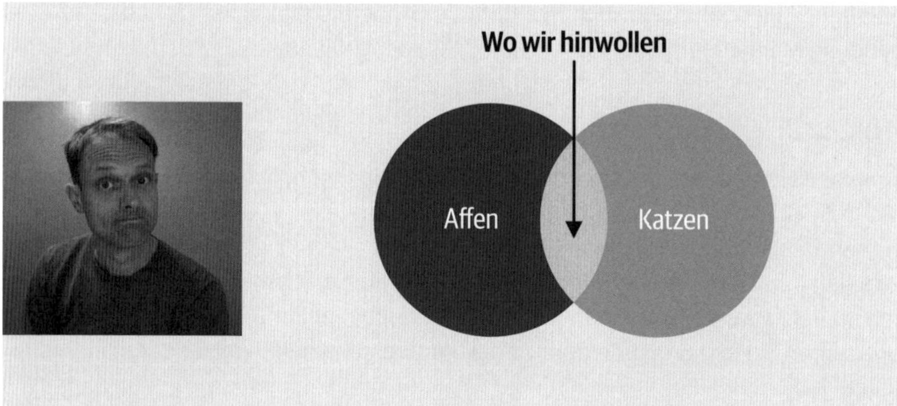

Leider darf ich keines meiner eigenen Videos aus realen Projekten teilen, aber so könnte es aussehen.

Erstellen Sie eine Liste

Die meisten Menschen wissen, wie wichtig es ist, für Besprechungen eine Tagesordnung oder einen Themenplan vorzubereiten, und das sollte man auch bei Designmeetings mit Stakeholdern nicht unterschätzen. Zu einer Präsentation für Führungskräfte werden Sie wahrscheinlich ausführliche Folien vorbereiten, die die inhaltliche Gliederung des Meetings darstellen. Das ist prima, und es wird Sie wahrscheinlich auf Kurs halten. Dennoch würde ich empfehlen, eine separate gedruckte Version Ihrer Agenda als zusätzliche Referenz mitzunehmen. Diskussionen über Design springen naturgemäß von Thema zu Thema, und es kann schwierig sein, die Teilnehmer fokussiert zu halten. Auch wenn es wie Papierverschwendung wirkt: Ich habe festgestellt, dass es viel effektiver ist, eine Papierkopie zu haben als eine Folie, die nur kurze Zeit sichtbar ist. Außerdem fühlen Sie sich selbstbewusster, wenn Sie nicht mit der Technik (etwa einem separaten Tablet oder Telefon) herumfummeln müssen, um sich zu orientieren.

Selbst für kurze Meetings mit dem eigenen Team, wie z. B. ein tägliches Stand-up, empfehle ich immer, eine kurze Agenda oder Themenliste zusammenzustellen. Man vergisst einfach zu schnell etwas, über das man eigentlich sprechen wollte, oder konzentriert sich auf Details fremder Themen. Vielleicht geht es Ihnen wie mir, und Sie arbeiten den Tag über an mehreren Entwürfen (vielleicht sogar an mehreren Projekten) parallel. Ein Mitarbeiter kommt zu Ihnen, um Sie nach einer bestimmten Interaktion zu fragen, was Sie dazu veranlasst, diese auf der Stelle zu überdenken. Mitten in der Nacht wachen Sie auf und stellen fest, dass es einen sehr wichtigen Anwendungsfall gibt, den niemand bedacht hatte. Sie brauchen eine Möglichkeit, sich diese Dinge aufzuschreiben, damit Sie nicht vergessen, sie später mit den beteiligten Personen zu besprechen. Ich persönlich verwende gern eine einfache App für Notizen, die sich über all meine Geräte synchronisiert. Auf diese Weise kann ich selbst beim Einkaufen schnell einen Punkt zu einer sich ständig weiterentwickelnden Agenda für das nächste Meeting hinzufügen und mein Gehirn dann von der Aufgabe entlasten, sich später unbedingt daran erinnern zu müssen.

Sie benötigen keine aufwendige Gliederung, eine einfache Liste reicht aus. Selbst wenn Sie sich nur mit einer anderen Person treffen, kann sie als Leitfaden dienen und Ihnen danach bei der Einschätzung helfen, ob das Treffen erfolgreich war. Schon die kleinste Vorbereitung hilft. Machen Sie einfach immer eine Liste!

Üben Sie laut

Es ist außerdem wichtig, dass Sie für die Besprechung vorher laut üben. Sie haben richtig gelesen: Wie bei einer Generalprobe für ein Theaterstück müssen Sie sich einen passenden Raum suchen, Ihre gesamte Agenda durchgehen und vortragen, als ob bereits Teilnehmern anwesend wären, und dabei sogar mögliche Fragen vorwegnehmen und laut beantworten. Sie haben sich bereits Gedanken darüber gemacht, wie die Meetingteilnehmer reagieren könnten – spielen Sie jetzt also das ganze Meeting einmal an einem geeigneten Ort durch und beantworten Sie in dieser Trockenübung die potenziellen Fragen. Zu üben, was Sie sagen wollen, gibt Ihnen die Möglichkeit, sich selbst zuzuhören. Das Ergebnis unterscheidet sich sehr von dem, was Sie rein gedanklich in Ihrem

Kopf hören. Außerdem werden Sie sich dabei ertappen, wie Sie Dinge sagen, die anders formuliert werden könnten, nicht wirklich hilfreich sind oder sich wiederholen.

Zu Übungszwecken eine Art »Mock-Meeting« abzuhalten, mag albern erscheinen, aber es ist tatsächlich sehr nützlich. Je mehr Sie Ablauf und Inhalt proben, desto weniger müssen Sie über die Agenda nachdenken, und desto mehr geistige Kapazität ist frei, um sich ganz auf den Moment zu konzentrieren. Sie merken sich dadurch einfach alles besser. Es geht darum, unsere kognitive Belastung so weit zu reduzieren, dass die Durchführung des Meetings zum Kinderspiel wird. Designentscheidungen sind oft nur schwer nachzuvollziehen, und es kann deshalb Gründe für Ihre Entscheidungen geben, die Ihnen selbst noch gar nicht bewusst sind. Ich habe festgestellt, dass ich manche meiner Beweggründe für bestimmte Entwurfsdetails besonders gut entdecke, wenn ich laut mit mir selbst spreche.

Ich schäme mich nicht, zuzugeben, dass ich in meinem Berufsleben bereits unzählige Stunden damit verbracht habe, in meinen Büros auf und ab zu gehen, meine Inhalte irgendeinem Bild an der Wand zu erklären und sogar Fragen imaginärer Zuhörer zu beantworten. Das habe ich auch schon oft beim Autofahren, Joggen oder in irgendeiner Ecke eines Flughafens beim Warten auf das Boarding getan. Ein zufälliger Beobachter mag denken, ich sei verrückt, weil ich rede und gestikuliere, als wäre noch jemand bei mir. Aber auf diese Weise für ein Meeting zu üben, ist eine der wenigen Möglichkeiten, herauszufinden, wie man sich selbst anhört.

Wie bei der Tagesordnung hängt das Ausmaß, in dem Sie üben müssen, von der Bedeutung des Meetings ab. Für eine große Präsentation mit einem CEO sollten Sie mehr üben. Für ein tägliches Treffen mit Ihrem direkten Chef darf es etwas weniger sein, obwohl es trotzdem eine gute Idee ist, wenn Sie unsicher sind, wie Sie etwas ausdrücken sollen. Für ein wichtiges Meeting buche ich den Besprechungsraum möglicherweise schon für den Vortag, damit ich in der gleichen Umgebung so viel üben kann, wie ich will. Vor einem einfachen Telefonat stehe ich vielleicht vor meinem Schreibtisch und gehe meine Agenda ein- oder zweimal durch, um Selbstvertrauen aufzubauen. Sie müssen entscheiden, wie viel Übung notwendig ist, damit Sie später in der realen Situation mental alles parat haben, um sich effektiv auszudrücken.

Insgesamt gibt das laute Aussprechen Ihren Worten eine neue Bedeutung, hilft beim Einprägen und ist die perfekte Testsituation. Das Üben für eine Besprechung ist sozusagen der Usability-Test für eine effektive Vermittlung Ihres Anliegens: Sie können dabei alles durchgehen und sicherstellen, dass alles wie erwartet funktioniert. Falls nicht, ist immer noch Zeit, vor Beginn des Meetings etwas abzuändern. Unabhängig von deren Wichtigkeit sollten Sie für Ihre Meetings immer proben.

Stellen Sie Ihre Unterstützer gut ein

Ganz zum Schluss, bevor Sie sich in den Besprechungsraum begeben, sollten Sie ein kurzes Gespräch mit allen Personen Ihres Supportnetzwerks führen. Manche nennen das die »Spielvorbereitung« oder den »Huddle«, den man oft als Versammlung der Spieler in Mannschaftssportarten wie dem American Football sieht, bei der noch einmal kurz Spielzüge und Strategien besprochen werden.[5] Wie auch immer Sie es nennen, gehen Sie noch einmal die anstehenden Themen durch und weisen Sie auf diejenigen Punkte hin, die von besonderer Bedeutung sind. Bitten Sie darum, an bestimmten Stellen einzuhaken und zu bestätigen, dass nichts vergessen wurde. Das ist eine hervorragende Gelegenheit für Kolleginnen und Kollegen, Ihre Arbeit zu checken, und für Sie eine Chance, sicherzustellen, dass Sie auf dem richtigen Weg sind, um Unterstützung für Ihre Entwürfe zu erhalten. Das muss nicht lange dauern. Selbst fünf oder zehn Minuten vor der Besprechung reichen aus. Aber schon das wird Ihnen und Ihren Kolleginnen und Kollegen helfen, auf die Präsentation und das folgende Feedback vorbereitet zu sein.

Denken Sie daran, dass der Hauptzweck dieser sorgfältigen Vorbereitung darin besteht, die kognitive Belastung sowohl für Ihre Stakeholder als auch für Sie zu reduzieren. Genau so, wie wir die Benutzerfreundlichkeit eines Designs verbessern können, haben wir in unseren Meetings die Möglichkeit, die Wahrnehmung der Beteiligten zu schärfen, den Gesprächsfluss zu optimieren und unsere Annahmen zu testen, bevor alles beginnt. Wenn unsere Stakeholder die geistige Kapazität haben, sich auf die wichtigsten Entscheidungen zu konzentrieren, ist es viel wahrscheinlicher, dass sich die Diskussion produktiv auf die spätere Benutzererfahrung auswirkt. Und wir selbst können uns mehr darauf konzentrieren, uns effektiv auszudrücken und sorgfältig auf Feedback zu reagieren, wenn wir keinen großen gedanklichen Aufwand mehr betreiben müssen, um uns an die Agenda zu erinnern.

Ein Meeting zu proben, ist der Usability-Test für die effektive Vermittlung unserer gestalterischen Überlegungen.

5 Eigentlich hasse ich im Geschäftsleben den übermäßigen Gebrauch von Vergleichen, die sich auf Sport beziehen.

Wenn Sie feststellen, dass Ihr Meeting genau so abläuft, wie Sie es erwartet haben, ist das ein gutes Zeichen dafür, dass Sie Ihre Hausaufgaben gemacht haben und gut vorbereitet sind. Das sollte Ihr Selbstvertrauen zusätzlich stärken und Sie dabei unterstützen, sich klar und deutlich auszudrücken und aufmerksam auf das Feedback der Projektbeteiligten zu achten.

4

Zuhören, um zu verstehen

Nachdem Sie wissen, wie Sie Ihre Entwürfe präsentieren können, und mögliche Reaktionen antizipiert haben, geht es jetzt darum, sich tatsächlich von Angesicht zu Angesicht mit den für das Projekt entscheidenden Personen zu treffen. An dieser Stelle sind unsere Kommunikationskünste wirklich gefragt. Dabei geht es aber nicht so sehr um das, was wir sagen, sondern in erster Linie darum, gut *zuzuhören*.

Zuhören ist eine Fähigkeit, die in allen Beziehungen wichtig ist, und das gilt natürlich auch für Arbeitsbeziehungen und die Diskussion von Designentscheidungen. Zuhören bedeutet dabei nicht, bloß darauf zu warten, dass jemand endlich aufhört zu reden, damit wir mit unserer Entgegnung loslegen können. Beim aufmerksamen Zuhören geht es darum, unsere Stakeholder wirklich zu verstehen, bevor wir auf sie reagieren.

Eine wirkungsvolle Antwort erfordert, dass wir unsere soziale Kompetenz einsetzen: zuzuhören, ohne andere zu unterbrechen, Dinge zu »hören«, die nicht explizit benannt werden, das unausgesprochene, eigentlich zu lösende Problem aufzudecken und kurz innezuhalten, bevor wir antworten. Wir müssen auch aktive Techniken anwenden, wie Notizen zu machen, Fragen zu stellen und das Gesagte zu wiederholen oder umzuformulieren. Dadurch können wir nach außen hin zeigen, dass wir etwas verstanden haben. Letztendlich müssen wir uns sicher sein, dass wir genau verstanden haben, was gesagt wurde, damit wir die bestmögliche Antwort formulieren können.

Implizites Zuhören

Beim impliziten, passiven Zuhören geht es nur darum, zu verstehen, was gesagt wird. Wir werden dabei nicht anderweitig aktiv, um zusätzlich zu demonstrieren, dass wir zuhören. Ein impliziter Zuhörer ist jemand, der das Gehörte schnell einordnen und sich dessen Bedeutung ohne zusätzliche Anhaltspunkte oder weitere Informationen erschließen kann. Ich möchte Ihnen vier Möglichkeiten des impliziten Zuhörens beschreiben, um an die Kerninformationen zu gelangen, die wir für unsere Reaktion auf die Rückmeldungen der Stakeholder benötigen.

Lassen Sie sie reden

Vor allem sollten Sie die Stakeholder reden lassen. Erlauben Sie ihnen, so viel zu sagen, wie sie möchten, und unterbrechen Sie sie nicht. Menschen hören sich gern reden und brauchen genügend Raum und Zeit, um sich auszudrücken, ohne sich gehetzt zu fühlen.

Das ist manchmal schwierig auszubalancieren, da Sie gleichzeitig verhindern müssen, dass die Diskussion zu sehr vom Thema abkommt – insbesondere wenn Dinge falsch dargestellt werden oder etwas auf fehlenden Informationen beruht. Außerdem hören wir uns auch *selbst* gern reden! Wenn wir jemanden über die eigene Designarbeit reden hören, ist es nicht leicht, dem Drang zu widerstehen, sich sofort einzumischen. Immerhin geht es um *unser* Design, über das gesprochen wird. Aber unterbrechen Sie niemanden. Es ist zu Ihrem Vorteil, wenn Sie andere ausreden lassen.

Warum? Manche Menschen wollen einfach nur schlau klingen. Es könnte sein, dass sie andere Teilnehmer des Meetings zu beeindrucken versuchen. Wie ich in Kapitel 2 erwähnt habe, weiß man nie, welche Art von Politik möglicherweise mit im Spiel ist. Der eine oder andere Teilnehmer gehört vielleicht zu den auditiven Lerntypen, die etwas besser verstehen, wenn sie selbst darüber sprechen. Der sprachliche Austausch über Design ist bisweilen kompliziert, und die Formulierung der eigenen Gedanken kann den Beteiligten dabei helfen, bestimmte Dinge zu verstehen. Möglicherweise übernehmen die Stakeholder dabei sogar an Ihrer Stelle die Aufgabe, Ihr Design zu erklären. Was auch immer der Grund sein mag: Lassen Sie die Stakeholder alles sagen, was sie zu sagen haben, bevor Sie selbst wieder das Ruder übernehmen.

Das hat drei Vorteile:

Die Stakeholder können sich verständlicher machen.
Wenn Menschen reden, wiederholen sie sich natürlich und formulieren das, was sie sagen möchten, oft noch einmal um, um sich besser verständlich zu machen. Da es für Sie darum geht, genau zu verstehen, wie die Projektbeteiligten Ihre Entwürfe wahrnehmen, ist es entscheidend, dass Sie ihnen den nötigen Raum geben, um Ihre Entwürfe in ihren eigenen Worten zu beschreiben. Nicht jeder kennt das typische Designvokabular, weshalb es manchmal ein paar Versuche braucht, bis sich jemand wirklich verständlich machen kann.

Es gibt den Projektbeteiligten Vertrauen, dass sie verstanden wurden.
Wenn Menschen genug Raum bekommen, um ihre Meinung oder ein Argument ausführlich darzustellen, werden sie das beruhigende Gefühl haben, verstanden zu werden. Stakeholder können so später eventuelle Missverständnisse auch nicht auf ihre eigene Unfähigkeit zu kommunizieren (oder Ihre Unfähigkeit, richtig zuzuhören) schieben.

Es zeigt, dass Sie das, was sie sagen, wertschätzen.
Indem Sie allen Beteiligten die Möglichkeit geben, so viel zu reden, wie sie möchten, zeigen Sie ihnen – unabhängig davon, was Sie daraufhin entgegnen –, dass Sie ihre Meinung schätzen und aufmerksam zuhören. Ihnen dieses Gefühl zu vermitteln, erzeugt Vertrauen. Menschen, die wissen, dass sie gehört wurden, werden Ihnen später eher zustimmen.

Während der Wortbeiträge können Sie Ihre Wertschätzung ausdrücken, indem Sie Augenkontakt halten und durch Kopfnicken Zustimmung signalisieren. Achten Sie auf spezielle Wörter, eventuell verwendeten Jargon und die Begriffe, die die Diskussionsteilnehmer bei der Beschreibung Ihrer Entwürfe bevorzugen. Die meisten werden eher nicht von UI-Steuerelementen, Eingabeelementen, Auswahllisten, Pop-overn oder Tooltipps reden. Achten Sie beim Zuhören deshalb darauf, welche Begriffe Ihre Gesprächspartner benutzen, sodass Sie diese Begriffe in Ihrer Antwort aufgreifen können. Wenn Sie ein anderes Vokabular verwenden als die Projektbeteiligten, wird es schwerer sein, ihre Unterstützung zu bekommen. Übernehmen Sie daher die von ihnen verwendeten Wörter und suchen Sie (früher oder später) nach Wegen, ihnen effektivere Begriffe anzubieten. Das werden wir uns im Abschnitt »Wiederholen und umformulieren« genauer ansehen.

Indem Sie den Stakeholdern erlauben, sich ungehindert und ohne Unterbrechungen auszudrücken, werden diese in der so entstehenden wertschätzenden Atmosphäre mit Ihnen viel eher die Art von Rückmeldungen und Perspektiven teilen, die Sie für eine effektive Arbeit brauchen. Die Projektbeteiligten werden wissen, dass sie sich jederzeit mitteilen können und dabei gehört werden.

Hören Sie auf das, was nicht gesagt wird

Es wird nicht immer sofort klar werden, was uns die Stakeholder eigentlich mitteilen wollen. Manchmal müssen wir dazu zwischen den Zeilen lesen. Ein wichtiger Teil unseres Zuhörens besteht deshalb darin, auch das *zu hören, was nicht gesagt wird*. Wie lautet der Subtext? Steht ein Thema im Raum, das sich niemand anzusprechen traut? Was Menschen sagen und was sie eigentlich meinen, sind oft zwei völlig unterschiedliche Dinge.

Das ist im Designbereich vielleicht noch wichtiger als in anderen Zusammenhängen, zum einen aufgrund des subjektiven Charakters von Design und zum anderen, weil manche Menschen sich nicht ganz sicher sind, wie sie darüber sprechen können. Außerdem wissen Ihre Stakeholder natürlich, dass es um etwas geht, das *Sie* gemacht haben. Sie haben es geschaffen. Es ist Ihr Baby. Möglicherweise berücksichtigen die Projektbeteiligten das in sensibler Weise und versuchen, Sie nur auf indirekte Weise auf ein von ihnen wahrgenommenes Problem hinzuweisen. In solchen Fällen reagieren Menschen in der Regel eher mit Fragen als mit direkter Ablehnung. »Oh, das ist interessant. Warum haben Sie hier den primären Call-to-Action verwendet und nicht den sekundären?« Der Subtext könnte hier tatsächlich lauten, dass jemand die sekundäre Handlungsaufforderung für die bessere Wahl hält, dies aber einfach nicht so deutlich sagen will. Wenn jemand in seiner Rückmeldung zu Ihren Entwürfen das Wörtchen »interessant« verwendet, kann das ein Hinweis darauf sein, dass er mit Ihrem Ansatz möglicherweise nicht einverstanden ist.

Wie ich bereits erwähnt habe, gibt es noch andere Faktoren, die in Besprechungen hineinwirken, von denen wir aber einfach nichts wissen. Wenn sich jemand bei etwas eher Harmlosem relativ auffällig äußert, geht es vielleicht um eine Botschaft, die sich eigentlich an einen anderen Teilnehmer richtet. Oder vielleicht reagiert Ihr Manager auf ein Meeting, an dem er direkt zuvor teilgenommen hat, und besteht plötzlich darauf, dass die Darstellungen im Dashboard geändert werden, obwohl er sich letzte Woche überhaupt nicht darum gekümmert hat. Wir können getrost davon ausgehen, dass oft noch solche unbekannten Faktoren mit im Spiel sind.

Die höfliche Paula

In einem meiner früheren Jobs hatte ich eine etwas ungewöhnliche Idee für eine Weboberfläche gepitcht. Meine Managerin reagierte ziemlich enthusiastisch, weil sie merkte, wie groß meine eigene Begeisterung war, und mich motivieren wollte. Sie gehörte zu der Sorte Menschen, die sich grundsätzlich unterstützend und fördernd verhielt. Sie stimmte zu, dass ich meine Freitage diesem Nebenprojekt widmete, sodass ich daran arbeiten konnte, ohne dass es mich von meiner regulären Arbeit unter der Woche abhielt. Ich beschäftigte mich mehrere Monate lang mit dieser neuen Idee und präsentierte sie ihr eines Tages. Sie reagierte ausgesprochen freundlich, und anstatt mir direkt zu erklären, dass mein Entwurf eine Katastrophe war, stellte sie mir Fragen, die mir meine Fehler aufzeigten. Da es sich um mein aktuelles Lieblingsprojekt handelte, verhielt ich mich natürlich ein wenig defensiv. Ich beantwortete ihre Fragen, so gut ich konnte, aber am Ende war mir nicht mehr klar, was sie eigentlich von mir wollte. Erst rückblickend habe ich verstanden, dass sie von meiner Idee nicht überzeugt gewesen war. Ich hätte es vorgezogen, wenn sie mir gegenüber offen gewesen wäre, aber ich hatte natürlich keinen Einfluss darauf, wie sie auf meine Arbeit reagierte. Wir müssen versuchen, auch das zu hören, was andere nicht (deutlich) sagen, wenn wir bestmöglich auf Rückmeldungen reagieren wollen.

Der entmutigende Dan

Bei einer anderen Firma arbeitete ich an einer Marketing-Site für einen Onlineservice. Die vorhandene Website war komplett hinüber: kaputte Links, fehlende Bilder und veraltete Texte. Sie wirkte wie ein verlassenes Haus. Wie sich herausstellte, bezog sich eine ungewöhnliche Anzahl von Supportanfragen auf Probleme mit dieser Website. Ich wusste, dass der Product Owner nicht die Ressourcen hatte, die Site neu zu gestalten. Für mich war es eine verlockende Aufgabe: eine einfache, fünfseitige, broschürenartige Website, die man schnell mit Templates ausstatten und aktualisieren konnte. Ich beschloss, sie zwischen zwei anderen Projekten zu überarbeiten. Ich dachte, dass eine verbesserte und funktionale Website besser wäre als eine perfekte Lösung, deren Realisierung aber immer wieder verschoben wurde. Der erste Entwurf, den ich dem Product Owner zeigte, stieß auf wenig Begeisterung. »Oh ... ähm, wow, Tom. Das ist wirklich nett, danke. Es sieht jetzt viel besser aus, aber Sie sollten dafür wirklich keine Zeit opfern«, war seine Reaktion. Ich nahm an, er wollte nur nett sein. Er war nicht mein Chef und hätte nicht die Autorität gehabt, mich von sich aus um Hilfe zu bitten, aber die Website brauchte eindeutig etwas liebevolle Zuwendung. Das konnte doch nichts schaden? Ich stellte die Entwürfe fertig und legte die Seiten auf einem Staging-Server an. Erneut war der Product Owner nicht begeistert. Er schätzte meine Bemühungen und gab mir grünes Licht für die Produktion, aber es schien, als wäre es ihm egal, dass ich ihm diesen *Gefallen* getan hatte.

Einige Wochen nach der Inbetriebnahme erhielt unsere Gruppe eine E-Mail, in der angekündigt wurde, dass dieser Dienst sofort abgeschaltet würde: Die Marketing-Site würde offline gehen, und den bestehenden Kunden würde eine Übergangsfrist eingeräumt, um einen neuen Dienst zu finden. Ich kann nur vermuten, dass mein Gesprächspartner mir nicht offen sagen durfte, dass das Angebot bald eingestellt werden würde. Er versuchte zwar, mich von der Arbeit an der Website abzubringen, aber ich war nicht klug genug gewesen, um zwischen den Zeilen zu lesen. Obwohl ich die Zeit, die ich investiert habe, nicht bereue (denn ich bin auf das Ergebnis durchaus stolz), hätte ich meine Energie sicher in etwas anderes gesteckt, wenn ich clever genug gewesen wäre, auch die Zwischentöne wahrzunehmen. Ich hätte mich besser einfühlen sollen, um seinen mangelnden Enthusiasmus zu verstehen, bevor ich blindlings auf eigene Faust loslege. Solche subtilen Hinweise kann man leicht übersehen bzw. überhören. Es erfordert ein ausgeprägtes Verständnis für unsere Stakeholder, sie wahrzunehmen.

Das wahre Problem aufdecken

Während Sie sich das Feedback Ihrer Stakeholder anhören, sollten Sie versuchen, das wirkliche Problem zu erkennen, das sie zu lösen versuchen. Oft stehen die Stakeholder vor einer Aufgabe, die durch unsere Entwürfe nicht erfüllt wird, und drücken dies durch einen ungeeigneten abweichenden Vorschlag aus. Konzentrieren Sie sich also nicht in erster Linie auf die Details, die nach Meinung der Projektbeteiligten geändert werden sollten, oder auf die Formulierung, die sie dabei verwenden. Konzentrieren Sie sich stattdessen auf das zugrunde liegende Problem, das sie mit ihrem Änderungsvorschlag zu lösen versuchen.

Menschen denken von Natur aus in Lösungen, anstatt zuerst das Problem zu identifizieren. Es ist viel einfacher zu sagen: »Verschieben Sie diese Schaltfläche dorthin«, als zu erkennen, dass das Problem beispielsweise die Nähe zwischen einer Schaltfläche und einer Datumsauswahl ist. Manchmal verwenden Menschen eine schwammige Sprache, weil sie nicht wissen, wie sie ihre Reaktion auf ein Design ausdrücken sollen. Wenn jemand sagt: »Das sind viel zu viele Farben! Das wirkt wie ein Regenbogen«, ist eigentlich gemeint: »Die Anzahl der Farben lenkt ab, und ich weiß nicht, wo ich hinschauen soll oder was wirklich wichtig ist.« Wir können unseren Stakeholdern helfen, das eigentliche Problem zu erkennen, indem wir Fragen stellen und ihnen Ihr Feedback umformuliert zurückspielen. Sie können sie auch ganz direkt fragen: »Welches Problem möchten Sie mit diesem Vorschlag lösen?«

Umsortierte Eingabefelder

Eine Kundin bat mich einmal, die Reihenfolge einiger Texteingabefelder in einem Formular zu ändern. Das war ein einfaches Anliegen, stand aber im Widerspruch zu dem, was wir zuvor vereinbart hatten. Als ich sie nach dem Grund fragte, kam eine persönliche Vorliebe zum Vorschein: Sie zog es einfach vor, dass die Daten auf diese Weise eingegeben werden sollten. Ich bat sie um ein Beispiel für eine Anwendung, die auf diese Weise zu bedienen war, und sie schickte mir das Arbeitsblatt einer Tabellenkalkulation, das sie als Export aus dem System erhielt und mit der sie Berichte für ihre Meetings erstellte. In ihrer Erklärung erwähnte sie, dass die Reihenfolge der Spalten im Arbeitsblatt mit den im System eingegebenen Daten übereinstimmen müsse. Sie glaubte, dass die Reihenfolge, in der ein Benutzer die Daten in das Formular eingibt, auch die Reihenfolge in der exportierten Datei festlegen würde. Ihr war nicht klar, dass wir die Reihenfolge der Daten im Bericht für sie anpassen könnten, unabhängig von der Reihenfolge der Eingabefelder im Formular. Hätte ich die einfache Änderung, um die sie ursprünglich gebeten hatte, ohne weitere Nachfrage vorgenommen, hätte dies zu einer schlechteren Benutzererfahrung im Formular geführt. Indem ich das eigentlich zu lösende Problem aufdeckte, konnte ich auf ihre Bedenken eingehen, ohne das Design überhaupt zu ändern.

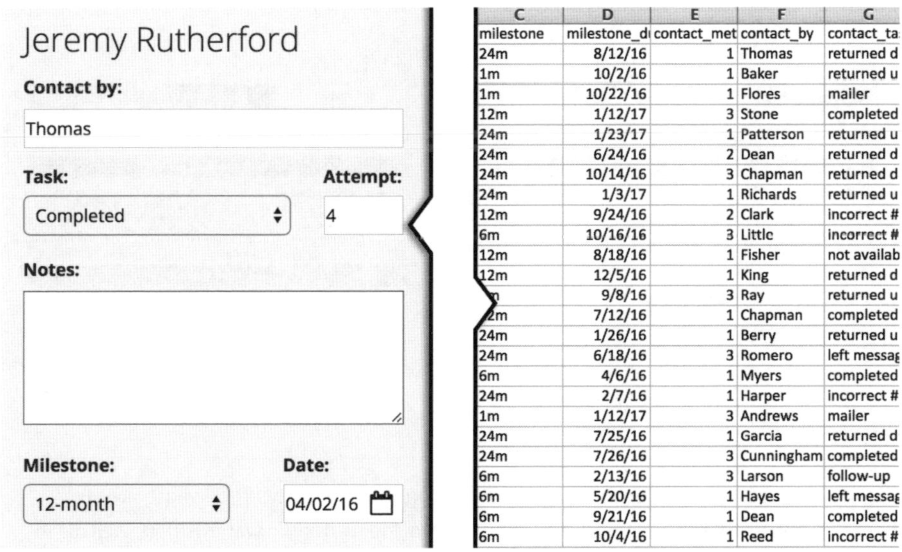

C	D	E	F	G
milestone	milestone_d	contact_met	contact_by	contact_ta
24m	8/12/16	1	Thomas	returned d
1m	10/2/16	1	Baker	returned u
1m	10/22/16	1	Flores	mailer
12m	1/12/17	3	Stone	completed
24m	1/23/17	1	Patterson	returned u
24m	6/24/16	2	Dean	returned d
24m	10/14/16	3	Chapman	returned d
24m	1/3/17	1	Richards	returned u
12m	9/24/16	2	Clark	incorrect #
6m	10/16/16	3	Little	incorrect #
12m	8/18/16	1	Fisher	not availab
12m	12/5/16	1	King	returned d
n	9/8/16	3	Ray	returned u
2m	7/12/16	1	Chapman	completed
24m	1/26/16	1	Berry	returned u
24m	6/18/16	3	Romero	left messag
6m	4/6/16	1	Myers	completed
24m	2/7/16	1	Harper	incorrect #
1m	1/12/17	3	Andrews	mailer
24m	7/25/16	1	Garcia	returned d
24m	7/26/16	3	Cunningham	completed
6m	2/13/16	3	Larson	follow-up
6m	5/20/16	1	Hayes	left messag
6m	9/21/16	1	Dean	completed
6m	10/4/16	1	Reed	incorrect #

Meine Kundin bat mich nur deshalb, die Reihenfolge der Eingabefelder zu ändern, weil ihr nicht klar war, dass die Daten in der exportierten Datei unabhängig von den Eingaben des Benutzers sortiert werden konnten.

Doppelte Daten

Bei einem anderen Projekt gab es eine Reihe komplizierter Formulare, die dem Benutzer in mehreren Schritten präsentiert wurden. Zuerst sollte ein Benutzer einige Patienteninformationen in einen Bericht eingeben, z. B. Name, Adresse, Größe und Gewicht, und dann das nächste Formular auswählen. Da wir wollten, dass sich ein Benutzer ganz auf die Aufgabe konzentrieren kann und nicht abgelenkt wird, entschieden wir uns, ihn auf eine neue Seite ohne Navigation zu führen, auf der seine zuvor eingegebenen Daten deutlich sichtbar am oberen Rand des Viewports gezeigt wurden.

Als unsere Kundin das sah, teilte sie uns mit, dass ein Benutzer in der Lage sein müsse, die Detailangaben zum Patienten sowohl auf diesem zweiten als auch auf dem vorhergehenden ersten Formular zu bearbeiten. Ich stellte das infrage, weil der Benutzer diese Informationen ja gerade erst eingegeben haben würde. Warum sollte jemand sie sofort wieder ändern müssen? Ihre Antwort war verwirrend: Sie sprach von einem staatlichen Papierformular, das sie auszufüllen gewohnt sei, dass sie keine Mitarbeiter schulen wolle, dass die Angaben beim ersten Mal korrekt eingegeben werden müssten und dass man manchmal zwei verschiedene Adressen für dieselbe Person speichern wolle. Papierformulare? Schulung? Doppelte Daten? Nichts davon ergab für mich einen Sinn, also begann ich, weitere Fragen zu stellen.

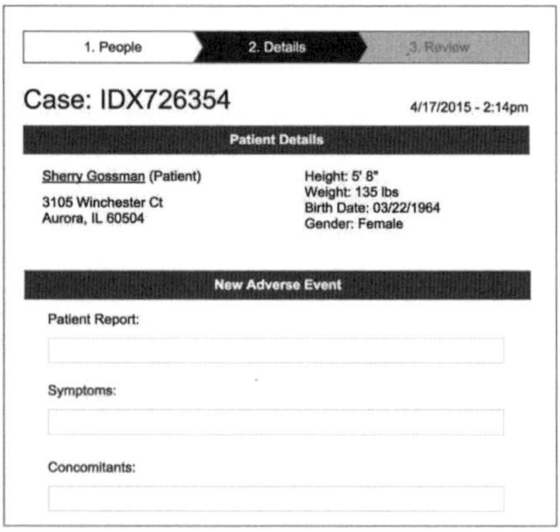

Dies ist eine vereinfachte Version – in meinem ursprünglichen Entwurf bewegte sich der Benutzer horizontal von einem Schritt zum anderen. Meine Kundin war frustriert, weil die in Schritt 1 eingegebenen Informationen in Schritt 2 nicht editiert werden konnten.

Schließlich begann ich zu begreifen, dass sie die Anwendung als digitale Version des Papierformulars verstand, das sie zuvor erwähnte. Ich hatte es in der Tat bewusst ähnlich gestaltet, aber nun war sie von den Unterschieden irritiert. Nach einiger Überlegung haben wir uns dann dafür entschieden, dass das zweite Formular nicht auf einer neuen Seite geladen wird, sondern einfach inline direkt unterhalb der vom Benutzer bereits eingegebenen Daten angezeigt wird. Wir sind von einem horizontalen Eingabefluss zu einem vertikalen übergegangen. Im Prinzip fand weiterhin die gleiche Interaktion statt, aber da ein Anwender nicht mehr zu einem vorherigen Schritt zurückkehren musste, um die bereits eingegebenen Informationen zu sehen, entstand ein stärkeres Gefühl von Kontrolle.

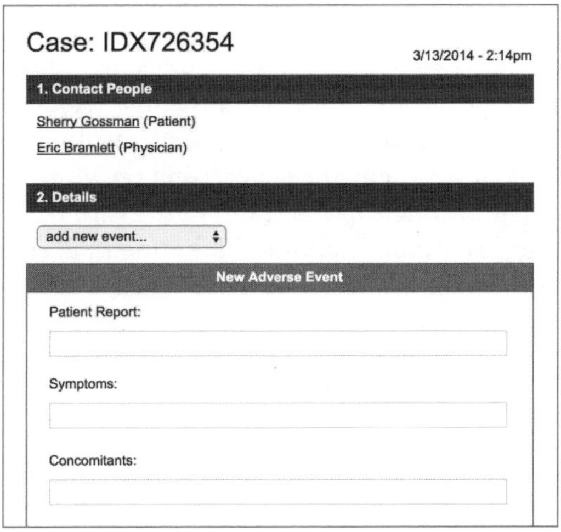

Im finalen Entwurf bewegt sich ein Benutzer vertikal durch das Formular, was meiner Kundin ein stärkeres Gefühl von Kontrolle über den Eingabeprozess gab.

Die Kundin fand die geänderte Lösung besser, und wir konnten zum nächsten Teilentwurf übergehen. Hätten wir die von ihr ursprünglich vorgeschlagenen Änderungen vorgenommen, hätte dies eine Vielzahl anderer Usability-Probleme zur Folge gehabt. Aber indem wir ihre Einwände ernst genommen und versucht haben, das eigentliche Problem zu erkennen, konnten wir schlussendlich eine bessere Benutzererfahrung gewährleisten.

Zusammenfassend lässt sich sagen, dass es sich aufgrund der visuellen Natur von Design natürlich anbietet, in erster Linie über visuelle Änderungen nachzudenken, um ein gewünschtes Ergebnis zu erreichen. Viele Menschen machen solche visuellen Vorschläge, anstatt das zugrunde liegende Problem zu beschreiben, weil es ihnen schwerfällt, konkret über Designprobleme nachzudenken und sie zu formulieren. Sie wissen nur, dass sich für sie irgendetwas nicht richtig anfühlt. Folglich müssen wir uns aufmerksam ihre Vorschläge anhören und uns dann einen Reim darauf machen, um zum eigentlichen Problem vorzustoßen.

Die Kunst der Pause

Kommen wir zur letzten impliziten Zuhörtechnik, der Kunst der Pause: Wenn Sie glauben, dass Ihre Gesprächspartner fertig sind, warten Sie einfach noch etwas ab. Antworten Sie nicht sofort. Machen Sie stattdessen einige Sekunden Pause (vielleicht zwei oder drei) und lassen Sie die Stille zu. Das kann tatsächlich ein bisschen unangenehm sein, besonders bei einer Telefonkonferenz oder in einem Videochat, wo es häufig zu Verzögerungen kommt und man dann nicht genau weiß, ob eine Pause nicht auf ein Verbindungsproblem zurückgeht. Um insbesondere bei Onlinemeetings Verwirrung zu vermeiden, können Sie ein wenig »Rauschen« hinzufügen, indem Sie etwas Unverbindliches wie »okay« oder »hmm …« einstreuen. Selbst wenn Sie nur etwas auf Ihrem Schreibtisch hin- und herschieben, zeigt das, dass Sie noch da sind. Aber es lohnt sich sowohl bei Online- wie bei Face-to-Face-Meetings, diesen kurzen Moment der Unbehaglichkeit in Kauf zu nehmen, um sicherzustellen, dass ein Stakeholder seinen Diskussionsbeitrag beendet hat, und die Diskussion kurz zu unterbrechen. Wenn das Schweigen zu unangenehm wird, können Sie eine kleine Unterbrechung auch erreichen, indem Sie beispielsweise sagen: »Lassen Sie mich kurz darüber nachdenken.« Jeder wird es zu schätzen wissen, wenn Sie sich die Zeit nehmen, das Gesagte kurz zu reflektieren.

Der Zweck einer solchen Pause ist ein dreifacher:

- Erstens stellen Sie damit sicher, dass jemand tatsächlich mit dem Reden fertig ist und nicht bloß selbst eine Pause eingelegt hat. Manchmal stoppen Menschen für einen Moment, bevor ihnen noch etwas anderes einfällt oder während sie nach einer besseren Formulierung suchen. Und bessere Formulierungen sollten Sie sich unbedingt anhören, denn oft drücken sich Menschen beim ersten Mal nicht klar aus. Geben Sie ihnen eine Chance, sich deutlich mitzuteilen. Die Diskussionsteilnehmer sollten ein gutes Gefühl hinsichtlich ihrer Beiträge haben, damit sie mögliche Missverständnisse später nicht darauf schieben können, dass ihnen nicht genug Raum für ihre Rückmeldung gegeben wurde.
- Zweitens gibt es Ihnen die Möglichkeit, ein bisschen Ruhe einkehren und die Worte der Stakeholder einen Moment lang sacken zu lassen. Und während dieser kurzen Unterbrechung können Sie schnell überlegen, wie Sie reagieren sollen. So können Sie vermeiden, unmittelbar und automatisch in Verteidigungshaltung zu gehen, sondern können sich einen Moment Zeit lassen, um über das Gesagte nachzudenken und eine angemessene Antwort zu formulieren. Schon diese wenigen Sekunden erlauben Ihnen, die Dinge ein wenig zu verarbeiten, sodass Sie besser reagieren können.

- Der dritte Vorteil besteht darin, dass Sie der anderen Person zeigen, dass das, was sie gesagt hat, für Sie wichtig genug ist, um es wirklich zu durchdenken. Indem Sie nicht direkt zu einer Entgegnung ansetzen, signalisieren Sie, dass das, was gerade gesagt wurde, ein wertvoller Diskussionsbeitrag war. Menschen wollen gehört werden (oder zumindest *das Gefühl haben*, dass sie gehört werden), und die Pause signalisiert, dass Sie ihr Feedback ernst nehmen.

Diese Techniken des impliziten Zuhörens sollen Ihnen helfen, die Rückmeldungen Ihrer Stakeholder zu hören und aufzunehmen. Es ist eine bewusste, nonverbale Anstrengung, um wirklich zu verstehen, was Ihre Gesprächspartner mitteilen wollen. Diese geistige Aktivität erlaubt es Ihnen, Ihre Gedanken besser zu ordnen und eine möglichst effektive Antwort zu finden.

Explizites Zuhören

Neben den impliziten Techniken des Zuhörens gibt es einige explizite Handlungen, mit denen wir unser Zuhören optimieren können. Zum expliziten Zuhören gehört es beispielsweise, auch verbal zu zeigen, dass Sie zuhören, und durch verschiedene Maßnahmen nach außen zu demonstrieren, dass Sie aktiv am Gespräch teilnehmen. Bei Designbesprechungen können wir die Effektivität unseres Zuhörens steigern, indem wir etwa Notizen anfertigen, Fragen stellen und das Gesagte wiederholen oder umformulieren.

Schreiben Sie alles mit

Um effektiv zuzuhören, müssen Sie vor allem etwas *tun*: Sie müssen sich Notizen machen. Sie werden sich ansonsten später nicht an alles erinnern, was die anderen Projektbeteiligten sagen oder vorschlagen. Um ihnen nachhaltig zuzuhören, sollten Sie die Rückmeldungen notieren. Zeichnen Sie alles auf, insbesondere die Punkte, die weiterverfolgt werden müssen. Selbst bei kleineren Besprechungen ist es wichtig, die getroffenen Entscheidungen aufzuschreiben und zu archivieren. Wie ich schon an anderer Stelle empfohlen habe, sollten Sie in allen Phasen des Designprozesses Vorgänge verschriftlichen und Notizen machen und darauf immer entsprechend vorbereitet sein. Vielleicht werden Sie auf diese Notizen nach einem Meeting nie mehr zurückgreifen, aber es geht dabei um mehr, als nur die getroffenen Entscheidungen festzuhalten.

Notizen verhindern, dass Sie das gleiche Gespräch noch einmal führen müssen.

Nur wenn Sie sich Notizen machen, werden Sie sich später daran erinnern, was wann besprochen wurde, und haben so eine Historie zur Hand, die Ihnen hilft, die gleichen Gespräche in Zukunft nicht noch einmal führen zu müssen. Meiner Erfahrung nach sind fehlende Aufzeichnungen bei vielen Projekten für Missverständnisse, Gesprächswiederholungen und sich verändernde Anforderungen verantwortlich. Mit Notizen vermeiden Sie Nacharbeiten, die Sie daran hindern, erfolgreich über Ihre Entwürfe zu kommunizieren.

Im Designbereich sind Notizen von erheblicher Bedeutung, denn die Meinungen und Vorstellungen über und zu den getroffenen Entscheidungen können sich im Laufe der Zeit ändern. Ohne Notizen können Sie nicht nachvollziehen, welche Logik den ursprünglichen Entscheidungen zugrunde liegt. Sie werden sich in einem »er hat gesagt, sie hat gesagt« verzetteln und einen Haufen bereits gelaufener Gespräche inhaltlich wiederkäuen müssen. Wenn Designentscheidungen in einem Meeting bloß verbal getroffen werden, ohne sie zu verschriftlichen, ist es später oft unmöglich, sich noch an die genauen Gründe dafür zu erinnern. Außerdem kann es Teammitglieder geben, die bei einem Meeting fehlen. Anhand von Notizen können Sie sie schnell auf den neuesten Stand bringen, ohne die gesamte Besprechung nacherzählen zu müssen.

Ich bin zugegebenermaßen kein Genie darin, meine Notizen zu organisieren, aber zumindest bewahre ich sie auf. Es kam schon häufiger vor, dass der von uns gewählte Ablauf einer bestimmten Interaktion nach der Veröffentlichung einer Anwendung infrage gestellt wurde. »Hey, warum haben wir das eigentlich auf diese Weise gemacht?« In solchen Fällen konnte ich meine Notizen hervorkramen, die damalige Diskussion mit Datum und Begründungen wiedergeben und sogar diejenige Person benennen, die eine bestimmte Änderung vorgeschlagen hatte. Das spart meist viel Zeit und erlaubt Ihnen, sich den aktuellen Aufgaben zu widmen.

Mitzuschreiben gibt Ihnen die Möglichkeit, sich auf die eigentliche Kommunikation zu konzentrieren.

Aus den gleichen Gründen, die ich in Kapitel 3 genannt habe, reduzieren Sie Ihre kognitive Belastung, wenn Sie Dinge aufschreiben, sodass Sie sich besser darauf konzentrieren können, wirkungsvolle Antworten zu formulieren. Sobald etwas notiert ist, müssen Sie nicht weiter darüber nachdenken. Solange Ihnen die Vorschläge und Rückmeldungen der Stakeholder wild durch Ihre Gedanken schießen, werden Sie sie nur schwerlich so sortieren können, dass sie bestmöglich darauf antworten können. Schreiben

Sie auf, was die anderen Teilnehmer sagen, damit Sie im nächsten Schritt Ihre Antworten formulieren können, ohne aktiv alles aus dem Gedächtnis abrufen zu müssen.

Notizen zu machen, stärkt das Vertrauen der Stakeholder.

Ein weiterer Vorteil des Mitschreibens: Es lässt Sie aufmerksam und intelligent und infolgedessen auch eloquenter erscheinen. Wenn Sie sich Notizen machen, präsentieren Sie sich als guter Kommunikator. Außerdem signalisieren Sie Interesse und geben anderen das Gefühl, wertgeschätzt zu werden. Es gibt den Stakeholdern die Gewissheit, dass Sie ernsthaft zuhören und ihre Vorschläge in ihre Überlegungen mit einbeziehen werden.

Wenn Menschen diesen Eindruck von Ihnen gewinnen, werden sie später viel eher Ihren Bemerkungen zuhören und sie bedenken. Es erzeugt gegenseitigen Respekt. Daher nutze ich Notizen oft als eine Möglichkeit, den Projektbeteiligten zu zeigen, dass ich zuhöre und das Beste aus der Diskussion herausholen möchte, selbst wenn ich mit einem Vorschlag nicht einverstanden bin. Hinweise wie etwa: »Ja, ich verstehe, was Sie meinen. Lassen Sie mich das kurz notieren«, schaffen Vertrauen.

Notizen halten ein Meeting auf Kurs.

Sich Notizen zu machen, hilft auch dabei, ein Meeting auf Kurs zu halten, weil Sie Ihre Notizen als Auffangbecken für thematische Abschweifungen nutzen können. Den Teilnehmern fällt in Designmeetings alles Mögliche ein, sodass sich der Fokus schnell auf eher nebensächliche Themen verlagern kann.

Nehmen wir an, Sie zeigen gerade die Startseite eines Projekts, um die Interaktion in einem Menü mit Kategorieeinträgen zu besprechen. Plötzlich bemerkt Ihr Chef, dass das Anmeldeformular durcheinandergeraten ist: Und schon dreht das Meeting in eine völlig andere Richtung. Wenn Sie sich aber die ganze Zeit Notizen machen, können Sie einfach vorschlagen, die Diskussion über das Anmeldeformular zu verschieben, um zum eigentlichen Zweck der Besprechung zurückzukehren. »Ja, das Anmeldeformular ist mir heute Morgen auch schon aufgefallen. Lassen Sie mich das kurz notieren, und ich werde mich nach unserer Besprechung darum kümmern, aber für den Moment sollten wir uns auf das Kategoriemenü konzentrieren.« Ihre Notizen sind also ein natürlicher Ort für Themen, die sonst ablenken würden.

Dinge aufzuschreiben, anstatt sie nur auszusprechen, verleiht ihnen einen größeren Anschein von Dauer. Es vermittelt allen das sichere Gefühl, dass das Gesagte wichtig war und nicht vergessen wird.

Bessere Notizen machen

Idealerweise bitten Sie jemanden darum, für Sie Notizen zu machen. Dadurch können Sie sich ganz aufs Zuhören und Ihre eigenen Wortbeiträge konzentrieren. Wenn Sie nicht schon jemanden dafür haben, sollten Sie sich eine Art »Notiz-Kumpel« ausgucken: Bieten Sie jemandem an, sich mit dem Mitschreiben in Ihren jeweiligen Besprechungen abzuwechseln und diese Aufgabe jeweils für den anderen zu übernehmen. Das kann auch jemand aus einer anderen Abteilung oder einem anderen Projekt sein. Es kommt jede Person infrage, der Sie zutrauen, das Gespräch sinnvoll aufzeichnen zu können. Sie können auch Audio- oder Videoaufnahmen des Meetings machen (lassen), aber ich habe festgestellt, dass ich später selten die Zeit finde, mir das Ergebnis anzuhören bzw. anzusehen. Es hat sich gut bewährt, die einzelnen getroffenen Entscheidungen zu dokumentieren, damit Sie eine leicht zugängliche Historie zum Nachschlagen haben, auch wenn Sie die Aufzeichnungen selbst vornehmen müssen.

Um das meiste aus Ihren Notizen herauszuholen, sollten diese:

Zugänglich sein
: Legen Sie Ihre Notizen an einem Ort ab, auf den jeder zugreifen kann. Wie wir in Kapitel 9 sehen werden, ist die Nachbearbeitung und Bereitstellung Ihrer Notizen ein wichtiger Teil des Prozesses. In einem Meeting müssen Sie nur darauf achten, dass jeder sie sehen kann oder Zugriff darauf hat. Das kann eine Wiki-Seite im Repo Ihres Projekts, eine separate Seite neben Ihren Design-Mockups oder ein gemeinsamer Ordner bzw. ein gemeinsames Dokument sein. Ihre Notizen sollten immer für alle Teammitglieder zugänglich sein, auch während einer Besprechung.

Gut organisiert sein
: Fügen Sie Ihre Notizen den entsprechenden Punkten der Agenda hinzu, damit der Zusammenhang zum jeweiligen Einzelentwurf erhalten bleibt. Normalerweise würde dies nach Seite, Steuerelement oder Interaktion erfolgen. Verknüpfen Sie Ihre Notizen mit einer ganz konkreten Sache. Ich füge meist im Verlauf der Besprechung jedem Tagesordnungspunkt eine einfache Aufzählungsliste hinzu.

Detailliert sein
: Notieren Sie die Namen der Personen zusammen mit ihren Vorschlägen sowie die Namen der Personen, die zustimmen bzw. nicht zustimmen. Das muss keine exakte Wissenschaft sein: Schon so etwas Einfaches wie »Cynthia schlägt vor, die Farbe zu ändern; Brian ist sich nicht sicher« kann später hilfreich sein, wenn Sie versuchen, sich zu erinnern, wer für einen Änderungsvorschlag verantwortlich war.

Deutlich sein

Wenn Sie eine Entscheidung getroffen haben, markieren Sie sie explizit, damit Sie sie später schnell wiederfinden, beispielsweise: »Final: Dropdown-Steuerelement soll ein Pop-over-Menü sein.« Punkte, über die noch nicht entschieden wurde, sollten ebenfalls gekennzeichnet werden, damit sie später weiterverfolgt werden können. Ich setze ein Fragezeichen hinter alles, was noch nicht entschieden ist: »Platzierung der Sortieroptionen überdenken (?)«.

Aufgaben benennen

Möglichst jeder Punkt sollte mit einer Folgeaktion oder einer Person verbunden sein. Ideen aufzuschreiben, ist nützlich, ergibt aber wenig Sinn, wenn darauf keine Handlungen folgen. Zum Beispiel: »To-do: Prototyp mit neuem Steuerelement aktualisieren« oder besser: »Chad wird den Prototyp mit neuem Steuerelement aktualisieren«. Wenn viele Folgearbeiten anstehen, kann es sinnvoll sein, in Ihren Notizen einen separaten Abschnitt nur für die Dokumentation dieser Arbeiten anzulegen, damit Sie sie in der Menge der anderen Notizen nicht übersehen. Ich erstelle oft unterhalb der Tagesordnung eine separate Rubrik mit der Bezeichnung »Follow-up«.

Verweise enthalten

Fügen Sie Ihren Notizen Links, URLs, Screenshots oder anderes Referenzmaterial hinzu, damit sich deutlicher erschließt, um was es bei diesem Punkt der Diskussion ging. Wenn jemand andere Websites oder Apps als Referenz vorschlägt, fügen Sie diese Informationen hinzu, damit Sie sich besser an das Gespräch erinnern können. Ohne solche Verweise kann es schwierig werden, sich daran zu erinnern, was genau mit Notizen wie »So macht App xy das« gemeint ist. Hinzugefügte Inline-Screenshots oder URLs innerhalb der Agenda steigern die langfristige Nützlichkeit Ihrer Notizen.

Vorausschauend sein

Neben den aktuell anstehenden Tagesordnungspunkten wird es im Laufe des Gesprächs immer wieder auch um andere Designentscheidungen gehen. Es muss einen Abschnitt geben, um Punkte hinzuzufügen, die bei der nächsten Besprechung oder in einem anderen Kontext besprochen werden sollen. Ich mache das, indem ich einfach einen neuen Unterpunkt hinzufüge, der schlicht »Nächstes Meeting« heißt. Dort kann ich schnell Nebenthemen festhalten, die beim nächsten Mal besprochen werden sollen.

Gründe beschreiben

Bei Diskussionen über Design ist es wichtig, nicht nur festzuhalten, *welche* Entscheidungen getroffen wurden, sondern auch, *warum*. Wir wollen mit der Aufzeichnung unserer Designentscheidungen schließlich zukünftige Gespräche erleichtern. Deshalb müssen wir auch die Überlegungen dokumentieren, die zu diesen Entscheidungen geführt haben, damit wir uns später daran erinnern können, wie wir überhaupt zu einer bestimmten Lösung gekommen sind. Wenn Sie in Ihren Notizen keine Erklärungen für die getroffenen Entscheidungen finden, werden Sie ziemlich sicher mit Ihren Stakeholdern viele Gesprächsthemen wiederholt durchgehen müssen. Fügen Sie in Ihre Notizen jedoch eine kurze Erklärung Ihrer Überlegungen ein, schaffen Sie einen viel besseren Ausgangspunkt für spätere Gespräche. Wenn Menschen eine gemeinsam getroffene Entscheidung wieder infrage stellen, geht es selten darum, *was* getan wurde – das ist bei unserer Arbeit ja deutlich sichtbar. Stattdessen fragen sie: »*Warum* haben wir das so gemacht?« Und wenn Ihre Notizen diese Frage nicht beantworten, beginnt die Diskussion von vorne.

Um das Warum mit in Ihre Notizen einzubeziehen, reicht manchmal ein einziges Schlagwort oder ein einzelner Satz. Diese Begründung sollte weder lang noch detailliert sein – gerade so viel, dass Sie sich daran erinnern können, warum genau Sie eine bestimmte Entscheidung getroffen haben:

- Farbänderung der Schaltfläche auf Rot, um den neuesten Markenvorgaben zu entsprechen.
- Die Animation wird entfernt, weil sie zu sehr ablenkt.
- Text muss über den Formularfeldern platziert werden gemäß Vorgabe der Rechtsabteilung.
- Drop-down-Liste wird zu einer Mehrfachauswahl geändert basierend auf den Ergebnissen von A/B-Tests.
- Diese Funktion wird aufgrund von Karens Treffen mit der Geschäftsleitung depriorisiert.

Meiner Erfahrung nach fehlen solche Informationen in den meisten Protokollen von Designmeetings. Ein Grund dafür ist, dass die Personen, die sich Notizen machen (Projektleiter oder Mitarbeiter mit administrativen Funktionen), nur daran gewöhnt sind, das Was aufzuschreiben: was besprochen wurde, welche Entscheidungen getroffen wurden. Wenn jemand anders für Sie Notizen macht, erklären Sie, dass die »Warums«, also die Gründe für Entscheidungen, besonders wichtig sind. Ohne Begründungen sind Ihre Notizen weit weniger nützlich.

Fassen wir zusammen: Das Anfertigen von Notizen ist ein entscheidender Teil des Zuhörens. Es ist wichtig, Dinge aufzuschreiben, damit wir nachverfolgen können, was warum entschieden wurde, und wir damit wiederholte Gespräche über dieselben Themen vermeiden. Und wie wir in Kapitel 9 sehen werden, sind Notizen unglaublich nützlich, wenn es um die Nachbereitung geht. Sie dienen aber nicht nur dazu, unsere Entscheidungen zu dokumentieren, sondern ermöglichen es auch, uns mehr auf die Formulierung unserer Antworten zu konzentrieren, weil wir nicht mehr alles, was vorher gesagt wurde, ständig im Kopf behalten müssen. Haben wir Notizen zur Hand, ist es viel einfacher, die einzelnen Rückmeldungen durchzugehen und bestmöglich zu beantworten. Unabhängig von der Größe oder Bedeutung einer Besprechung sollten Sie also grundsätzlich Notizen anfertigen.

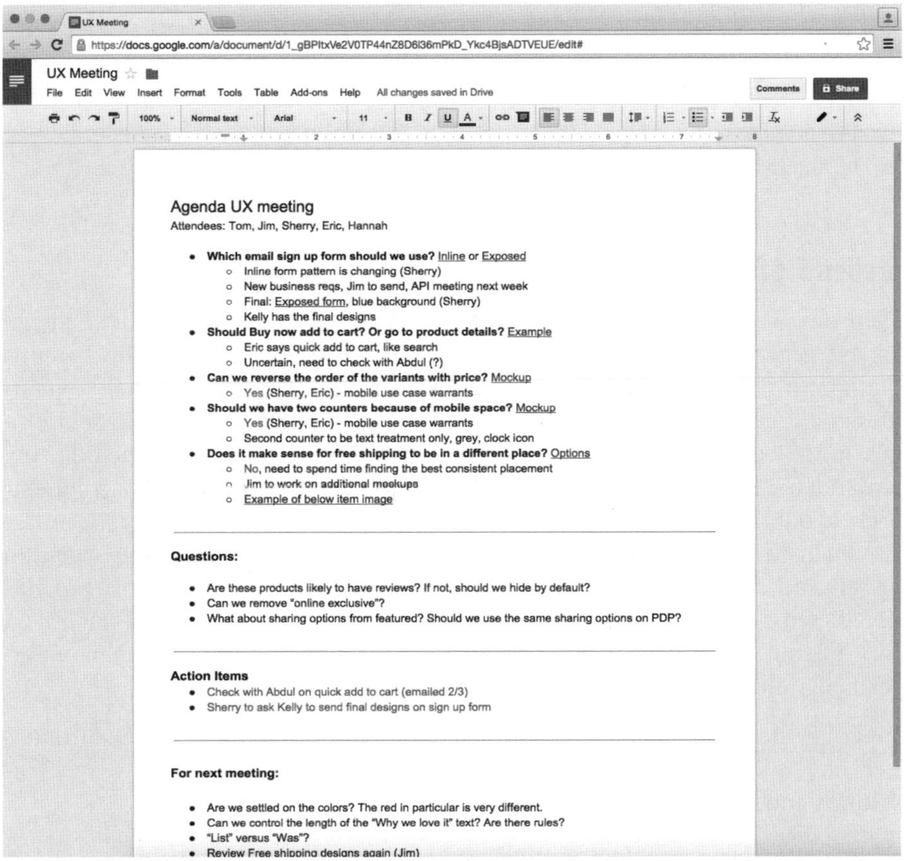

Meine eigenen Aufzeichnungen sind keineswegs immer perfekt. Wenn sie es aber einmal sind, dann sind sie zugänglich (Google Docs), organisiert, detailliert, deutlich, mit Verweisen versehen und aufgaben- und zukunftsorientiert!

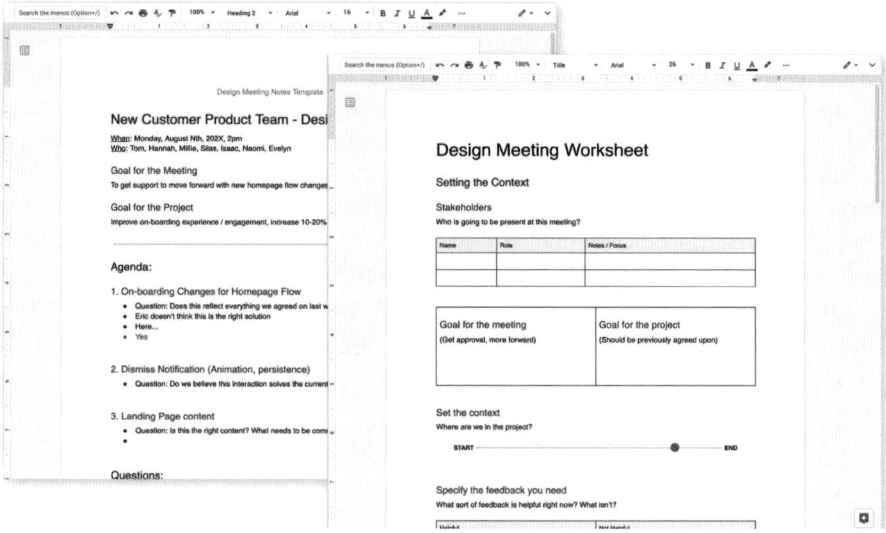

Auf meiner Website finden Sie eine Vorlage und ein Arbeitsblatt für Besprechungsnotizen (beides englischsprachig): *https://tomgreever.com/resources.*

Stellen Sie Fragen

Wenn wir mit Stakeholdern über Design reden, sehen wir uns oft der Schwierigkeit gegenüber, dass ihnen das geeignete Vokabular fehlt. Nicht nur uns Designern fällt es schwer, ihnen unsere Entscheidungen zu vermitteln, Nicht-Designern geht es oft ähnlich, wenn sie uns ihre Gedanken und Rückmeldungen mitteilen möchten. Beim Zuhören geht es aber nicht zuletzt auch darum, jemanden zum Reden zu animieren. Wir müssen den Stakeholdern genug entlocken, damit wir sie begreifen und dadurch bessere Arbeit abliefern können. Es reicht in der Regel nicht aus, jemanden einfach seine Meinung sagen zu lassen und dann zum nächsten Punkt überzugehen. Wir müssen die Projektbeteiligten dazu bringen, mehr zu reden, es vielleicht noch einmal anders zu formulieren und ihre Gedanken sorgfältiger auszudrücken. Das können wir erreichen, indem wir passende Fragen stellen.

Im Folgenden finden Sie eine Handvoll typischer Fragen, die in vielen Situationen helfen können, Menschen zum Reden anzuhalten, sodass Sie deren Vorschläge und Feedback besser verstehen:

Welches Problem versuchen Sie zu lösen?

Wie im vorherigen Abschnitt bereits erwähnt, dürfen Sie durchaus so direkt fragen, wenn Ihnen nicht klar ist, was jemand mit einem Vorschlag erreichen will. Scheuen Sie sich nicht.

Welche Vorteile ergeben sich hieraus?
Dies gibt den Beteiligten die Möglichkeit, auf neutrale Weise zu erläutern, warum sie ihren Vorschlag für besser halten, ohne dass der vorliegende Entwurf dabei abgewertet werden muss. Wenn die Unterschiede auf diese Weise beschrieben werden, können Sie viel darüber erfahren, warum jemand glaubt, dass eine andere Lösung besser ist.

Was schlagen Sie vor?
Oft melden Stakeholder zurück, dass etwas geändert werden muss, ohne eine Vorstellung davon zu haben, auf welche Weise das geschehen soll. Auch wenn es unsere Aufgabe ist, die passende Lösung zu finden, können wir die Bedürfnisse der Stakeholder besser verstehen, wenn wir ihnen die Möglichkeit geben, selbst etwas vorzuschlagen. Außerdem kann es dazu beitragen, dass sie den Kontext des Problems besser erkennen.

Wie wird sich das auf unsere Ziele auswirken?
Stakeholder haben zwar oft unsere gemeinsamen Ziele vor Augen, erkennen aber nicht immer die möglichen Wechselwirkungen zwischen ihren Vorschlägen und den eigentlichen Projektzielen. Versuchen Sie also, darauf hinzuwirken, dass die Projektbeteiligten diesen direkten Zusammenhang möglichst selbst herstellen. Wenn jemand diese Frage beantwortet, hilft ihm das oft schon, zu erkennen, warum ein Vorschlag nicht so gut funktionieren wird wie gedacht.

Wo haben Sie das schon einmal gesehen?
Das Frage nach Referenzmaterial (andere Apps oder Websites) ist eine der besten Möglichkeiten, die Perspektive Ihrer Stakeholder zu verstehen. Es geht nicht darum, ihnen zu suggerieren, dass eine Idee bloß deshalb nicht funktionieren würde, weil sie bisher noch nicht umgesetzt wurde, sondern darum, herauszufinden, ob sie auf einem bekannten Designmuster einer anderen Anwendung oder Website beruht.

Diese Frage zielt darauf ab, dass die Beteiligten Ihnen ihre Gedanken möglichst genau erklären. Fragen zu stellen, hat weitere Vorteile, die über die bloße Präzisierung der Rückmeldungen oder Vorschläge hinausgeht. Selbst wenn Sie jemanden bereits verstanden haben, signalisieren Ihre Fragen, dass Sie aufmerksam zuhören. Indem Sie das Gesagte in Ihren eigenen Worten und in Form einer Frage wiederholen, bekräftigen Sie, dass Sie die Äußerung verstanden haben. Das schafft zusätzliches Vertrauen. Die Gesprächspartner fühlen sich respektiert, wertgeschätzt und verstanden. Auch hier geht es wieder darum, dass Ihnen die Projektbeteiligten später viel eher zustimmen werden, wenn sie das Gefühl haben, zuvor wirklich gehört worden zu sein.

Wiederholen und umformulieren

Die Worte, mit denen wir unsere Entwürfe beschreiben, können für den Erfolg einer Besprechung entscheidend sein. Verwenden wir ein Fachvokabular, das die Beteiligten nicht verstehen, wird es im Verlauf eines Projekts unweigerlich zu Missverständnissen, Verwirrung und unerfüllten Erwartungen kommen. Die Stakeholder kennen oder verwenden oft nicht die gleichen Begriffe wie wir. Hier Gemeinsamkeiten zu finden, ist ein Balanceakt. Zum einen geht es darum, Begriffe zu benutzen, die den Beteiligten geläufig sind, andererseits sollten wir ihnen gleichzeitig helfen, sich mehr fachtypisches Vokabular anzueignen, um treffsicherer über Design kommunizieren zu können. Wenn wir uns auf Lösungen für die anstehenden Designaufgaben einigen wollen, benötigen wir zur leichteren Verständigung ein gemeinsames Vokabular. Beim Zuhören geht es also auch darum, die Begriffe zu identifizieren, mit denen die Stakeholder unsere Entwürfe beschreiben, und das Gesagte dann in einer Form zu wiederholen, die für alle eindeutig und verständlich ist.

Umformulieren: Ersetzen Sie »mögen« durch »funktionieren«

Um dieses gemeinsame Verständnis zu erreichen, ist es am wichtigsten, dass unsere Kunden nicht davon reden, was sie mögen und was nicht (also über ihre Vorlieben), sondern über das, was in einem Entwurf funktioniert und was nicht (also über die Effektivität des Designs). Dass jemand etwas einfach nicht mag, ist schnell dahingesagt. Solche subjektiven Rückmeldungen hindern uns aber daran, auf die Bedenken unserer Stakeholder einzugehen, da wir ihnen schlecht sagen können, dass ihre Meinung, ihr »Mögen«, falsch ist. Wir können dann allenfalls noch eine andere Meinung haben und etwas anderes »mögen«.

Achten Sie deshalb lieber auf Gelegenheiten, das Verb »mögen« durch »funktionieren« zu ersetzen. Wiederholen Sie das Gesagte, formulieren Sie die Aussage aber um und konzentrieren Sie sich dabei auf die Effektivität einer Lösung. Sie können auch mit einer Frage nachhaken, um genauer herauszufinden, worum es geht.

Zum Beispiel: »Okay, Sie finden es besser, wenn wir dieses Steuerelement dorthin verschieben. Aber wieso funktioniert es Ihrer Meinung nach nicht, wenn es hier drüben steht?« Wenn Menschen ihre Anliegen in einer Form hören, die unter dem Gesichtspunkt der Effektivität formuliert wurde, erkennen sie oft, dass es nur um eine persönliche Präferenz geht. Als Designer müssen Sie sich zwar immer noch mit solchen Wünschen befassen, aber zumindest können Sie durch diese intelligenten Umformulierungen besser zum Kernproblem vorstoßen.

Das bedeutet aber nicht, dass wir die Stakeholder belehren oder korrigieren sollten. Es geht nur darum, ihr Feedback in Form einer Frage so umzuformulieren, dass sie dazu veranlasst werden, ihr Anliegen auf eine hilfreichere, zielorientiertere Weise auszudrücken. Wenn Sie sich nicht sicher sind, fragen Sie sie direkt. Ermutigen Sie sie, Ihnen zu erklären, was ihrer Meinung nach an Ihrem Entwurf nicht funktioniert. Das bedeutet natürlich auch, dass Sie selbst hart daran arbeiten müssen, das Wort »mögen« aus Ihrem Wortschatz zu streichen und immer den Nutzen und die Funktion des Designs in den Vordergrund zu stellen.

Wiederholen: Ich verstehe Sie so, dass ...

Es gibt noch eine weitere Möglichkeit, unseren Stakeholdern dabei zu helfen, klarer zu kommunizieren: Wir wiederholen das Gesagte, verwenden dabei aber Begriffe, die für eine Diskussion über Design und User Experience geeigneter sind. Da wir natürlich nicht erwarten dürfen, dass alle Beteiligten die »richtigen« Begriffe kennen, um unsere Entwürfe zu beschreiben, müssen wir genau zuhören, was sie sagen, und ihre Beiträge in ein Vokabular übersetzen, das zu unserer gemeinsamen Basis werden soll. Dazu können wir eine umformulierte Wiederholung idealerweise mit einer Einleitung wie »Ich verstehe Sie so, dass ...« beginnen. Indem wir das Gesagte noch einmal mit unseren eigenen Worten ausdrücken, bestätigen wir, dass wir sie verstanden haben.

Hier ein Beispiel:

> **Stakeholder:** Mir gefallen die inaktiven Schaltflächen nicht. Ich verstehe nicht, warum sie nicht funktionieren! Wir sollten einen Hilfetext oder einen Tooltipp oder so etwas hinzufügen.
>
> **Designer:** Ich verstehe Sie so, dass Sie nicht glauben, dass ein segmentiertes Steuerelement in diesem Zusammenhang die beste Wahl ist, weil der Benutzer nicht verstehen wird, warum die deaktivierten Optionen für ihn nicht verfügbar sind. Ist das richtig?

Warum ist die Option »Katzen« deaktiviert? Den Stakeholdern en passant beizubringen, dies als »segmentiertes Steuerelement« zu bezeichnen, ohne sie dabei dumm aussehen zu lassen, ist ein kleiner Schritt auf dem Weg zu einem gemeinsamen Vokabular.

Wenn wir das, was unsere Stakeholder sagen, unter Verwendung geeigneterer Begriffe wiederholen, entwickeln wir nach und nach eine gemeinsame Sprache. Dabei kommt es aber darauf an, nicht offenkundig herablassend zu wirken oder jemanden vor den Kopf zu stoßen. Sie müssen die richtige Balance finden, um ihren Stakeholdern die passenden Begriffe nahezubringen, ohne dass sie sich dabei dumm vorkommen. Wir können unseren Gesprächspartnern also helfen, sich effektiver auszudrücken, indem wir ihre Diskussionsbeiträge mit geeigneteren Begriffen wiederholen

Hier sind einige Beispiele dafür, wie Ihre Antworten beim Aufbau eines gemeinsamen Vokabulars helfen können:

Stakeholder: Diese Schaltfläche muss hierher verschoben werden.

Designer: Wir haben den Call-to-Action bewusst oberhalb des Folds platziert. Warum sollte es Ihrer Meinung nach verschoben werden?

Stakeholder: Der Pfeil ist zu schwer zu erkennen.

Designer: Die Darstellung soll dezent sein, damit sie nicht vom Inhalt ablenkt. Denken Sie, dass der Pfeil für das Verständnis des Benutzers notwendig ist?

Stakeholder: Dieses Menü ist schwer zu bedienen.

Designer: Wir verwenden die systemeigene Auswahlliste, aber wir könnten auch ein eigenes Steuerelement entwerfen.

Ein wichtiger Teil des Zuhörens besteht darin, die Wortbeiträge unserer Kunden neu zu formulieren und zu wiederholen, um sicherstellen, dass wir ihre Anliegen richtig verstanden haben, sodass wir bestmöglich darauf reagieren können.

Fassen wir abschließend noch einmal zusammen, worauf es ankommt, wenn uns Projektbeteiligte Rückmeldungen geben. Wir können nur dann effektiv mit Stakeholdern kommunizieren, wenn wir ihnen aufmerksam zuhören und vollständig verstehen, was sie uns mitteilen wollen. Beim impliziten Zuhören kommt es auf mehrere Dinge an: Wir sollten ihnen beispielsweise ausreichend Raum und Zeit für ihre Rückmeldungen geben. Wir sollten versuchen, auch das zu hören, was nicht ausdrücklich gesagt wird. Und wir sollten versuchen, das eigentliche Problem zu entdecken, das einem Änderungsvorschlag zugrunde liegt. Halten Sie nach einer Rückmeldung ein paar Sekunden inne, bis Sie sicher sind, dass jemand ausgeredet hat. Es gibt außerdem verschiedene explizite Methoden, um ein besserer Zuhörer zu sein. Wir machen uns Notizen, um die getroffenen Designentscheidungen festzuhalten. Wir stellen Fragen, um unser Verständnis zu überprüfen und zu verfeinern. Und wir wiederholen und formulieren um, was die Beteiligten sagen, um ein gemeinsames Vokabular und eine gemeinsame Basis zu schaffen. All diese Dinge helfen uns, besser zuzuhören, genauer zu verstehen, was uns mitgeteilt wird, und sie erlauben uns, bestmöglich darauf zu reagieren. Vielleicht finden Sie, dass es jetzt an der Zeit wäre, auf die Rückmeldungen der Stakeholder zu antworten und ihnen mitzuteilen, was *Sie selbst* über eine Fragestellung denken. Aber so weit sind wir noch nicht. Zuerst müssen wir uns noch in die richtige innere Haltung versetzen.

5

Die richtige innere Haltung entwickeln

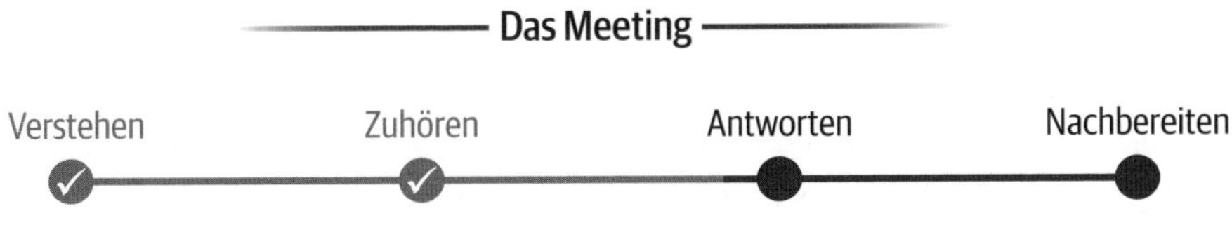

Sie haben Ihr Herzblut in diese Entwürfe gesteckt. Sie haben sich viel Zeit genommen, um sich in die Gedankenwelt der Stakeholder hineinzuversetzen. Außerdem haben Sie gerade sehr konzentriert zugehört, um mit ihnen darüber zu sprechen, warum Ihre Entwürfe angeblich nicht so gut funktionieren, wie Sie glauben. Es wäre verlockend (und sogar logisch), wenn Sie jetzt endlich eine epische Rede über Benutzerfreundlichkeit halten und über Designmuster und Daten reden könnten. Aber noch ist es nicht so weit. Bevor Sie diesen Point of no Return erreichen, sollten Sie zuvor die richtige innere Haltung finden, die Ihnen hilft, sich wirkungsvoll zu artikulieren. Es erfordert, dass Sie Ihre Rolle verstehen, Ihr Ego zu Hause lassen und immer mit einem »Ja« beginnen. Darüber hinaus müssen Sie eine positive Persona entwickeln, die andere dafür öffnet, Ihnen bei der Lösung zu vertrauen. Mit der richtigen inneren Haltung können Sie nun darangehen, Ihre Reaktion nach dem Muster »Danken, Wiederholen, Vorbereiten« aufzubauen. Dieses Kapitel soll Ihnen helfen, sich mental auf die Aufgabe einzustellen, Ihre Designentscheidungen zu vermitteln und zu begründen. Die Formulierung einer effektiven Antwort erfordert etwas geistige Vorbereitung.

Die eigene Funktion verstehen

Um die geeignete innere Haltung zu finden, müssen wir zunächst unsere Funktion in einem Gespräch über Design verstehen. Ich glaube, dass es ein weitverbreitetes Missverständnis gibt, was die Rolle von Designern in solchen Meetings betrifft. Wir glauben meistens, dass es in diesen Besprechungen darum geht, Feedback zu unseren Entwürfen zu bekommen. Dass wir uns Kritik anhören, unsere Arbeit verteidigen oder uns wehren müssten. Viele vergleichen es mit einem Verkaufsgespräch, in dem wir ein Angebot präsentieren – wie irgendein Haustürvertreter – und darauf hoffen, dass jemand darauf eingeht. Manche reden auch darüber, als wäre es ein Krieg – mit Schlachten, Gewinnern und Verlierern. Aber das sind ungesunde Rollenvorstellungen, die uns nicht dabei helfen, die nötige innere Haltung zu finden, um erfolgreich sein zu können.

Es geht nicht darum, einfach nur aufzunehmen, was auf uns einprasselt – uns auf einen Ansturm an Änderungswünschen vorzubereiten, den es zu bewältigen gilt. Unsere Aufgabe ist es vielmehr, dem ganzen Gespräch eine positive Ausrichtung zu geben und als Sachwalter guten Designs zu fungieren. Wir glauben, dass wir wegen des Feedbacks da sind, aber in Wirklichkeit sind wir dort, um ein Gespräch über Design zu ermöglichen. Wir sind da, um über Lösungen zu diskutieren, und nicht, um allen anderen unsere Arbeit aufzuzwingen. Wir müssen die Rückmeldungen wahrnehmen, analysieren, verarbeiten und in etwas Nützliches verwandeln. Wir sollten uns darauf einstellen, die Äußerungen der Stakeholder aufzunehmen und sie ihnen in optimierter Form zurückzuliefern. Eine solche Haltung ermöglicht es uns, objektiver zu reagieren.

Geben Sie Kontrolle ab

Egal, wie wir es drehen und wenden: Normalerweise haben wir nicht das letzte Wort, wenn es um unsere Entwürfe geht. Wir haben zwar erheblichen Einfluss auf den Entscheidungsprozess, schlussendlich wird es aber immer jemanden geben, der uns überstimmen kann. Vielleicht gibt es sogar ein ganzes Team von Leuten, die mit unseren Lösungsvorschlägen nicht einverstanden sind! Je eher Sie das erkennen, desto eher werden Sie verstehen, wie wichtig es für Sie ist, mit Ihren Worten Einfluss auf die Projektbeteiligten auszuüben. Sie können sie nicht dazu zwingen, mit Ihnen übereinzustimmen. Deshalb haben Sie keine Wahl: Sie müssen einen anderen Weg finden.

Wenn wir erkennen, dass wir letztlich keine Kontrolle über das Endergebnis haben, kann sich in uns die Einsicht durchsetzen, dass es letztlich von unseren Kommunikationsfähigkeiten abhängt, die Integrität der User Experience zu gewährleisten. Der Verzicht darauf, Kontrolle ausüben zu wollen, befreit uns emotional, sodass wir nicht alles persönlich nehmen müssen und einen kühlen Kopf bewahren können.

Was bedeutet das in der Praxis? Eigentlich nichts anderes, als einzusehen, dass Ihre Arbeit nicht Ihnen gehört. Zu erkennen, dass man nicht alles kontrollieren kann. Sich einzugestehen, dass man die Hilfe anderer Menschen braucht, um die beste Benutzererfahrung zu verwirklichen. Zwei Schritte zurückzutreten, aus der eigenen Blase herauszukommen und die Dinge auch aus der Sicht der Stakeholder – sozusagen von der gegenüberliegenden Seite des Tischs aus – zu betrachten. Empathie für die Perspektive der anderen Projektbeteiligten erleichtert es ungemein, deren Feedback neutral und unabhängig von Ihren eigenen persönlichen Empfindungen entgegenzunehmen. Mit dieser Herangehensweise wird es Ihnen viel leichter fallen, mit anderen über Ihre Entwürfe zu sprechen.

Stakeholder repräsentieren unsere Arbeit

Als Moderatoren eines Gesprächs über Design tragen wir auch eine gewisse Verantwortung, unseren Stakeholdern zu helfen, sich auf ihre eigenen Meetings vorzubereiten. Wir reichen nicht nur passiv das Mikrofon am Tisch herum. Wir müssen auch dafür sorgen, dass unsere Stakeholder dafür gerüstet sind, unsere Arbeit gegenüber anderen Personen zu vertreten. Wir müssen ihnen die entsprechenden Werkzeuge und das Vokabular vermitteln, um in diesen Gesprächen erfolgreich zu sein.

Es ist üblich, dass Teilnehmer unserer Meetings danach mit anderen über das Projekt sprechen. Vielleicht gehen sie zu einer anderen Besprechung mit weiteren Führungskräften, vielleicht treffen sie jemanden auf dem Flur, der sie darauf anspricht, vielleicht kommen sie abends nach Hause und reden mit ihrem Partner.[1] In allen Fällen wird die Frage aufkommen, warum wir bestimmte Entscheidungen getroffen haben. Wenn unsere Stakeholder nicht darauf vorbereitet sind, diese Entscheidungen gut zu erklären, werden wir wahrscheinlich bald aufgefordert werden, etwas an unseren Entwürfen zu ändern. Wir müssen die Stakeholder deshalb gut darauf vorbereiten, dass sie unsere Arbeit gegenüber anderen selbstbewusst vertreten können.

In Abwesenheit beurteilt werden

In einem meiner ersten Jobs als Designer nahm meine Chefin meine Designarbeit und präsentierte sie jede Woche in einer Sitzung, an der Führungskräfte aus dem Vertrieb, dem Marketing und der Kundenbetreuung teilnahmen. Mir fiel dabei ein Muster auf: Sie kam aus dem Meeting mit Änderungswünschen zurück, ich ging an die Arbeit, um die entsprechenden Änderungen vorzunehmen, und das Spiel begann von vorne. Dabei hatte ich das Gefühl, dass viele meiner guten Ideen über Bord geworfen wurden – obwohl ich natürlich gute Gründe für meine Entwürfe hatte, die in diesem Prozess aber fast nie respektiert zu werden schienen. Ich äußerte dies gegenüber meiner Chefin, die mir vorschlug, sie zum nächsten Meeting zu begleiten.

1 Und diese Situationen werden kommen, glauben Sie mir.

Dabei stellte ich fest, dass dort jeder ganz nach Belieben Feedback zu meiner Arbeit geben konnte. Da ich diesmal anwesend war, konnte ich meine Entscheidungen erklären, und die meisten Einwände lösten sich in Luft auf. Nun kann man zu Recht argumentieren, dass es ein Fehler meiner Chefin war, solchen Meetings diesen Einfluss auf unseren Designprozess einzuräumen. Ich habe daraus aber gelernt, dass ich meiner Chefin das richtige Vokabular und Verständnis für meine Entwürfe vermitteln musste. Dann würde sie in diesen Besprechungen meine Arbeit deutlich besser vertreten und viele Einwände von sich aus entkräften können. Ohne wirkliches Verständnis meiner Arbeit und das entsprechende Vertrauen in mich war sie geneigt, jedem beliebigen aufkommenden Einwand nachzugeben.

Das Selbstvertrauen der Stakeholder stärken

Bei einem anderen Projekt war ich als Berater tätig, und mein Klient war technischer Leiter. Da er als Ingenieur keine Erfahrung im Umgang mit Designteams hatte, legte ich ihm unseren Prozess ganz offen dar: Wir würden damit beginnen, die Benutzer und Anwendungsfälle zu verstehen, und dann mit der Erstellung von Nutzerflows fortfahren. Auf Basis dieser Überlegungen würden wir Low-Fidelity-Wireframes und Mockups entwickeln. Er stimmte diesem Prozess schriftlich zu, beschwerte sich dann aber anschließend jede Woche, dass wir nicht genug erledigt bekämen. »*Wo sind die Entwürfe?*«, bemängelte er. Ich erinnerte ihn dann jeweils an den vereinbarten Prozess, er stimmte dem erneut zu, und wir machten weiter.

In der vierten Woche wurde er dann richtig wütend. »Ihr arbeitet seit einem Monat und habt noch nichts erreicht!« Ich war entsetzt. Er hatte an jedem Meeting teilgenommen, jeden Nutzerflow genehmigt und uns seine Rückmeldungen gegeben. »*Wo sind die Entwürfe?*«, klagte er dann erneut. Aus seiner Sicht hatte er uns angeheuert, um Entwürfe für eine App zu erstellen, und wir hatten nicht geliefert. In der Hitze des Gefechts gab er zu: »Jede Woche, wenn ich mich mit der Führungsspitze treffe, habe ich nichts vorzuzeigen.« Nun, das stimmte eigentlich nicht – wir gaben ihm immer etwas, das er präsentieren könnte –, aber es zeigte, dass er kein Vertrauen in seine eigene Fähigkeit hatte, Dinge wie etwa Nutzerflows darzustellen. Wir hatten ihn schlecht darauf vorbereitet, unsere Arbeit zu repräsentieren.

Hat er sich tatsächlich für die Entwürfe interessiert? Sicher. Aber was ihn noch viel mehr beschäftigte: Er wollte vor seinen Kollegen und Vorgesetzten in der wöchentlichen Besprechung kompetent wirken. Als wir dies erkannten, passten wir unsere Prioritäten an und gaben ihm jede Woche etwas mit, das er selbstbewusst präsentieren konnte, als wäre es seine eigene Arbeit. Hätten wir das nicht gemacht, hätten wir riskiert, dass unser Projekt gestutzt wird.

Ein Teil unserer Aufgabe besteht also darin, unseren Stakeholdern ausreichend Werkzeuge und Vokabular an die Hand zu geben, um unsere Arbeit vor anderen zu vertreten. Wenn sie sie mit Selbstvertrauen präsentieren können und unsere Denkweise gut genug verstehen, um sie anderen zu erklären, werden sie – als Nebenprodukt – wahrscheinlich auch uns und unsere Entscheidungen unterstützen. Wir betrachten diesen Zusammenhang manchmal vom falschen Ende her. Wir gehen in Meetings, um die Zustimmung der Projektbeteiligten zu erhalten, obwohl wir ihnen eigentlich die nötigen Hilfsmittel und Begrifflichkeiten vermitteln sollten, um unsere Arbeit anderen gegenüber erfolgreich zu repräsentieren. Genau das ist unsere Aufgabe.

Lassen Sie Ihr Ego zu Hause

Um die richtige innere Haltung zu finden, muss man nicht zuletzt sein Ego zu Hause lassen. Wir müssen Abstand zu unseren eigenen Ideen und Zielen gewinnen und anderen Menschen erlauben, etwas zum Projekt beizutragen, anstatt ihre Vorschläge zu ignorieren. Wir müssen uns von der Vorstellung verabschieden, dass wir die Einzigen sind, die gute Ideen haben, dass immer wir selbst die besten Lösungen finden und dass es nur einen, unseren, Weg zum Ziel gibt. Unser Ego kann unserer Fähigkeit, effektiv auf Stakeholder zu reagieren, jederzeit in die Quere kommen.

Allerdings sehen wir uns hier einer Ambivalenz gegenüber. Unsere Expertise in Designfragen legt nahe, dass wir normalerweise tatsächlich die besten Lösungen empfehlen. Und wir *wollen* ja, dass die Stakeholder darauf vertrauen, dass wir genau wissen, wovon wir sprechen. Unsere Expertise und Empfehlungen sollen ernst genommen werden. Gleichzeitig dürfen wir uns aber nicht einbilden, dass unsere Ideen die einzigen möglichen Lösungen darstellen. Es geht um ein heikles Gleichgewicht zwischen unserem Selbstvertrauen, dass wir die *besten* Ideen haben, und der Erkenntnis, dass sie nicht die *einzig möglichen* Ideen sind. Die Herausforderung besteht also darin, solide Empfehlungen zu geben und gleichzeitig die Vorschläge und Ideen anderer Personen ernst zu nehmen. Das ist nicht leicht.

Das Problem mit unserem Ego: Es ist fast unmöglich, es in sich selbst wahrzunehmen. Könnten wir Menschen ohne jede Schwierigkeit erkennen, wann wir uns ichbezogen verhalten, wäre die Welt ein weitaus angenehmerer Ort. Spätestens wenn Sie sich dabei ertappen, dass Sie denken, Ihre Lösung sei *so viel besser* als ein alternativer Vorschlag, dass Sie Letzteren für praktisch wertlos halten, sollten alle Alarmglocken läuten. In normalen, gesunden Diskussionen sollten Sie Ideen anderer wertschätzen können, auch wenn Sie selbst anderer Meinung sind. Steht Ihnen Ihr Ego im Weg, geht diese Wertschätzung verloren. Immer wenn Sie denken, dass Sie recht haben und die anderen nicht, sollten

Sie vorsichtig werden. Das bedeutet nicht, dass Sie anderen unbedingt zustimmen müssen, aber es weist darauf hin, dass Sie die Situation möglicherweise neu bewerten sollten.

Wenn unser Ego uns daran hindert, andere Ideen als wertvoll zu betrachten, manifestiert sich das oft in Form von fadenscheinigen Begründungen dafür, dass ein alternativer Vorschlag ungeeignet ist. Vielleicht ertappen Sie sich dabei, wie Sie denken: »Die verstehen nichts von Technik«, »Die sind nicht unsere Zielbenutzer« oder »Die haben keine Ahnung von Design«. Wenn Sie anfangen, die Ideen anderer Menschen anhand oberflächlicher Stereotypen abzustempeln oder deren Fachwissen anzuzweifeln, ist mit großer Wahrscheinlichkeit Ihr Ego im Spiel. Seien Sie aufmerksam gegenüber solchen subtilen Reaktionen, damit Sie angemessen reagieren. Wenn Sie einen Vorschlag nur ablehnen, weil sie denken: »Die verstehen meinen Job nicht«, dann werden Sie nicht weit kommen. Nur wenn Sie Ihr Ego außen vor lassen, gewinnen Sie die innere Freiheit, auf Vorschläge anderer mit Realismus und Logik statt mit Meinungen und Stereotypen zu reagieren.

Sie werden sich weniger defensiv verhalten und angemessene Antworten finden. Für mich ist es zugegebenermaßen ein täglicher Kampf, mein Ego in Schach zu halten. Dafür gibt es keine Wunderpille. Es erfordert bewusste Anstrengung, braucht Ermahnungen Ihres Teams – und ständige Übung. Also: Tun Sie Ihr Bestes, um Ihr Ego beiseitezulassen. Dann können Sie mit offenem Geist und angemessen auf diejenigen Menschen reagieren, deren Unterstützung Sie brauchen, um in und mit Ihren Projekten erfolgreich zu sein.

Führen Sie mit einem Ja

Wenn Menschen das Gefühl haben, sie gehörten zu unterschiedlichen, sich gegenüberstehenden Teams, behindert das eine effektive Kommunikation. Sobald man mit Nicht-Designern über Design diskutiert, kann leicht eine Wir-gegen-sie-Einstellung entstehen. Als gute Kommunikatoren gehört es zu unseren Aufgaben, uns daran zu erinnern und zu bekräftigen, dass wir alle gemeinsam an einem Strang ziehen und die gleichen Ziele erreichen wollen.

Es gibt keinen besseren Weg, eine entsprechende Atmosphäre der Zusammenarbeit zu befördern, als immer mit einem Ja zu führen.

Dieses Konzept wurde von einem meiner Mentoren und ehemaligen Chefs, Dave Ferguson, entwickelt. Dave und ich haben viele Jahre lang gemeinsam in einem Vorort von Chicago zusammengearbeitet. Als er als Führungskraft anfing, kamen oft Menschen zu ihm mit tollen Ideen, die er aber als nicht umsetzbar einschätzte. Aber anstatt sie abzuweisen, entschied er sich, Ja zu sagen. Er erkannte für sich, dass die Menschen motivierter, leistungsfähiger und leidenschaftlicher waren, wenn man ihnen erlaubte, mit ihren Ideen Erfolg zu haben. Selbst wenn sie ihr Ziel nicht ganz erreichten, erschien es ihm viel besser, Menschen die Möglichkeit zu geben, große Dinge zu erreichen, als sie von vornherein an der Verwirklichung ihrer Ideen zu hindern. In Daves Worten: »Wir haben gelernt, dass wir ›mit einem Ja führen‹ müssen, wenn wir innovative und kreative neue Dinge erschaffen wollen.«[2] Dave bezieht sich auf einen Artikel aus der Zeitschrift *Fast Company*, den Katherine Hudson unter dem Titel »My Greatest Lesson« veröffentlicht hat. In diesem Artikel sagt sie: »Wenn Ihnen jemand eine Herausforderung präsentiert, denken Sie nicht an all das, was Sie scheitern lassen könnte. Sagen Sie stattdessen: ›Ja!‹ Und dann überlegen Sie sich, was zu tun ist.« Dies ist das Grundprinzip des Führens mit einem Ja.

Dieses Prinzip hat auch einige Wurzeln im Improvisationstheater. Dort lautet eine grundsätzliche Regel, dass alle Beteiligten mit den Beiträgen aller anderen einverstanden sein müssen: Was immer eine Akteurin einbringt, muss der andere weiterentwickeln. Warum? Nun, sobald ein Mitstreiter sich verweigert und nicht mitmacht, würgt er die gesamte Szene ab: Es gibt keine Fortsetzung. Nun raten Sie mal! Unsere Treffen mit Stakeholdern sind *auch Improvisationen*. Wenn wir Ihnen eine positive Richtung vorgeben wollen, ist es entscheidend, dass wir immer mit einem Ja führen.

Einen Ja-Reflex entwickeln

Mit einem Ja zu führen, bedeutet, dass Sie jede Antwort auf eine vorgetragene Idee oder Bitte mit dem Wort »Ja« beginnen, um sie positiv zu bestätigen. Es geht um eine wertschätzende Einstellung. Ihre Gesprächspartner haben genauso viel Potenzial für gute Ideen wie Sie selbst und sind ein geschätzter Teil des Prozesses. Dave nennt dies den »Ja-Reflex«:

> Die meisten von uns haben einen »Nein-Reflex« gegenüber neuen und kreativen Ideen, die unrealistisch erscheinen. Aber Sie können das ändern ... wenn das nächste Mal jemand etwas Neues vorschlägt, beginnen Sie Ihre Antwort einfach mit einem *Ja* ... Durch die Ja-Mentalität gibt man ausgefallenen, auf den ersten Blick unmöglich erscheinenden Ideen eine Chance auf Entfaltung und darauf, manchmal – ganz oder teilweise – auch umgesetzt zu werden.[3]

Bei der Ausbildung des »Ja-Reflexes« geht es nicht darum, jeder Bitte der Stakeholder nachzugeben oder ihnen einfach ihren Willen zu lassen. Es geht darum, einen Raum zu schaffen, in dem alle spüren, dass sie zum selben Team gehören,

---

2 Dave Ferguson, Jon Ferguson und Eric Bramlett, *The Big Idea* (Grand Rapids, MI: Zondervan, 2007), S. 180. Mit Genehmigung.

3 Ebd.

dieselben Ziele verfolgen und gemeinsam an der besten Lösung arbeiten. Dave zufolge gibt Ihnen dieser Ansatz mehr Zeit:

> Sich einen Ja-Reflex anzutrainieren, verpflichtet Sie nicht dazu, jede Idee tatsächlich umzusetzen. Aber es verschafft Ihnen Zeit, um herauszufinden, ob und wie Sie etwas umsetzen könnten. Oft können wir uns nach einem Ja Zeit nehmen, uns neu zu orientieren und die potenziellen Vor- und Nachteile eines Vorschlags zu untersuchen. Mit einem Ja zu führen, gibt Ihnen die Zeit, herauszufinden, ob Sie etwas wirklich umsetzen können ... Es geht nicht darum, keine Grenzen mehr zu setzen. Wir beschreiben, wie Innovation geschieht. **Innovation findet dort statt, wo es selten ein »Nein« zu hören gibt** ...[4]

Das Führen mit einem Ja ist einfach, wenn Sie mit einem Vorschlag sowieso einverstanden sind. »Ja, das ist eine großartige Idee. Ich bin voll und ganz Ihrer Meinung, dass dieses Steuerelement ein Textlink sein sollte und keine Schaltfläche.« Es ist sogar noch einfacher, wenn jemand die vorgeschlagene Änderung auch gleich selbst durchführen kann, beispielsweise ein anderer Designer im Team. »Ja, lassen Sie uns das so machen! Bitte setzen Sie es um und aktualisieren Sie die Dokumentation, um das neue Design zu berücksichtigen. Eine gute Idee!«

Ist man jedoch nicht einverstanden, ist es nicht immer einfach, Ja zu sagen. Wenn Sie das Problem verstehen, das Ihr Stakeholder zu lösen versucht, Sie aber mit der vorgeschlagenen Lösung nicht einverstanden sind, könnte ein »Ja« wie folgt klingen: »Ja, ich stimme Ihnen vollkommen zu, dass wir die Platzierung dieses UI-Steuerelements überdenken müssen.« Damit sagen wir nicht, dass die vorgeschlagene Lösung richtig ist und dass wir es in dieser Form umsetzen werden. Wir bestätigen nur, dass hier ein Problem vorliegen könnte, wir es noch einmal untersuchen werden und dass ein anderer Ansatz hier besser geeignet sein könnte.

Mit einem Ja zu führen, ist auch ein effektiver Weg, um unsere Stakeholder in Entscheidungen einzubeziehen, wenn wir ziemlich sicher sind, dass wir ihre Vorschläge nicht umsetzen können. In diesen Situationen kann es zwar verlockend sein, direkt Nein zu sagen – in der Regel ist es aber besser, die Antwort mit einem Ja zu beginnen und den Projektbeteiligten zu helfen, die Vor- und Nachteile zu verstehen. Möglicherweise würde eine vorgeschlagene Änderung mehr Zeit oder Geld in Anspruch nehmen, als vorhanden ist, sodass Sie von vornherein wissen, dass sie sich nicht umsetzen ließe, selbst wenn der Änderung alle zustimmen sollten. In diesem Fall könnte das Führen mit einem Ja so klingen:

---

4 Ebd. Meine Hervorhebung.

> Ja, ich stimme zu, dass die Interaktion für »In den Warenkorb« geändert werden sollte. Da das Release bereits nächste Woche ansteht, müssten wir dann die Implementierung der neuen Suchvorlage verschieben. Sind Sie damit einverstanden?

Das ist eine gelungene positive Einbindung in den Entscheidungsprozess. Oft kennen die anderen Beteiligten nicht alle Details, die in unsere Entscheidungen einfließen. Mit einem Ja zu führen und zu beginnen, lädt sie dazu ein, Teil des Entscheidungsprozesses zu sein und uns darin zu unterstützen.

> Ja, Sie haben recht, dass unsere Dokumentation noch nicht so weit ist, wie sie sollte, und wir müssen das beheben. Wenn Sie bereit wären, mir dabei zu helfen, die vorhandenen Dokumente zu prüfen, denke ich, dass wir unsere Prioritäten so anpassen können, dass es klappt.

Es ist ein typisches Problem, dass Menschen Vorschläge machen, für deren Umsetzung sie nicht verantwortlich sind. Außenstehende kritisieren Dinge, die sie nur eingeschränkt verstehen. Wenn Sie anderen die Möglichkeit bieten, Teil der Lösung zu sein, werden sie entweder darauf eingehen oder verstehen, wie sich ihre Idee auf den Gesamtprozess auswirkt. Durch ihre positive Einstellung zeigen Sie, dass Sie die Meinungen der Stakeholder für wertvoll halten und schätzen.

Manchmal sorgt alleine das Führen mit einem Ja für das nötige Vertrauen, um ohne weitere Diskussionen weitermachen zu können. Oft wollen unsere Stakeholder nur hören, dass wir ihre Zeit und ihr Feedback wertschätzen. Mit einem Ja zu beginnen, kann jemanden bereits ausreichend friedlich stimmen und zeigen, dass Sie zuhören, sodass man ihnen das Vertrauen entgegenbringt, die richtige Lösung zu finden. Das Wort »Ja« kann lebensspendend und magisch wirken.

Ich nahm an einem Meeting mit mehreren Personen teil, darunter auch der Chef des Unternehmens. Er begann, auf einem bestimmten Teil des Designs, der für die Benutzererfahrung wichtig war, herumzuhacken. Seine Rückmeldung beinhaltete sehr spezifische Vorschläge zur Platzierung, zum Text, der Farbe und der Interaktion dieses Bereichs. Obwohl ich natürlich auf seine Bedenken einging, war sein Feedback ungewöhnlich. Warum kümmerte sich eine Führungskraft so sehr um diese Details? Anstatt sich auf eine Diskussion darüber einzulassen, sagte ich: »Ja, ich stimme Ihnen zu, dass wir die Implementierung dieses Menüs überdenken müssen.« Abrupt hielt er inne und sagte: »Prima, ich bin mir sicher, dass ihr die richtige Lösung finden werdet.«

Er wollte also eigentlich gar nicht in eine Diskussion über irgendwelche Kleinigkeiten einsteigen. Im Nachhinein betrachtet, hat er wahrscheinlich einfach nur vor sich hingedacht: Ihm ist etwas aufgefallen, er hatte dazu Vorschläge und hat sie mitgeteilt. Er wusste, dass es nicht seine Aufgabe war, sich um all diese Dinge zu kümmern. Was also zunächst wie eine ungewöhnliche oder beunruhigende Reihe von Vorschlägen aussah, war in Wirklichkeit bloß eine beiläufige Unterhaltung. Meine grundsätzliche Zustimmung, diese Details noch einmal zu überdenken, erinnerte ihn daran, uns bei der Lösung zu vertrauen. Er wollte letztlich nur wissen, ob wir ihm zuhören und sein Feedback berücksichtigen. Danach ließ er uns problemlos unsere Arbeit machen. Das Führen mit einem Ja hatte also gewirkt und uns erlaubt, das Meeting fortzusetzen.

Umsetzung in die Praxis

Mit einem Ja zu führen, lässt sich ganz einfach und sofort auf Ihre Arbeitsgespräche anwenden. Alles, was Sie dafür tun müssen: Ihre Antwort einem »Ja« einzuleiten. Das ist alles.

Ich bekomme manchmal die Rückmeldung, dass sich das komisch anfühlt. Ja, verstehe ich. Es fühlt sich ungewohnt an, einen Satz mit »Ja« zu beginnen, bei dem man das normalerweise nicht tun würde. Ich praktiziere es jedoch seit vielen Jahren und kann Ihnen versichern, dass es sich weitaus weniger unangenehm anfühlt, sobald es zur Gewohnheit geworden ist. Als Sprecher fühlt man sich auch eher unbehaglich damit als als Adressat. Wenn Sie sich erst einmal daran gewöhnt haben, wird es Ihnen bald natürlicher erscheinen.

Viele Menschen fragen mich darüber hinaus, ob sie tatsächlich das Wort »Ja« verwenden sollten oder ob nicht auch eine allgemein positive Sprache ausreiche, um die gleiche Haltung zu vermitteln. Mein Rat lautet, tatsächlich das Wort »Ja« auszusprechen. Sie sollten eine Sprache nutzen, mit der Sie sich wohlfühlen oder die Sie für die jeweilige Situation als am besten geeignet empfinden, aber meiner Erfahrung nach ist das Wort »Ja« effektiver als andere ähnliche Ansätze. Natürlich *müssen* Sie nicht unbedingt das Wörtchen »Ja« verwenden, aber ich glaube, dass Sie effektiver sind, wenn Sie es tun.

Außerdem werde ich oft gefragt, wie man denn Ja sagen könne, wenn man mit dem, was ein Projektbeteiligter vorschlägt, nicht einverstanden ist. Lassen Sie mich deshalb klarstellen: Beim Führen mit einem Ja geht es nicht darum, Ja zu sagen, wenn man eigentlich Nein meint. Es ist kein bloßer psychologischer Trick, um Menschen dazu zu bringen, uns zuzustimmen.

- **Sollten Sie vorgeschlagenen Änderungen zustimmen, wenn Sie gar nicht beabsichtigen, diese vorzunehmen?** Nein, natürlich nicht. Das nennt man lügen.
- **Sollten Sie die Stakeholder glauben lassen, dass Sie ihrer Meinung sind, obwohl das gar nicht zutrifft?** Nein, das ist unaufrichtig.
- **Sollten Sie ihnen sagen, dass ihre Idee hervorragend ist, wenn Sie sie in Wirklichkeit für schrecklich halten?** Nun, meine Mutter hat immer gesagt, wenn du nichts Nettes sagen kannst, dann sag überhaupt nichts – aber einen Vorschlag über den grünen Klee zu loben, den ich für absurd halte, scheint mir auch keine gute Art zu sein, mit einem Ja zu führen.

Beim Führen mit einem Ja geht es stattdessen darum, Menschen an die Bereiche zu erinnern, in denen wir übereinstimmen, bevor wir uns den Bereichen zuwenden, in denen wir nicht übereinstimmen. Es geht darum, dass wir alle zu einem gemeinsamen Team gehören und dieselben Ziele haben, auch wenn es unterschiedliche Vorstellungen davon gibt, wie wir sie am besten erreichen. Und durch diesen Ansatz können wir sehr effektiv kommunizieren, dass wir den Input, die Perspektive und die Ideen unserer Stakeholder schätzen.

Es gibt Dutzende von Möglichkeiten, wie Sie mit einem Ja führen können, ohne sich tatsächlich zu etwas zu verpflichten. Hier sind einige Beispiele:

- Ja, das ist ein sehr guter Punkt.
- Ja, vielen Dank, dass wir Ihre Perspektive kennenlernen dürfen.
- Ja, ich stimme zu, dass wir dieses Problem lösen müssen.
- Ja, es gibt definitiv einige Möglichkeiten, wie wir das verbessern können.
- Ja, wir sollten uns für den besten Weg entscheiden.
- Ja, ich verstehe Ihre Sichtweise.

Eine Falle, die Sie vermeiden sollten, ist: Lassen Sie dem Wort »Ja« kein »aber« folgen. Die meisten Menschen verstehen ein »Ja, aber ...« nur als eine andere Art, »Nein« zu sagen. Ein »Ja, allerdings ...« oder ein »Ja, trotzdem ...« vermittelt ein ähnliches Gefühl. Ich habe festgestellt, dass man das »aber« oder »allerdings« oder »trotzdem« oft einfach weglassen kann und der Satz trotzdem funktioniert. Statt »Ja, aber unser Team hat sich das angeschaut« können Sie einfach sagen: »Ja, unser Team hat sich das angeschaut.«

Ich bekomme mehr positives Feedback zu diesem Konzept als zu allen anderen hier vorgestellten Ideen. Selbst wenn Sie sonst nichts anderes aus diesem Buch mitnehmen möchten, vergessen Sie nicht, immer mit einem Ja zu führen. Es ist risikoarm. Probieren Sie es aus und überzeugen Sie sich selbst.

Ihren Ja-Reflex zu trainieren und mit einem Ja zu führen, hat viele Vorteile:

- Es stärkt das Gefühl, dass Sie alle im selben Team sind, und erleichtert die Zusammenarbeit.
- Es erlaubt Ihnen, offen für neue Ideen zu sein, auch wenn Sie sich nicht sicher sind, ob und wie etwas funktionieren wird.
- Es hält ein Gespräch offen, und Sie bekommen Zeit, eine passende Antwort zu finden.
- Es gibt Ihnen die Möglichkeit, Ideen im Lichte von Einschränkungen und Ressourcen zu betrachten.
- Es verlagert die Verantwortung für neue Ideen auf andere und macht sie zu Teilhabern der Lösung.
- Es schafft Vertrauen bei den Stakeholdern und zeigt, dass Sie ihre Beiträge schätzen.

Entwickeln Sie eine positive Einstellung

Die Arbeit mit Stakeholdern wird herausfordernder, wenn wir kein gutes Verhältnis zu ihnen haben. Vielleicht gehen wir dann vor einer Besprechung vom Schlimmsten aus, bereiten uns auf eine Auseinandersetzung vor und gehen in eine Abwehrhaltung, um uns vor negativem Feedback zu schützen. Falls wir defensiv werden, wird sich das sowohl in unserer Körperhaltung als auch in unseren Reaktionen niederschlagen. Das kann auf Dauer dazu führen, dass wir in den Ruf geraten, ambivalent, wenig engagiert oder (schlimmer noch) schwierig in der Zusammenarbeit zu sein.

Stattdessen sollten wir daran arbeiten, als positiv eingestellter Mensch wahrgenommen zu werden, damit die Stakeholder uns gegenüber interessiert und aufgeschlossen sind. Wir müssen sympathisch und nahbar sein und ein ansprechendes Persönlichkeitsbild vermitteln. Bei der Entwicklung einer solchen Persona geht es darum, unsere besten Eigenschaften und ernsthaftes Interesse an anderen Menschen zu zeigen. Das ist ein wesentlicher Faktor, um die Unterstützung der Projektbeteiligten zu erhalten. Als mürrische oder defensive Person werden wir andere nicht dazu bewegen können, uns zuzustimmen. Stattdessen sollten wir Selbstbewusstsein ausstrahlen, authentisch sein, uns selbst nicht zu ernst nehmen und uns den Stakeholdern und ihren Bedürfnissen zuwenden.

Zeige Zuversicht, keine Arroganz

Selbstvertrauen zu haben, ist wichtig, wenn Sie Ihre Arbeit anderen Menschen präsentieren. Setzen Sie Vertrauen in sich und Ihre Entwürfe, werden Ihnen auch andere vertrauen und mehr Freiheiten zugestehen. Fehlt es Ihnen hingegen an Selbstvertrauen, werden Sie unsicher wirken, was wiederum dazu führt, dass die Projektbeteiligten Ihre Lösungen infrage stellen werden. Selbstvertrauen zu haben, bedeutet aber keineswegs, arrogant oder eingebildet zu sein oder immer darauf zu bestehen, dass man selbst recht hat. Es bedeutet, dass sich Ihr Vertrauen in und das Wissen um Ihre eigenen, wertvollen Fähigkeiten in Ihrem Tonfall, Ihrer Körpersprache und Ihrer Einstellung widerspiegeln darf, wenn Sie über Ihre Arbeit sprechen. Selbstbewusst zu sein, bedeutet, stolz auf die eigene Arbeit zu sein, aber auch zu respektieren, dass die Gesprächspartner ebenfalls klug und fähig sind.

Um Ihr Selbstvertrauen zu stärken, sollten Sie sich klarmachen: Sie haben Ihren Job aus einem ganz bestimmten Grund bekommen. Vielleicht war es Ihr detailliertes Portfolio, vielleicht Ihr überzeugender Lebenslauf, vielleicht Ihre einschlägige Berufserfahrung. Was auch immer es war: Die Stakeholder haben *Sie* für diesen Job ausgewählt. Das alleine bringt bereits zum Ausdruck, dass ein gewisses Maß an Vertrauen, an Glauben an Ihre Kompetenz und an Bereitschaft, Sie Entscheidungen treffen zu lassen, vorhanden ist. Obwohl Sie immer daran arbeiten müssen, weiteres Vertrauen hinzuzugewinnen, sind Sie bereits in einer hervorragenden Position, Ihre Botschaft selbstbewusst kommunizieren zu können.

Selbstvertrauen lässt sich recht einfach durch Lächeln vermitteln. Die meisten Menschen halten Lächeln für einen Ausdruck von Glück, es drückt aber noch viele weitere Emotionen aus: Zustimmung, Freude, Wertschätzung, Verbundenheit und ja, auch Selbstvertrauen. Wenn wir lächeln, zeigen wir, dass wir erwarten, mit anderen übereinzustimmen, dass wir ihre Zeit und Aufmerksamkeit schätzen und dass wir Vertrauen in unsere Fähigkeit haben, schwierige Probleme zu lösen. Menschen ohne Selbstvertrauen lächeln nicht: Sie sehen besorgt aus, beunruhigt, verärgert oder distanziert. Wenn wir Vertrauen vermitteln wollen, sollten wir so oft wie möglich lächeln. Versuchen Sie also zu lächeln, wenn Sie sich mit Stakeholdern treffen, auch wenn es sich etwas unangenehm anfühlt. Ein Lächeln zeigt Ihr Selbstvertrauen und stärkt damit auch das Ihres Gegenübers.

Seien Sie Sie selbst

Ebenfalls wichtig zu lernen ist, sich im Kreis der Stakeholder natürlich und authentisch zu verhalten. Niemand mag das Gefühl, dass sich jemand verstellt. Es geht uns am besten, wenn wir einfach wir selbst sind. Dann sind wir entspannt, natürlich und können klarer denken. Allzu oft machen sich Designer in Meetings wichtig. Sie plustern sich auf, um sich vor negativem Feedback zu schützen, aber das geht meist nach hinten los. Nutzen Sie stattdessen Ihre wirklichen Stärken, entspannen Sie sich und seien Sie Sie selbst.

Wenn Sie ganz bei sich sind, hilft das auch allen anderen, sich zu entspannen. Sie können sich leichter mit Ihnen identifizieren, wenn sie Sie so wahrnehmen dürfen, wie Sie wirklich sind. Zu dem, was uns als Menschen auszeichnet, gehört auch unsere eigene, individuelle Weise, andere für uns zu gewinnen. Jeder Mensch ist anders und hat damit auch seine eigene Art, mit anderen Menschen umzugehen. Auf welche Weise bringen *Sie* Menschen zum Lächeln? Wie bekommen Sie Aufmerksamkeit von jemandem, wenn Sie sie brauchen? Wie haben Sie das Herz Ihres Partners oder Ihrer Partnerin erobert oder die Klassensprecherinnenwahl in der Grundschule gewonnen? Welche Erfolge Sie auch immer in der Vergangenheit hatten, nutzen Sie die dabei eingesetzten Eigenschaften zu Ihrem Vorteil, um ihre einzigartige Persönlichkeit auszudrücken.

Manche Menschen sind geistreich oder witzig. Andere sind besonders gastfreundlich und schaffen es, dass Menschen sich willkommen fühlen. Wieder andere sind hervorragend darin, zuzuhören und nachzuhaken, Geschenke oder Komplimente zu machen oder sich an wichtige Termine zu erinnern. Was auch immer Ihre persönliche Stärke ist – Sie können diese einzigartige Gabe bei den Menschen einsetzen, die Sie für Ihre Sicht der Dinge gewinnen wollen. Es gibt keinen besseren Weg, Menschen für sich einzunehmen, als Sie mithilfe Ihrer angeborenen Talente anzusprechen. Wie gesagt: Entspannen Sie sich und seien Sie Sie selbst. Ihnen wird es damit besser gehen, und Ihre Stakeholder werden Ihre Authentizität zu schätzen wissen.

Nehmen Sie sich selbst nicht zu ernst

Manchmal nehmen wir unsere Arbeit, unser Projekt oder unsere Aufgabe so ernst, dass wir nicht in der Lage sind, uns zu entspannen und auf natürlich-menschliche Weise zu reagieren. Wir verhalten uns wie Roboter: unfähig, eine witzig gemeinte Bemerkung zu verstehen oder einfach nur ein bisschen Freundlichkeit zu zeigen. Wenn wir in einen solchen »Das-muss-erledigt-werden-Modus« geraten, entwickeln wir schnell einen Tunnelblick und konzentrieren uns zu sehr auf die zu erledigenden Aufgaben. Dieser Zustand mag nützlich (und wirklich effektiv) sein, wenn wir gerade tief in einem kreativen

Schaffensprozess stecken, aber er ist deutlich weniger effektiv, wenn wir gerade einer Gruppe von Menschen gegenüberstehen, deren Unterstützung wir gewinnen möchten. Lernen Sie, sich zu entspannen: Nicht jeder denkt so ernsthaft über Ihre Arbeit nach wie Sie selbst.

Wir sollten freundlich, unbeschwert und gelegentlich witzig sein, wenn wir uns unter anderen Menschen bewegen, zumal wenn wir wollen, dass sie uns bei Designentscheidungen unterstützen. Einfach gesagt: Wir müssen sympathisch wirken. Humor bietet uns eine hervorragende Möglichkeit dazu. Mit Humor können wir unangenehme Situationen entschärfen: Lachen baut Spannungen ab. Mit einem harmlosen Witz oder einer heiteren Bemerkung das Eis zu brechen, hilft allen, sich zu entspannen und auf den Zweck des Meetings zu konzentrieren.

Es ist aber auch immer eine gewisse Gratwanderung, genau zu spüren, was angemessen und tatsächlich lustig und was tabu ist. Es kann eine gute Idee sein, eine treffende Bemerkung zu machen, wenn ein Thema im Raum steht, aber einfach nicht angesprochen wird. Dagegen ist es natürlich absolut undenkbar, Witze auf Kosten einer einzelnen Person zu machen, egal wie lustig oder zutreffend eine Bemerkung auch wäre. Ich finde, dass Witze mit einem Bart oder schlechte Kalauer ziemlich unverfänglich und dennoch wirksam sind, auch wenn (oder gerade weil!) sie oft mit Stöhnen quittiert werden.

So gern ich mich für einen guten Komiker halten würde, gebe ich Ihnen doch lieber keine weiteren Ratschläge, was den praktischen Einsatz von Humor angeht. Aber richtig präsentiert, kann man mit Humor Menschen zum Lächeln bringen, sie entwaffnen und eine positive Gesprächsatmosphäre schaffen. Dabei geht es nicht zuletzt darum, dass Sie sich selbst amüsieren und dieses Gefühl mit den anderen teilen. Humor ist eine gute Möglichkeit, sich den Menschen, deren Unterstützung Sie brauchen, als jemand zu präsentieren, der sich selbst nicht zu ernst nimmt.

Richten Sie sich auf andere aus

Die letzte Technik, die wir anwenden sollten, ist eine innere Ausrichtung auf andere Menschen. Wenn wir uns auf die Bedürfnisse anderer einstellen, können wir damit eine Verbindung herstellen, mit deren Hilfe wir Hindernisse in unserer Kommunikation überwinden können.

Das Gegenteil ist natürlich eine egoistische Ausrichtung ausschließlich auf sich selbst. Wir sollten nicht nur unser Ego zu Hause lassen, sondern uns auch den Stakeholdern zuwenden und überlegen, wie wir zu ihnen sprechen müssen, damit sie uns unterstützen. Das soll kein ichbezogener Versuch werden, ihnen

Honig ums Maul zu schmieren, um dadurch unsere Ziele zu erreichen. Es geht vielmehr um einen aufrichtigen Blick darauf, wie wir mit ihnen auf eine Art und Weise reden können, die uns am Ende gemeinsam erfolgreich sein lässt.

Wenn ich die Gefühle meiner Frau verletzt habe, dauert es manchmal einige Zeit, bis sie mir verzeiht. Ich kann diesen Prozess aber auch beschleunigen. Da ich darauf vertrauen kann, dass sie mir verzeihen *wird*, kann ich mich ihr mit einem Lächeln nähern – und in der Annahme, dass eine Versöhnung möglich ist. Ich kann ich selbst sein und ehrlich meine Absichten und meine Sichtweise schildern. Ich muss mich dabei auch nicht zu ernst nehmen und kann die Spannung mit einem Witz oder einem lustigen Hinweis auf meine eigene Dummheit entschärfen. Dabei orientiert sich meine Reaktion an ihren Bedürfnissen: Was braucht sie jetzt von mir, um sich mit mir zu versöhnen? Wenn ich mich so verhalte, können wir die Verstimmung in der Regel ziemlich schnell überwinden und uns wieder auf unsere Gemeinsamkeiten konzentrieren.

Um zur richtigen Haltung zu finden, müssen wir uns bewusst sein, wie wir von anderen Menschen wahrgenommen werden. Es ist wichtig, eine positive Persona zu entwickeln, um Hindernisse zu überwinden, die uns bei der Gewinnung von Unterstützung im Wege stehen können. Damit die Stakeholder auf dem Weg zur bestmöglichen User Experience gut mit uns zusammenarbeiten, sollten wir selbstbewusst sein, lächeln können, authentisch bleiben, uns selbst nicht zu ernst nehmen und uns an den Bedürfnissen und Erwartungen unserer Gesprächspartner orientieren.

Passen Sie Ihren Wortschatz an

Zu einer positiven Einstellung, die uns darauf ausrichtet, gut auf die Stakeholder zu reagieren, gehört als wichtiges Element, auch auf die eigene Wortwahl zu achten.

»Sie liegen falsch.«

Sagen Sie nie »Sie liegen falsch« oder »Du irrst dich« (oder etwas Sinngemäßes) – niemand hört gern, dass sie oder er nicht recht hat (selbst wenn es zutrifft), und Sie werden Ihre Gesprächspartner auf diese Weise nur in die Defensive drängen. Denken Sie daran: Ihr Ziel ist es, positiv zu bleiben und immer mit einem Ja zu führen. Wenn Sie anderen zu direkt zu verstehen geben, dass Sie anderer Meinung sind, kann das hitzige Diskussionen auslösen. Im Fall einer Meinungsverschiedenheit sollten Sie Wege finden, den ungeliebten Gegenvorschlag als alternative Idee oder Perspektive zu beschreiben. Auch wenn es Momente geben kann, in denen man energisch auftreten und explizit für etwas eintreten muss, ist es meistens erfolgreicher, sich so weit wie möglich als mit den Stakeholdern im Einklang stehend darzustellen. Offene Meinungsverschiedenheiten sind selten nötig und normalerweise das Risiko nicht wert.

»Aus Designperspektive ...«

Beginnen Sie Sätze nie mit »Aus Designperspektive ...«, denn das ist meist nur eine andere Art, »aus meiner Perspektive« zu sagen. Wir sollten nicht vergessen, dass für uns letztlich nicht die *eigene* Perspektive wichtig ist, sondern die des Benutzers. Außerdem klingt das schnell so, als wollten Sie mit Ihrem Fachwissen in Sachen Design auftrumpfen. Natürlich sind Ihr Fachwissen und Ihre Perspektive wertvoll. Es ist aber normalerweise nicht nötig, darauf besonders hinzuweisen. Den Stakeholdern ist vollkommen klar, dass wir aus unserer jeweiligen speziellen Perspektive sprechen. Manchmal verwenden wir diese Einleitung auch, um zu sagen: »Der Grund dafür, dass wir es so gemacht haben ...« Wenn das der Fall ist, sagen Sie es auch so. Sie sollten nicht Ihr gestalterisches Fachwissen gegen das Fachwissen der anderen Beteiligten in Stellung bringen. Wir gehören alle zum selben Team. »Aus Designperspektive ...« vermittelt das nicht: Streichen Sie es aus Ihrem Wortschatz.

»Gefällt mir« und »Gefällt mir nicht«

Sprechen Sie nie darüber, was Sie mögen oder nicht mögen. Konzentrieren Sie sich stattdessen darauf, was funktioniert und was nicht. Denken Sie daran, dass unser Interesse der Benutzerfreundlichkeit und Effektivität der Anwendung gelten sollte, nicht unseren persönlichen Vorlieben. Am besten streichen Sie das Wort »mögen« sogar ganz aus Ihrem Vokabular. Wenn Sie sich dabei ertappen, es zu benutzen oder andere Menschen danach zu fragen, was diese mögen, unterbrechen und korrigieren Sie sich. Es wird sich lohnen, sofort darauf hinzuweisen, dass Sie »mögen« überhaupt nicht hätten verwenden sollen.

Das ist schwieriger, wenn es gerade um das visuelle Design einer Anwendung geht und nicht um spezifische Abläufe oder die allgemeine Benutzerfreundlichkeit. Aber auch wenn der ausdrückliche Zweck des Meetings darin besteht, das visuelle Design zu überprüfen, sollten Sie trotzdem Wege finden, um davon zu sprechen, warum die visuelle Gestaltung funktioniert oder nicht funktioniert, und nicht, warum Ihnen etwas gefällt oder nicht gefällt. Da bestimmte Farben und Stile zum Benutzererlebnis beitragen, können Sie sich beispielsweise in Ihren Kommentaren darauf konzentrieren, in welcher Weise die visuellen Elemente das Branding, die Wahrnehmung oder die Emotionen beeinflussen. Unser Ziel besteht darin, für eine konsistente, durchdachte und angenehme Nutzererfahrung zu sorgen. Wenn wir das Wort »mögen« vermeiden, hilft uns das, effektiver zu reagieren.

Zu viel Fachsprache

Und schließlich sollten Sie so gut es geht die Verwendung von branchenspezifischem Jargon vermeiden. Benutzen Sie stattdessen Wörter, die auch ein Durchschnittsmensch versteht, damit wir niemanden durch unsere Sprache ausgrenzen. In unserer UX-Designer-Blase gewöhnen wir uns leicht an, uns auf bestimmte Prozesse (agile Methoden, Scrum, Sprints), Werkzeuge (GitHub, Sketch, Axure) oder Elemente (Akkordeon, Call-to-Action bzw. CTA, Modale) zu beziehen. Viele Stakeholder kennen dieses spezielle Vokabular des Web- und App-Designs nicht. Bevor wir also jemandem auf eine Frage oder Rückmeldung antworten, sollten wir uns die Zeit nehmen, unsere Antwort von möglicherweise unverständlichen Begriffen zu befreien.

Nutzen Sie stattdessen – wie in Kapitel 4 beschrieben – Ihre Kenntnisse des Vokabulars der Projektbeteiligten und verwenden Sie es. In Ihren Reaktionen auf die Beiträge der Stakeholder können Sie das Gesagte dann wiederholen, eindeutig (um)formulieren und dabei nebenbei vermitteln, wie man über Design sprechen kann – Sie sollten aber nicht gleich damit beginnen, vollkommen unbekannte Wörter zu verwenden. Achten Sie deshalb grundsätzlich auf das Vokabular, das Sie verwenden, damit die Stakeholder sie verstehen.

Machen Sie eine Überleitung

Mit der richtigen inneren Haltung müssen Sie nun geschickt zu Ihrer Antwort überleiten, damit diese möglichst effektiv wirkt. Sie haben jetzt die Möglichkeit, die Aufmerksamkeit der Stakeholder zu gewinnen und sie wissen zu lassen, was sie jetzt erwarten können. Es ist entscheidend, dass Sie die Projektbeteiligten bestmöglich auf Ihre Antwort einstimmen. Es geht also um die Antwort *vor* der Antwort.

Wie auch immer Sie die eigentliche Antwort strukturieren wollen, halten Sie diese Überleitung knapp. Es geht tatsächlich nur um eine *Über*leitung, nicht um eine lange *Ein*leitung. Ich empfehle einen simplen Ansatz, den ich »Bedanken, Wiederholen, Vorbereiten« nenne. Diese drei Elemente sollten in einem kurzen, überleitenden Statement vorkommen.

Bedanken

Als Erstes sollten Sie sich bei Ihren Stakeholdern bedanken. Das ist die höflichste Art, um von den Rückmeldungen der Projektbeteiligten zu Ihren Antworten überzuleiten, und drückt noch einmal Ihre Wertschätzung für die Teilnahme an dieser Besprechung aus. Wir sollten unsere Stakeholder immer wissen lassen, dass wir für ihre Zeit und Aufmerksamkeit dankbar sind. Sie sind letztlich der Grund dafür, dass wir uns so glücklich schätzen dürfen, diesen tollen Job zu machen! Formulieren Sie also zu Beginn Ihrer Überleitung ein möglichst kurz gehaltenes Wort des Danks.

Wiederholen

Fassen Sie als Nächstes, falls Sie das nicht bereits getan haben, kurz die Äußerungen der Beteiligten zusammen. Damit meine ich nicht, dass Sie Punkt für Punkt, etwa anhand Ihrer Notizen, alles wiederholen sollen. Beschreiben Sie stattdessen in einer als Kompliment angelegten Aussage, inwiefern die Stakeholder Ihnen gerade geholfen haben. Dies kann auf natürliche Weise auf dem zuvor schon geäußerten Dank aufbauen und unterstreicht noch einmal, dass Sie zugehört haben.

Vorbereiten

Sagen Sie Ihren Stakeholdern abschließend, dass Sie nun auf ihr Feedback antworten werden. Das scheint offensichtlich zu sein (und ist es ja auch), aber Ihre Überleitung soll alle erreichen und mitnehmen. Es mag unnötig erscheinen, aber die Bühne auf diese Weise vorzubereiten, wird die geeignete Atmosphäre erzeugen und die Stakeholder darauf einstimmen, Ihnen zuzuhören.

Es reicht nicht aus, den Stakeholdern nur zu sagen, dass Sie gleich Stellung nehmen werden, Sie müssen ihnen auch einen Ausblick auf den Inhalt Ihrer Reaktion ermöglichen, ihnen einen Vorgeschmack geben. Sie sollten ihnen nicht nur sagen, dass Sie antworten werden, sondern auch, wie Sie etwas und was Sie zu sagen gedenken. Dies ist eine Gelegenheit, die Katze aus dem Sack zu lassen und sie darüber zu informieren, wie genau Ihr Feedback aussehen wird, damit es im weiteren Verlauf keine Überraschungen gibt. Sie sollten nicht um den heißen Brei herumzureden und direkt auf den Punkt kommen.

Hier sind zwei Beispiele:

- »Vielen Dank; dass Sie Ihre Gedanken zu diesem Projekt mit uns geteilt haben. Ihre Rückmeldungen sind wirklich wertvoll für uns, und ich freue mich, dass Sie alles mit uns durchgegangen sind. Ich werde auf alle Ihre Punkte eingehen, damit wir sie diskutieren können, aber ich möchte Ihnen zuerst erklären, wie wir zu unseren Schlussfolgerungen gekommen sind ...«

- »Vielen Dank für Ihr Feedback. Ich freue mich, dass ich alle angesprochenen Punkte mit Ihnen noch einmal durchgehen kann, denn es ist wichtig, dass wir eine gemeinsame Linie finden. Es gibt einige wichtige Themen, bei denen wir glauben, dass Sie die Gründe für unsere Entscheidungen und unsere Herangehensweise noch genauer kennenlernen sollten.«

Das sind etwas allgemein gehaltene Statements, die Sie in fast jeder Situation verwenden können. Wie Sie sehen, sollen sie alle in ähnlicher Weise die Teammentalität stärken und die Stakeholder auf das Folgende vorbereiten. In beiden Fällen habe ich die Projektbeteiligten darauf hingewiesen, dass es Gründe für unsere Vorschläge gibt, die bedacht werden sollten. Vielleicht erscheint es wie Kommunikations-Hokuspokus, aber jemandem zu sagen, was er denken soll oder wahrscheinlich denken wird, ist tatsächlich sehr effektiv. Interessanterweise werden die Menschen oft glauben, was Sie ihnen sagen – also sagen Sie ihnen einfach, dass sie Ihnen zustimmen werden! Selbst wenn sie es dann doch nicht tun, haben Sie zumindest auf eine positive Weise die Weichen dafür gestellt.

Hier finden Sie einige weitere Beispiele dafür, wie man auf spezifischeres Feedback eingehen könnte:

- »Danke für den Hinweis auf die Unterschiede zwischen der bestehenden App und unseren neuen Entwürfen. Sie haben recht, dass es einige wichtige Dinge gibt, die wir berücksichtigen sollten. Wir haben uns viele Gedanken über unser Design gemacht, und ich möchte Ihnen gern erklären, warum wir die Rasteransichten auf genau die gezeigte Weise angelegt haben.«
- »Vielen Dank, dass Sie uns Ihre Bedenken bezüglich der Implementierung des Warenkorbs und des Check-out-Ablaufs mitgeteilt haben. Ich werde auf jeden Ihrer Punkte eingehen, weil ich Ihnen gern unsere genauen Gründe dafür darlegen möchte, warum wir es auf diese Weise tun. Ich denke, Sie werden mir danach zustimmen, dass wir so die Konversionsrate steigern werden.«
- »Danke für Ihre Wahrnehmung der Homepage. Sie haben uns dadurch eine Menge hervorragender Rückmeldungen gegeben, die ich gern detailliert durchgehen möchte, wenn Sie damit einverstanden sind. Unsere Überlegungen zum Layout hatten viel mit unserer langfristigen Vision und einigen anderen geplanten Vorhaben zu tun, deshalb möchten wir Ihnen erläutern, warum wir so vorgegangen sind.«

Der entscheidende Punkt ist: Es reicht nicht, direkt in eine Verteidigung der eigenen Arbeit einzusteigen. Sie müssen sich die Zeit nehmen, eine positive innere Haltung einzunehmen und eine elegante Überleitung zu schaffen.

Diese Vorbereitung wird sich auszahlen. Es mag jetzt so wirken, als gäbe es eine Menge zu bedenken, zu behalten und zu tun, nur um mit den Stakeholdern ein simples Gespräch über Design zu führen. Aber in Wirklichkeit läuft der ganze Prozess sehr schnell ab. Unsere Aufgabe ist es, diese Praktiken zu erlernen, zu trainieren und sie zur Gewohnheit werden zu lassen, damit wir diese Gespräche transparent steuern können.

Fassen wir zusammen, wie wir zur richtigen inneren Haltung finden. Wir sollten ...

- ... erkennen, dass unsere Aufgabe darin besteht, ein Gespräch über gestalterische Lösungen zu führen, und es nicht in erster Linie darum geht, Feedback zu erhalten.
- ... nicht versuchen, das Ergebnis zu kontrollieren, sondern anderen Menschen die Freiheit geben, ihre Sicht auf das Projekt einzubringen.
- ... unser Ego zu Hause lassen, damit wir offen für die Ideen anderer bleiben.
- ... mit einem Ja führen, um eine Atmosphäre der Zustimmung und Zusammenarbeit zu schaffen.
- ... eine positive Persona entwickeln, damit wir die Menschen mit unserem eigenen individuellen Stil für uns gewinnen können.
- ... unseren Wortschatz anpassen, damit wir die Kommunikation über unsere Antwort nicht ungewollt erschweren.
- ... kurze Überleitungen einbauen, um die Bühne für die Darstellung unserer eigenen Sichtweise zu bereiten.

Jetzt sind wir endlich so weit, auf die Rückmeldungen zu antworten und den Stakeholdern unsere Sichtweise nahezubringen. Glücklicherweise gibt es einige bewährte Vorgehensweisen, uns die nötige Unterstützung zu sichern. Der nächste Schritt wird nun darin bestehen, unsere Antworten zu formulieren.

6

Antworten formulieren

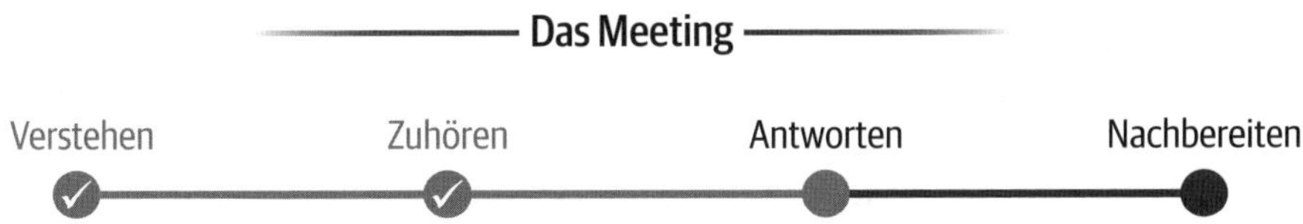

Jetzt ist es an der Zeit, unseren Stakeholdern tatsächlich zu antworten. Dazu müssen wir alles, was wir bisher an Methoden und Werkzeugen gesammelt haben, an Ort und Stelle einsetzen. Bei Ihrer Reaktion auf das Feedback der Stakeholder geht es darum, Ihre Worte möglichst geschickt zu wählen und mit Blick auf das bestmögliche Ergebnis zu wählen. Konzentrieren Sie sich auf das Ziel des Meetings: die Unterstützung der Stakeholder und deren Zustimmung zum weiteren Vorgehen zu erhalten. Um dieses Ziel zu erreichen, können wir unsere Antwort in mehrere Kernbereiche unterteilen, die zusammenwirken und es uns ermöglichen, unsere Argumentation möglichst effektiv vorzutragen.

Wenn wir mit Menschen über Design kommunizieren und um ihre Zustimmung werben, unterscheidet sich das nicht groß von anderen Bereichen, in denen beim Adressaten eine bestimmte Handlung ausgelöst werden soll, etwa in Marketing und Werbung, in der Politik und selbst bei militärischen Aktionen. Wir können ein Muster anwenden, das den genannten Kommunikationsansätzen folgt. Wie bei jeder gut geplanten Kommunikation brauchen wir ein Ziel, eine Strategie zur Erreichung dieses Ziels, eine Taktik zur Umsetzung der Strategie, ein passendes Messaging bei der Anwendung der Taktik und schließlich einen Weg, beim Empfänger eine Reaktion hervorzurufen. Alle diese Teile bauen aufeinander auf und helfen uns, das gewünschte Endergebnis zu erreichen.

In diesem und den nächsten beiden Kapiteln werden wir diese Teile genauer untersuchen. Zunächst werden wir eine Strategie für unsere Reaktion festlegen. Wir müssen wissen, was wir sagen wollen, um unser Ziel zu erreichen, das da lautet: Zustimmung zu unseren Designentscheidungen zu erhalten. Des Weiteren werden wir uns vier spezifische Taktiken für die Umsetzung dieser Strategie ansehen. Diese Taktiken sind auf Designdiskussionen zugeschnitten und bieten uns verschiedene Möglichkeiten, wie wir im Kontext von UX über unsere Arbeit sprechen können. In Kapitel 7 werden wir einige der am häufigsten verwendeten Antworttypen anschauen, auf die wir bei der Reaktion auf Feedback zurückgreifen können. Entsprechende Vorlagen werden Ihnen helfen, die für Ihre Situation wichtigen Kernbotschaften zu identifizieren und Ihnen einen Ausgangspunkt für Ihre Antwort zu geben. In Kapitel 8 schließlich fassen wir alles zusammen und formulieren eine Antwort, die alle wichtigen Bereiche abdeckt, um daraufhin direkt zu versuchen, die Zustimmung unserer Stakeholder zu gewinnen. Ich nenne das die *IDEAL-Antwort*. Auch wenn Ihnen das alles etwas zu bemüht vorkommt für ein durchschnittliches Gespräch, möchte ich Sie doch bitten, mir bei diesem Prozess zu folgen. Bevor die Einzelteile in einem realen Kontext natürlich zu einem Ganzen zusammenfließen können, müssen wir die Teile zunächst einzeln betrachten.

Verallgemeinernd kann man sagen, dass wir, um eine gute Antwort liefern zu können, Folgendes tun müssen:

- **Uns eine Strategie für die Antwort zurechtlegen** – Was genau wollen wir sagen, um überzeugende Argumente zu liefern?
- **Bestimmte Taktiken einsetzen, die uns helfen, unser Ziel zu erreichen** – Wie genau werden wir die Strategie umsetzen?
- **Relevante Antworten identifizieren** – Welche Kernaussagen sind in unserem Kontext wichtig?
- **Einen gemeinsamen Rahmen schaffen und um Zustimmung bitten** – Was sollen die Stakeholder als Nächstes tun?

Mit einer UX-Strategie antworten

Wir kennen bereits unser Ziel: die Unterstützung der Stakeholder und deren Zustimmung zum weiteren Vorgehen zu bekommen. Alles, was wir sagen, muss diese Gesichtspunkte berücksichtigen. Dazu müssen wie eine Strategie entwickeln, die auf dieses Ziel ausgerichtet ist. Erinnern wir uns an die drei Fragen aus Kapitel 1, die uns dabei helfen, zu besseren Kommunikatoren und hervorragenden Designerinnen zu werden. Es ist wichtig, zu betonen, dass Sie während des gesamten Prozesses auf die Antworten auf diese Fragen zurückgreifen und sie als Leitlinie für Ihre Reaktion nutzen werden:

- Welche Aufgabe wird damit gelöst?
- Wie wirkt es sich auf den Anwender aus?
- Warum ist es besser als die Alternative?

Die Antworten auf diese drei Fragen bilden die Grundlage für alle Reaktionen auf die Rückmeldungen, Beiträge und Wünsche der Stakeholder. Wenn es uns gelingt, diese drei Aspekte zu kommunizieren, sind wir auf dem besten Weg zum Erfolg. Praktischerweise können wir unsere Strategie um die Antworten auf diese Fragen herum aufbauen. Das wird die Grundlage für die jeweilige Taktik bilden, die wir bei unserer Reaktion anwenden werden. Schauen wir uns an, wie jede dieser Fragen uns eine klare Strategie für unsere Reaktion liefert.

Der Appell an ein höheres Ziel

Unsere erste Strategie besteht darin, *an ein höheres Ziel zu appellieren*. Jedes Mal, wenn Sie auf Design-Feedback reagieren, sollten Sie versuchen, Ihre Entscheidungen mit einem bestimmten Ziel, einer Metrik oder einer zu lösenden Aufgabe zu verknüpfen. Hier kommt Ihre Antwort auf die Frage *Welche Aufgabe wird damit gelöst?* ins Spiel. Die Idee, Entscheidungen mit einer anerkannten Kennzahl zu verknüpfen, ist ein Baustein effektiver Kommunikation, den Dale Carnegie in seinem Klassiker *How to Win Friends and Influence People* von 1936 als »Appealing to a nobler motive« bezeichnet hat. Ich spreche hier auch gerne von einem »Appell an höhere Ziele«.[1] Ich finde, dass dieser Appell besonders in Designdiskussionen wirkt und in unserem kommunikationsbezogenen Werkzeugkasten oft fehlt. Sie müssen herausfinden, was den Stakeholdern am wichtigsten ist, und es mit der vorgeschlagenen User Experience verbinden.

Für jede Anwendung oder Website gibt es eine miteinander vereinbarte Reihe von Zielen, Metriken, Key Performance Indicators (KPIs) oder andere Erfolgsindikatoren. Mit unseren Designs versuchen wir, bestimmte Aufgaben zu lösen, und jede Entscheidung sollte das widerspiegeln. Wie in Kapitel 1 erwähnt, ist es entscheidend, diese Aufgaben von Anfang an zu definieren und eine Metrik zur Erfolgsmessung festzulegen, um später Ihre Argumente gegenüber den Stakeholdern vertreten zu können. Wenn es keine solchen Ziele oder Kennzahlen gibt, formulieren Sie sie selbst und präsentieren Sie sie den Stakeholdern. Beide Seiten – Sie und die anderen Projektbeteiligten – brauchen diese Angaben, wenn Sie erfolgreich sein wollen.

1 Dale Carnegie, *How to Win Friends and Influence People* (New York: Simon and Schuster, 1936). Deutsch: *Wie man Freunde gewinnt. Die Kunst, beliebt und einflussreich zu werden* (Frankfurt am Main, 2011)

Oftmals berücksichtigen Stakeholder diese Ziele bei ihrem Design-Feedback nicht. Menschen sehen einen Entwurf und reagieren oft darauf, ohne die ursprüngliche Absicht des Projekts zu bedenken. Da Kunst und Design schließlich dazu da sind, Emotionen hervorzurufen, ist eine reflexartige Reaktion der Stakeholder auf Ihre Arbeit keineswegs verwunderlich: Die Betrachter denken in diesem Moment einfach nicht an die ursprünglichen Ziele. Ihre Aufgabe ist es, diese wieder in den Vordergrund zu rücken, die Projektbeteiligten daran zu erinnern, was Aufgabe des Meetings ist, und die Diskussion entsprechend voranzubringen.

Erhöhung der Add-to-Cart-Rate

Bei einem meiner Projekte arbeitete ich an einer E-Commerce-Seite mit dem Ziel, die Add-to-Cart-Rate zu erhöhen, die angibt, wie viele angesehene Produkte während eines Besuchs der Website in den Warenkorb gelegt werden. Wir hatten einige großartige Interaktionen entwickelt, die speziell diese Metrik verbessern sollten, und das Design war auf die spezifischen logistischen Herausforderungen genau dieses Unternehmens zugeschnitten. Als die Projektbeteiligten die Benutzererfahrung mit der anderer beliebter E-Commerce-Websites verglichen, kamen viele Fragen auf. »Warum ist diese Schaltfläche so groß? Muss bei dieser Interaktion wirklich dieses Steuerelement verwendet werden? Sind wir sicher, dass dies der passende Text für den Call-to-Action ist?« Über das Design hinaus ging es auch um Fragen zu anderen Metriken: »Wie sieht es mit Kaufabbrüchen aus? Gesamtkonversion? Sind die nicht auch wichtig?« In meiner Reaktion konnte ich auf unser Ziel für diese Projektphase verweisen (die Erhöhung der Add-to-Cart-Rate) und darstellen, warum unserer Meinung nach unsere Vorschläge diese Leistungskennzahl verbessern würden. Ohne vorhergehende Einigung auf diese Metrik hätte sich das Projekt leicht zu einem Versuch entwickeln können, eine Eier legende Wollmilchsau zu entwickeln, und das hätte zu einem totalen Chaos geführt. Stattdessen haben wir uns bei unseren Entwürfen auf genau die Aufgabe konzentriert, die wir von Anfang an lösen sollten.

Der »Appell an ein höheres Ziel« kann aber nicht nur helfen, Ihre Entscheidungen zu begründen, sondern auch, das Meeting unter Kontrolle zu halten. In einer weiteren Besprechung mit demselben Team drehte sich die Diskussion um die Sichtbarkeit einer Funktion, mit der man nach Filialen suchen konnte, und die Frage, wie dort der Lagerbestand in den Suchergebnissen angezeigt wird. Obwohl diese Punkte für das Unternehmen insgesamt wichtig waren und es sich tatsächlich um ein Problem handelte, das langfristig angegangen werden musste, war es aber nicht das, was wir in der aktuellen Projektphase zu lösen versuchten. Anstatt zuzulassen, dass dieser Diskussionsstrang die gesamte Besprechung entgleisen ließ, schlug ich vor, dies als Punkt für eine zukünftige Projektphase vorzumerken und die weitere Diskussion darüber zu verschieben. So konnten wir auf Kurs bleiben.

Manchmal bleibt man an einer Sache kleben, die nicht wirklich dabei hilft, die anvisierten Ziele zu erreichen. Dann ist es absolut angebracht, den Vorschlag zu machen, sich erst später damit zu befassen. Wenn Ihr aktuelles Ziel darin besteht, die Konversionsrate zu verbessern, aber alle darüber diskutieren, ob die Ladeanzeige als Spinner (Wartekreisel) oder als Fortschrittsbalken gestaltet werden soll, kommen Sie keinen Schritt weiter. Die Spinner mögen wichtig sein, aber halten Sie sich nicht zu lange mit ihnen auf. (Damit meine ich natürlich nur die UI-Elemente!) Schlagen Sie einfach vor, ein überflüssiges Nebenthema zu beenden. Wenn Sie Ihre Designentscheidungen mit den ursprünglich vereinbarten Zielen, Anwendungsfällen oder Metriken in Verbindung bringen können, haben Sie gute Chancen, Ihr Anliegen durchzusetzen.

Repräsentieren Sie die Benutzer

Die zweite Strategie besteht darin, explizit »die Benutzer zu repräsentieren«. Vielleicht ist es so offensichtlich, dass es leicht übersehen wird, aber in unserer Antwort sollten wir die Benutzer auf greifbare und reale Weise repräsentieren – und nicht durch reine Lippenbekenntnisse. Wir müssen den Stakeholdern helfen, unsere Entscheidungen zu verstehen, indem wir die Frage beantworten: *Wie wirkt sich das auf den Anwender aus?*

Wir denken natürlich sehr viel über die Benutzer nach. Wahrscheinlich beziehen wir uns auch in unseren Meetings oft auf »die Benutzer«. Es ist wichtig, sich immer daran zu erinnern, dass unsere Rolle im Designprozess nicht nur darin besteht, die Benutzer in unseren Entwürfen zu berücksichtigen, sondern dass es auch darum geht, sich bei den Projektbeteiligten für ihre Belange einzusetzen. In unseren Meetings fungieren wir als Anwälte der Anwender.

Wir können in unseren Antworten unsere Kenntnis über die Benutzer einsetzen, nicht zuletzt in Form von User Stories, mit denen wir Empathie erzeugen. Empathie bewegt Menschen zum Handeln und kann helfen, Entscheidungen im Sinne der Anwender zu treffen. Anstatt sich auf die rein technische Funktionsweise eines Systems zu konzentrieren, stellen wir den menschlichen Aspekt in den Vordergrund und unterstreichen, dass es um reale Anforderungen der Benutzer geht.

Eine Schaltfläche hinzufügen

Es ist eine der großartigen Eigenschaften moderner Webanwendungen, dass Seiteninhalte aktualisiert werden können, ohne dass die Seite vollständig neu geladen werden muss. Ich habe jedoch festgestellt, dass dies gelegentlich zu Problemen mit Benutzern führt, die erwarten, dass sich eine Seite ändert, wenn sie bestimmte Optionen auswählen. Passiert das nicht, glauben sie, die Anwendung reagiere nicht. In einem solchen Fall gab es eine Reihe von Filtern, die die Benutzer an- und abwählen konnten. Die Seite wurde sofort entsprechend aktualisiert, sodass natürlich auch keine Ladeanzeige erforderlich war. In unserer Nutzerbeobachtung stellten wir aber fest, dass einige Anwender nicht mitbekamen, dass die Suchergebnisse aktualisiert worden waren. Deshalb fügte ich eine zusätzliche Schaltfläche »Fertig« hinzu, die das Filterfeld schloss und den Benutzern damit das Gefühl gab, dass die Aktion erfolgreich abgeschlossen wurde.

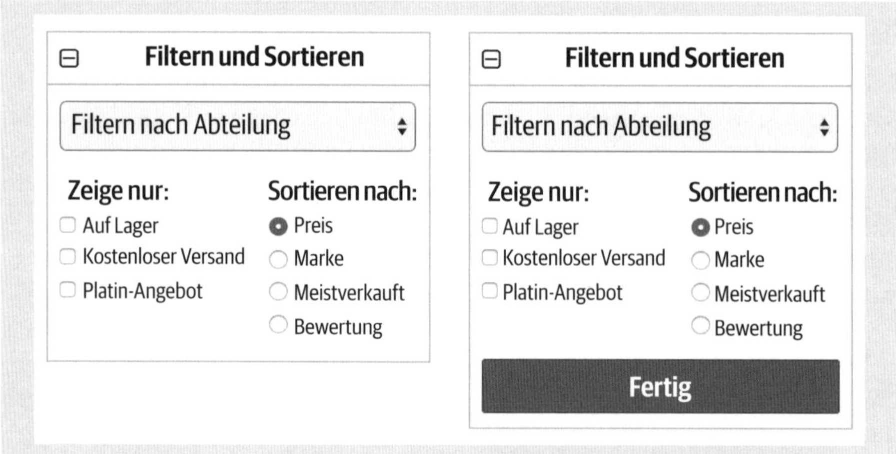

Damit bekamen die Benutzer ein größeres Gefühl von Kontrolle, obwohl lediglich das Bedienfeld geschlossen wurde.

Als ich den Stakeholdern diese Änderung vorstellte, musste ich mich rechtfertigen, da die Hinzufügung einer Schaltfläche, die praktisch nichts tat, aber Platz in der Benutzeroberfläche beanspruchte, unnötig erschien. Am einfachsten könnte man in diesem Fall – als Anwalt der Benutzer – in allgemeinen Begriffen über die vorliegenden Beobachtungen sprechen:

> In unserer Usability-Studie war den Nutzern nicht klar, dass die Suchergebnisse automatisch aktualisiert werden, daher haben wir die Schaltfläche »Fertig« hinzugefügt, damit ihnen explizit angezeigt wird, dass die Aufgabe erledigt wurde.

Besser wäre es aber, die gleiche Idee als Story (oder Anwendungsfall) zu präsentieren, die eine reale Situation für die Benutzer beschreibt.

> Die Nutzer sind abgelenkt, während sie mit der App einkaufen, und sie sollen mitteilen können, dass sie mit dem Filtern fertig sind. Die Schaltfläche »Fertig« ermöglicht ihnen dies und gibt ihnen ein Gefühl der Kontrolle über die Filter.

Am allerbesten wäre es jedoch, die Story aus Sicht eines Benutzers zu erzählen, der sich gut als Beispiel eignet, und dabei persönliche Aspekte einzubringen, die es den Stakeholdern erleichtern, sich in die Situation einzufühlen.

> Wir beobachteten Eltern, die die App zusammen mit ihren Kindern vor Ort in einer Filiale benutzt haben. Sie bemerkten nicht, dass die Ergebnisse aktualisiert wurden, tippten mehrfach vergeblich und wirkten frustriert. Wenn wir ihnen eine Schaltfläche »Fertig« anbieten, wird der Ablauf klarer, und sie können die gewünschten Produkte schneller finden.

Wie ich in Kapitel 1 erwähnt habe, sind Benutzerbeobachtung und Usability-Studien entscheidend, damit Sie effektiv mit den Stakeholdern kommunizieren und im Sinne der Benutzer argumentieren können. Sie können niemanden repräsentieren, den Sie nie getroffen oder beobachtet haben. Unternehmen Sie also alles Nötige, um Menschen bei der Benutzung Ihrer Anwendung zusehen zu können. Man braucht normalerweise nicht allzu viele Beobachtungen, um aussagekräftige Erkenntnisse über das Design einer Anwendung oder Website zu gewinnen. Die entsprechenden Ergebnisse können Sie dann in Ihren Meetings mit den Projektbeteiligten verwenden, um im Sinne der Benutzer zu begründen, warum Ihre Entwürfe das beste Benutzererlebnis bieten.

Effektivität nachweisen

Bei der dritten Strategie, die bestmögliche Benutzererfahrung zu gewährleisten, geht es um die Frage *Warum ist unsere Lösung besser als die Alternative?*. Auch hier geht es wieder darum, Unterstützung für das weitere Vorgehen zu erhalten. Dazu muss unsere Antwort an die Stakeholder demonstrieren, warum die von uns vorgeschlagene Lösung besser ist als mögliche Alternativen – einschließlich derer, die von den Projektbeteiligten vorgeschlagen wurden.

Wie ich bereits erwähnt habe, ist dies der Teil der Diskussion, bei dem Designer ihre Entwürfe oft nicht angemessen zu begründen wissen. Auch wenn wir ziemlich geschickt darin sind, die gestellten Aufgaben zu lösen und die Dinge für Benutzer einfach zu gestalten, gilt dies weniger, wenn es darum geht, anderen Menschen zu erklären, warum und inwiefern unsere Entwürfe den besten Lösungsansatz darstellen. Will man den Wert seiner Entwürfe ermitteln, muss man dies ganz bewusst demonstrieren.

Ihre Antwort bietet eine Gelegenheit, nicht nur darüber zu reden, warum Ihr Design besser ist, sondern diese Überlegenheit auch visuell zu zeigen. Manchmal sagt ein Bild mehr als tausend Worte. In Ihrer Antwort sollten Sie sich speziell auf die Unterschiede zwischen den einzelnen Entwürfen konzentrieren und zum Ausdruck bringen, warum Ihre eigene Lösung die beste ist. Mehr noch: Sie müssen den Stakeholdern genau zeigen, warum das der Fall ist. Die Fähigkeit, diese Unterschiede zu erkennen und auszudrücken, ist für die effektive Vermittlung von Designentscheidungen wesentlich.

Prototyping überzeugt

Zu den Dingen, die wirklich schwierig zu verstehen sein können, bevor sie in einer brauchbaren Form vorliegen, gehören Nutzerflows. UX-Experten verbringen viel Zeit damit, Massen von Haftnotizen an die Wand zu kleben und zu diskutieren, wie ein Benutzer am besten durch eine Anwendung geleitet werden soll, um diese Überlegungen dann in einer Reihe von statischen Mockups zu konkretisieren. Was an der Wand eines Konferenzraums sinnvoll erscheint, fühlt sich allerdings oft ganz anders an, wenn man es in der Realität vor sich sieht.

Bei einer mobilen App, an der ich arbeitete, gab es einen sehr komplizierten Ablauf, wenn sich Benutzer für eine Reihe von Sonderofferten anmelden wollten, weil dabei eine Menge Variablen im Spiel waren. Kommen die Benutzer von einer speziellen URL oder über eine E-Mail-Kampagne? Sind es zahlende Abonnenten? Haben sie bereits ein Benutzerkonto? Sind sie angemeldet? Abhängig von der Kombination der einzelnen Variablen konnte ein Benutzer auf etwa ein Dutzend verschiedener Pfade geleitet werden. Schon früh zeigte sich, wie verwirrend diese verschiedenen Abläufe waren, selbst für uns, die wir sie entworfen hatten. Nachdem sich das Team auf eine Lösung geeinigt hatte, wurde mir klar, dass sie immer noch zu kompliziert war, und schlug einen einfacheren Ansatz vor. Ich konnte die Stakeholder aber nicht davon überzeugen, dass dieser Ansatz alle Fälle abdecken würde.

Anstatt über an die Wand geklebte Haftnotizen zu streiten, habe ich stattdessen im Prototyping-Modus eine einfache Frame-by-Frame-Demo gebaut, die zeigt, wie das Ganze funktionieren sollte. Das Ergebnis war unmittelbare Zustimmung: als ob allen ein Licht aufgegangen wäre, als sie den Unterschied bildlich vor Augen geführt bekamen. Der ursprüngliche Ablauf fühlte sich verwirrend und fehleranfällig an. Der neue Nutzerflow war einfacher und nachvollziehbar. Tatsächlich so einfach, dass wir uns wunderten, warum uns das nicht vorher eingefallen war. In diesem Fall hätte ich selbst mit größter Redegewandtheit niemanden von der richtigen Vorgehensweise überzeugen können. Es hätte nicht gereicht, nur darüber zu reden: Ich musste die Effektivität meiner Lösung tatsächlich praktisch nachweisen. Die eigenen Entwürfe vorzuführen, ist eine wichtige Strategie bei der Artikulation von Designentscheidungen.

Taktisches Handeln

Nachdem wir nun eine wohldefinierte Strategie haben, geht es im nächsten Schritt darum, sie durch den Einsatz erfolgversprechender Taktiken umzusetzen. Ich schlage dazu fünf Taktiken zur Auswahl vor:

1. Zeigen Sie einen Vergleich.
2. Schlagen Sie eine Alternative vor.
3. Bieten Sie eine Wahl an.
4. Bitten Sie andere, sich einzubringen.
5. Vertagen Sie die Entscheidung.

Man kann diese Taktiken auf vielfältige Weise einsetzen. Je nach Situation können Sie eine, mehrere oder alle gleichzeitig verwenden. Sie müssen entscheiden, welche dieser Methoden in Ihrem Fall am besten geeignet erscheinen, um Zustimmung für Ihre Entwürfe zu erzielen.

1. Zeigen Sie einen Vergleich.

Die erste Taktik besteht darin, einen Vergleich zu präsentieren. Zeigen Sie Ihren Entwurf und die vorgeschlagenen Änderungen nebeneinander, damit die Unterschiede zwischen beiden deutlich werden. So können Sie visuell zweifelsfrei demonstrieren, welcher Ansatz besser ist. Allzu oft reden wir in Meetings über Design und können doch mit Worten allein nicht adäquat darstellen, welchen Effekt es auf das Benutzererlebnis haben wird. Bei dieser Taktik geht es darum, schnelle Designänderungen vorzunehmen und beide Optionen nebeneinanderzustellen.

Normalerweise mache ich dazu direkt in der Designsoftware Screenshots, die dann – mit einer großen Trennlinie dazwischen – nebeneinander zeige. Vielleicht ahne ich aber auch schon im Vorfeld, welche Rückmeldungen zu erwarten sind, und habe bereits zwei Entwürfe für die Diskussion vorbereitet. Möglicherweise haben die Projektbeteiligten bei einer früheren Besprechung auf einer Änderung bestanden. Jetzt komme ich darauf zurück und kann anhand der visuellen Ausarbeitung die Unterschiede aufzeigen und überzeugende Argumente für meinen Vorschlag liefern. Egal wie Sie es machen, zeigen Sie auf jeden Fall beide Optionen direkt nebeneinander an, damit Sie sie besprechen können, ohne die Tabs oder Fenster wechseln zu müssen.

Alles zeigen

Bei einer Website, an der ich arbeitete, gab es eine zweistufige Navigation, deren Teilbereiche untereinander angeordnet waren. Die zweite Navigationsebene bestand aus einer Reihe von Filtern, die zwar nützlich waren, aber nicht direkt etwas mit den Zielen für unser Projekt zu tun hatten. Sie waren schlicht ein Artefakt der Designdiskussion, in der es hieß: »Zeigen wir die Filter!« Eines unserer Designziele war jedoch, so viel Inhalt wie möglich (in diesem Fall Nachrichtenschlagzeilen) im vertikalen Sichtbereich eines mobilen Endgeräts unterzubringen. Also optimierten wir das Design der Inhaltsblöcke, damit die Schlagzeilen möglichst gut wahrnehmbar waren, und entfernten viele andere Elemente, die wir normalerweise mit angezeigt hätten, wie z.B. Inhaltsschlagwörter oder die Namen der Autoren. Als ich daran arbeitete, wurde mir klar, dass diese zweite Navigationsebene zu viel Platz beanspruchte, und ich gestaltete sie so um, dass alles in ein einziges horizontales Menü passte. Dazu verschob ich die Filter in ein eigenes Drop-down-Menü und priorisierte einige Elemente der Hauptebene.

Ziel dieser Reduktion der Navigation auf eine Ebene war es, möglichst viel Platz für die Anzeige der Schlagzeilen zur Verfügung zu stellen.

Mein Kunde war damit aber überhaupt nicht einverstanden und fragte: »Wie soll jemand wissen, dass er filtern kann, wenn er die Filter gar nicht sieht?« Da ich wusste, dass Priorität hatte, möglichst viel Content unterzubringen, beschloss ich, ihm einfach den Unterschied zu zeigen, anstatt über die Auffindbarkeit der Filter zu streiten. Ich machte Screenshots beider Varianten und zeigte sie ihm im direkten Vergleich. Dadurch wurde unmittelbar klar, dass wir mit dem neuen Design eines unserer Ziele für die Anwendung erreicht hatten. Diese Taktik war nicht nur wirksam, sondern ersparte mir auch die Zeit und Energie, eine Designentscheidung beschreiben zu müssen, die viel besser visuell kommuniziert werden konnte.

Wenn Kunden oder Stakeholder Änderungsvorschläge machen, ist es unwahrscheinlich, dass Sie davonkommen, ohne es zumindest auszuprobieren und ihnen das Ergebnis zu zeigen. Sie müssen zuerst auf die Bedenken eingehen und ihnen dann eine bessere Alternative zeigen. Wenn Sie nur die Umsetzung der Änderung zeigen, werden die Projektbeteiligten wahrscheinlich glauben, dass dies die bessere Variante ist, weil sie keinen Bezug mehr zu Ihrem ursprünglichen Vorschlag herstellen können. Sie werden sich wahrscheinlich nicht mehr an die Unterschiede erinnern. Sieht man jedoch beide Varianten nebeneinander im direkten Vergleich, wird sofort deutlich, was geändert wurde und welcher Entwurf das Problem besser löst.

2. Schlagen Sie eine Alternative vor.

Die nächste Antworttaktik besteht darin, eine alternative Lösung anzubieten, die die Anforderungen auf eine andere Weise erfüllt. In Kapitel 3 haben wir besprochen, wie wir die Rückmeldungen der Stakeholder antizipieren und präventiv Alternativen vorbereiten können. Jetzt ist es an der Zeit, diese Ideen auf den Tisch zu legen und zu zeigen, dass es mehrere Wege gibt, diese Aufgabe zu lösen. Vielleicht hatten Sie damals noch eine ähnliche Idee und damit einige Entwürfe, die es nicht in die Endauswahl geschafft haben, oder der Vorschlag der Stakeholder kam dem zumindest nahe. Sie könnten auch etwas völlig anderes vorschlagen oder etwas, das ihnen auf halbem Weg entgegenkommt. Wie auch immer: In fast jeder Situation ist es notwendig, eine Alternative vorzuschlagen.

Es ist selten, dass sich die Stakeholder so gut mit Benutzern und Schnittstellendesign auskennen, dass sie Lösungen vorschlagen können, die nicht zumindest eine gewisse weitere Verfeinerung erfordern. Selbst bei wirklich guten Vorschlägen sollten Sie kritisch über die Auswirkungen nachdenken und versuchen, das Ergebnis noch weiter zu verbessern. Das bedeutet nicht, dass wir den Input der Projektbeteiligten als irrelevant abtun oder unsere Ideen über ihre stellen sollten. Unsere Aufgabe ist es, diese Vorschläge ernsthaft in Betracht zu ziehen und sie dann auf der Basis unseres Fachwissens weiterzuentwickeln. Das ist genau der Bereich, in dem wir als Designexperten Wertvolles beitragen können.

Vielen Stakeholdern fehlt das Vokabular, um sinnvolle Änderungen an unserer Arbeit vorzuschlagen, die sich auch dem Endanwender erschließen. Wenn jemand allgemeine Begriffe verwendet, um eine Lösung zu beschreiben, ist das meiner Erfahrung nach ein Zeichen dafür, dass er oder sie gar nicht genau weiß, welche Lösung die beste wäre, und dass unsere Alternativen willkommen sind. Häufig wird dabei darauf abgestellt, dass noch irgendeine »Schaltfläche« fehle, aber eine zusätzliche Schaltfläche ist nur selten die richtige Lösung für ein komplexes Designproblem. Anstatt also »eine Schaltfläche« hinzuzufügen, werden Sie eher ein geeigneteres UI-Steuerelement wählen, ein vorhandenes Element an eine andere Position verschieben oder eine andere subtile Änderung vornehmen. Es gibt immer einen geeigneteren Weg, Vorschläge von Projektbeteiligten aufzugreifen, als sie einfach nur eins zu eins zu übernehmen.

> **Stakeholder:** Setzen Sie einfach eine große Schaltfläche in den Header.
>
> **Designer:** Ja, ich verstehe, was Sie meinen. Ich würde empfehlen, einen Textlink zu verwenden und ihn durch ein zugeordnetes Symbol hervorzuheben, anstatt eine Schaltfläche in voller Größe zu verwenden, da diese mit den anderen Optionen im Menü konkurrieren würde. Das würde auch die Konsistenz mit den weiteren sekundären Utility-Links wahren, die wir an anderen Stellen verwenden.

In der Tat erwarten die meisten Stakeholder, dass wir unsere eigenen Vorschläge einbringen und dass wir in der Lage sind, Lösungen für die von ihnen identifizierten Probleme anzubieten. Dafür bezahlen sie uns schließlich. Haben Sie keine Angst vor negativen Folgen, weil Sie Rückmeldungen und Vorschläge abwandeln. Selbst wenn Sie überstimmt werden, zeigen Sie damit, dass Sie über diese Fragen intensiv nachdenken, und schaffen ein Bewusstsein dafür, dass solche Entscheidungen nicht unüberlegt getroffen werden sollten. Wenn Sie regelmäßig Alternativen vorschlagen können, gewinnen Sie den Respekt der Stakeholder, die Sie als vertrauenswürdigen Partner wahrnehmen, der sich immer dafür einsetzt, das bestmögliche Produkt zu entwickeln.

3. Bieten Sie eine Wahl an.

Eine dritte Taktik besteht darin, den Stakeholdern die Wahl zu lassen zwischen einer Variante, von der Sie wissen, dass sie genau das bietet, was die Projektbeteiligten eigentlich wollen, und einem Änderungsvorschlag. Sie sollten diesen neuen Vorschlag im direkten Vergleich neben Ihrem Entwurf zeigen, den sie gegebenenfalls dafür aufgeben müssten. Machen Sie den Projektbeteiligten klar, dass sie ein Opfer bringen müssen. Dies ist vor allem dann sehr effektiv, wenn ihnen das, was sie dabei verlieren würden, wichtiger ist als das, was sie durch die Alternative hinzugewönnen.

Im Verhalten von Verbrauchern wirkt die Angst vor einem Verlust stärker als das Versprechen eines Gewinns. Deshalb gibt es Coupons mit Verfallsdaten, Frühbucherpreise und zeitlich begrenzte Angebote. Die Angst, ein gutes Angebot zu verpassen, setzt unser rationales Denken darüber außer Kraft, ob wir das, was da beworben wird, tatsächlich brauchen. Wir können dieses Wissen zu unserem Vorteil nutzen und den Stakeholdern dabei helfen, die Designprioritäten im Lichte der gesamten Benutzererfahrung zu betrachten – ohne dass wir dabei versuchen sollten, unsere Kunden zu überstürzten Entscheidungen zu verleiten. Was würden sie verlieren, wenn wir ihren Vorschlag umsetzen? Sich das Gefühl eines drohenden Verlusts zunutze zu machen, kann sehr effektiv sein.

Diese Taktik ist nicht als Erpressung gedacht, so wie vielleicht ein Elternteil seinem Kind beim Abendessen eine Entscheidung aufzwingen könnte, indem es sagt: »Wenn du dein Gemüse nicht isst, bekommst du keinen Nachtisch.« Stattdessen ist es ein ehrlicher Versuch, den Beteiligten die Auswirkungen einer vorgeschlagenen Änderung vor Augen zu führen. Sie sollen wissen, dass jede einzelne Entscheidung alles andere mit beeinflusst. Unsere Aufgabe ist es, diese Zusammenhänge zu sehen und darauf hinzuweisen, wenn es für die Diskussion relevant ist.

Ich benutzte gern das Bild vom Zauberwürfel, dem Rubik's Cube: Manchmal kommt jemand in ein Meeting und sagt: »Ich möchte, dass diese Seite des Würfels rot wird. Und wenn Sie an dieser Stelle drehen, wird sie auch rot.« Unsere Aufgabe ist es, uns auch der möglichen Auswirkungen bewusst zu sein, sodass wir antworten können: »Ja, ich liebe Rot! Ich fände es auch toll, wenn diese Seite rot wäre, aber wenn ich an dieser Stelle auf diese Weise drehe, wirkt sich das auf alle anderen Seiten ebenfalls aus, und ich muss den ganzen Würfel neu lösen.« Viele Menschen wünschen sich, dass ihre Ideen im Zentrum eines Designs stehen. Oft hilft es dann, darauf hinzuweisen, dass sich ihr Vorschlag negativ auf das Gesamterlebnis auswirken wird.

Hier sind einige Beispiele:

- **»Wenn wir diesen neuen Call-to-Action hinzufügen, rutscht das Anmeldeformular weiter nach unten.«** Sie wissen, dass die Stakeholder ausdrücklich darum gebeten hatten, das Anmeldeformular weiter oben zu platzieren, und dass eine Verschiebung die Konversionsrate negativ beeinflussen könnte.

- **»Es wird einige Zeit in Anspruch nehmen, das hinzuzufügen, sodass wir erst später mit den Dashboard-Grafiken beginnen können.«** Sie wissen, dass die Dashboard-Grafiken in dieser Phase Priorität haben und viel wichtiger sind als die Umsetzung des Vorschlags.
- **»Wenn wir diese neue Option in das Menü aufnehmen, gibt es nicht mehr genug Platz für die vorhandenen Artikel. Wir müssen entweder die Voreinstellungen oder den Verlauf entfernen.«** Sie wissen, dass diese beiden Optionen zu den Kernfunktionen gehören, während die neuen Optionen weniger wichtig sind oder sogar ablenken werden.
- **»Wenn Sie diesen Textlink in eine Schaltfläche ändern, konkurriert er mit den anderen Schaltflächen auf der Seite. In diesem Fall müssten wir die anderen Schaltflächen entfernen oder abändern, um sie alle unterzubringen.«** Sie wissen, dass die anderen Schaltflächen absichtlich so gestaltet sind, dass sie die meiste Aufmerksamkeit auf sich ziehen, und das Hinzufügen einer weiteren visuell zu stark ablenken würde.
- **»Das Verschieben der Meldungen in die rechte Spalte bedeutet, dass wir Produkte mit mehreren Optionen nicht unterstützen können. Sollen wir diese Produkte entfernen?«** Sie wissen, dass Produkte mit mehreren Optionen unterstützt werden müssen und daher eine Verschiebung der Meldungen nicht möglich ist.
- **»Das Hinzufügen eines Logos an dieser Stelle lenkt den Benutzer von seinen Profilaufgaben ab. Falls wir das Logo dort haben wollen, würde ich empfehlen, das Design der Aufgaben, die sich auf das Profil des Benutzers beziehen, zu überarbeiten, damit sie kleiner und dezenter sind.«** Sie wissen, dass es in dieser Ansicht um das Profil des Benutzers geht und die Platzierung eines Logos in diesem Bereich keinen wirklichen Mehrwert bringt.

In allen Fällen betonen wir die Nachteile einer vorgeschlagenen Änderung. Auf diese Weise können die Stakeholder nicht nur ihre Vorschläge im Gesamtzusammenhang aller Prioritäten des Projekts sehen, sondern wir beziehen sie auch in den Entscheidungsprozess ein und versorgen sie mit allen relevanten Informationen. Es ist immer am besten, wenn andere Menschen das Gefühl bekommen, Ihnen aus freier, eigener Entscheidung zuzustimmen. Versuchen Sie immer, die möglichen Nachteile alternativer Vorschläge zu erkennen, seien Sie sich aller Zusammenhänge und Auswirkungen bewusst und benennen Sie diese, wenn Sie merken, dass sich mögliche Änderungen negativ auf die Benutzererfahrung auswirken würden.

4. Bitten Sie andere, sich einzubringen.

Die vierte Taktik besteht darin, andere Personen um Hilfe und darum zu bitten, sich in die Entscheidung einzubringen. Jetzt können Sie davon profitieren, dass Sie sich um den Aufbau guter Beziehungen und eines Netzwerks von Unterstützern gekümmert und Menschen darum gebeten haben, an der Besprechung teilzunehmen. Dadurch befinden sich Personen im Raum, die Ihnen zustimmen werden, und Sie können sie direkt bitten, ihre Meinung zu äußern. Wenn sich Ihre Entwürfe dadurch als konsensfähig erweisen, wird das Ihren Stand verbessern, weil die Projektbeteiligten merken, dass andere Experten mit Ihnen übereinstimmen. Die Stakeholder brauchen sich dieser allgemeinen Zustimmung nur noch anzuschließen.

Außerdem hilft Ihnen diese Taktik, Ihre Argumente vorzubringen, ohne in die unangenehme Lage zu geraten, einem Stakeholder offen zu widersprechen, weil andere Personen für Sie das Reden übernehmen und somit den Druck verringern, dem Sie selbst ausgesetzt sind. Wenn Ihnen andere zustimmen (anstatt einem Projektbeteiligten direkt zu widersprechen), bleibt zudem die positive Atmosphäre bestehen, weil niemand frontal beschuldigt wird, falsch zu liegen. Sie lenken von der Meinungsverschiedenheit mit einem Stakeholder ab, indem Sie stattdessen die Zustimmung anderer Personen betonen.

Wenn Sie andere bitten, sich in das Gespräch einzubringen, ist es wichtig, dass Sie dabei direkt fragen und immer neutral bleiben:

Fragen Sie direkt.

Sprechen Sie die entsprechende Person direkt – mit Namen – an und fragen Sie sie nach ihrer Meinung. Wenn Sie die gesamte Gruppe um Feedback bitten, werden sich nur wenige der Personen, die mit einem eingebrachten Änderungsvorschlag nicht einverstanden sind, trauen, sich zu Wort zu melden. Sie sollten deshalb eine einzelne Person nach ihrer Meinung fragen, zum Beispiel: »David, was denken Sie darüber?« oder: »David hatte vorhin einen interessanten Standpunkt zu diesem Thema. David, würden Sie das noch einmal mit uns teilen?«

Verhalten Sie sich neutral.

Bitten Sie nicht in einer Weise um Feedback, die Ihre wahren Gefühle gegenüber dem zu diskutierenden Vorschlag des Stakeholders offenbart. Stellen Sie stattdessen offene Fragen (also keine Ja/Nein-Fragen) und verwenden Sie Begriffe wie »Meinung«, »Standpunkt« oder »Perspektive«. Fragen Sie ganz allgemein nach den Gedanken oder Reaktionen der Beteiligten. Sagen Sie zum Beispiel: »David, ich wäre daran interessiert, Ihre Sichtweise zu diesem Thema zu hören«, anstatt ihn gegen eine andere Person auszuspielen: »David, stimmen Sie mit Susan überein?«

Zwischen den Stühlen

Bei einem meiner größten Kunden trafen zwei verschiedene UX-Teams aufeinander, die zum ersten Mal gemeinsam an einem speziellen Projekt arbeiten sollten. Jedes Team hatte seine eigene Sichtweise, und beide Gruppen waren durchaus eigenwillig. Ich saß etwas zwischen den Stühlen und hatte die schöne Aufgabe, ein Gespräch zu leiten, das von konkurrierenden Prioritäten geprägt war. Bei einigen Details der Benutzeroberfläche, wie z.B. bestimmten Farben und der Platzierung kleinerer Details, war es sehr schwierig, einen Konsens zu finden. Der Leiter eines der Teams war entschiedener und meinungsstärker als die meisten anderen. Ich wusste: Bekäme ich seine Unterstützung, wäre es einfacher, zu gemeinsamen Entscheidungen zu finden.

Ich schlug deshalb vor, ihm meine Entwürfe schon früh zu zeigen, und wir einigten uns dabei auf Lösungen, die wir für die besten hielten. Als wir dann alle zum Meeting zusammenkamen, bat ich speziell ihn um seine Sichtweise. Da er eine leitende Position innehatte und zudem sehr entschieden auftrat, konnte er sich erfolgreich für mein Design einsetzen, ohne dass ich mich in die Niederungen einer direkten Auseinandersetzung mit Menschen einlassen musste, mit deren Vorschlägen ich nicht einverstanden war. Er übernahm die anstrengende Arbeit, meine Entwürfe zu begründen, während ich mich aus zwischenmenschlichen Verwicklungen heraushalten konnte, und gemeinsam konnten wir die von uns angestrebte Benutzererfahrung verwirklichen. Andere Personen um ihre Meinung zu bitten, ist eine gute Möglichkeit, um Unterstützung für die bestmögliche Benutzererfahrung zu erhalten.

5. Vertagen Sie die Entscheidung.

Wenn Sie mit allen zuvor beschriebenen Taktiken das Gespräch noch nicht in eine positive Richtung lenken konnten, sollten Sie vorschlagen, die Entscheidung zu verschieben. Es ist besser, noch etwas zu warten, als dem Team zu erlauben, eine Entscheidung zu treffen, die sich negativ auf das Benutzererlebnis auswirkt. Die Verschiebung mag nur einige wenige Stunden betragen oder aber einige Tage – wie viel Zeit auch nötig sein mag, um noch einmal einen Schritt zurückzutreten, das Problem genauer zu durchdenken und mit einer besseren Lösung zurückzukommen. Zu oft erweisen sich übereilt getroffene Entscheidungen, die auf den ersten Blick sehr überzeugend gewirkt haben, bei ihrer tatsächlichen Umsetzung als ungeeignet. Die Projektbeteiligten werden anerkennen, dass Sie sich die nötige Zeit nehmen wollen, um zu überprüfen, ob die vorgeschlagene Lösung angemessen ist. Bitten Sie also um diese zusätzliche Zeit.

Sie können die Entscheidung aufschieben, indem Sie die Methode, mit einem Ja zu beginnen, einsetzen und etwas äußern wie: »Ja, ich verstehe Ihren Standpunkt, und wir müssen wirklich die richtige Lösung finden. Ich würde mir das gerne noch einige Stunden genauer ansehen – was halten Sie davon, wenn wir uns deswegen später noch einmal kurzschließen?« Eine Entscheidung aufzuschieben, bedeutet nicht, dass sich dadurch der Projektfortschritt verlangsamt. Es ist ohnehin eine sinnvolle Praxis, im Entwurfsprozess schrittweise und in mehreren Durchläufen vorzugehen. Seien Sie also während eines Meetings darauf vorbereitet, das Feedback der Stakeholder aufzugreifen und sofort daran zu arbeiten. Vertrödeln Sie mit dieser Taktik aber keine Zeit, indem Sie etwas auf die lange Bank schieben. Nutzen Sie stattdessen die Gunst der Stunde, um energiegeladen Ihre Arbeit voranzutreiben und das Problem direkt zu lösen.

Sitzung vertagt

Ich arbeitete mit einem kleinen Team an einem Projekt, als sich ein einzelner Vorschlag zuerst in ein Brainstorming und dann zu einer Lösung auswuchs, die kaum noch etwas mit dem ursprünglichen Problem zu tun hatte. Das war natürlich nur meine persönliche Meinung, aber während des Gesprächs kam ich zu der unvermeidlichen Schlussfolgerung, dass hier in einem Anfall von Gruppendenken ein Monster an Lösung in die Welt gesetzt wurde, die alles andere als ideal wäre. Es war an der Zeit, einzugreifen und etwas dagegen zu tun!

Ich unterbrach also die Diskussion und erklärte, dass es klar sei, dass wir zu einer Entscheidung kommen müssten und dass uns ein solcher Kompromissvorschlag eher nicht weiterhelfen würde. Anstatt weiter Zeit zu verschwenden, brach ich die Besprechung auf der Stelle ab und schickte alle zurück an ihre Schreibtische – bereits nach der ersten Viertelstunde eines Meetings, das auf eine Stunde angesetzt war. In der Zwischenzeit konnte ich allein im Konferenzraum bleiben – ohne dass mir ständig fünf Leute über die Schulter schauten und mit ihren Fingern auf meinen Bildschirm patschen – und mir mehrere Alternativen ausdenken, die mir in der Diskussion weiterhelfen würden.[2]

Noch bevor die ursprünglich angesetzte Stunde vorbei war, rief ich alle wieder zusammen, um die neu entwickelten Optionen zu besprechen. Eine davon schien zu funktionieren, wurde noch etwas optimiert und fand schließlich ihren Weg in die Produktion. Dass ich diese verrückte Diskussion wieder einfangen konnte, hat im Endergebnis das Produkt verbessert. Die Verschiebung der Entscheidung um wenige Minuten gab mir den Raum, eine Lösung zu finden, mit der die bestmögliche Benutzererfahrung gewährleistet wurde, ohne

2 Fasse niemals meinen Bildschirm an!

dass ich die Ideen hätte schmälern müssen, die zuvor in der Diskussion herumgegeistert waren. Außerdem konnte ich allen die Zeit und den Ärger ersparen, die für spätere Nacharbeiten und Korrekturen unumgänglich gewesen wären.

Sie werden Ihre Meetings natürlich nicht immer auf diese Weise unterbrechen müssen. Ich will nur darauf hinaus, dass es besser ist, sich Zeit zu nehmen (und seien es bloß ein paar Minuten), um vernünftige Lösungen zu entwerfen, als zuzulassen, dass eine einzige schlechte Entscheidung Sie ungewollt in eine UX-Sackgasse bringt. Wahrscheinlich werden Sie vorschlagen können, eine Entscheidung auf das nächste Treffen zu verschieben, sodass Sie genug Zeit haben, eine bessere Lösung zu finden. Seien Sie nicht voreilig und scheuen Sie sich nicht, einen Aufschub der Entscheidung vorzuschlagen.

Um zu einem effektiven Kommunikator zu werden, müssen Sie lernen, spontan – während eines Meetings – auf andere zu reagieren. Dazu müssen Sie üben, sich die Strategie zurechtlegen (die Antworten auf die Drei Großen Fragen) und die vorgestellten Taktiken anwenden. Ihre Reaktion auf Rückmeldungen der Stakeholder bildet die Basis dafür, wie Sie und Ihre Entwürfe beurteilt werden, daher muss sie zielgerichtet und gut umsetzbar sein. Je mehr Sie üben, desto besser werden Sie.

Neben einer klar definierten Strategie und den beschriebenen, einfach anzuwendenden Taktiken hilft uns auch die Tatsache, dass sich viele Designdiskussionen um ähnliche Themen und Ideen drehen. Das können Sie sich zunutze machen, indem Sie sich ähnliche, häufig einsetzbare Antworten merken und diese bei Bedarf wiederverwenden. In Kapitel 7 stelle ich Ihnen einige der häufigsten Kernaussagen vor, die zur Begründung von Designentscheidungen genutzt werden, sodass Sie einige Musterantworten an die Hand bekommen.

7

Wählen Sie eine Botschaft

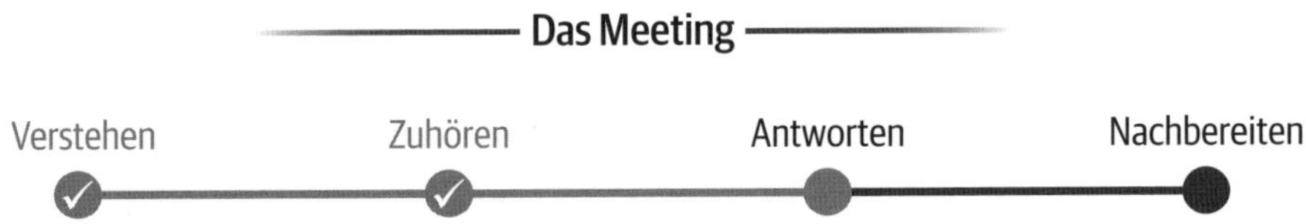

Lassen Sie uns jetzt, bevor wir gleich unsere Antwort an die Stakeholder formulieren, einen kurzen Blick auf das werfen, was wir bis jetzt zusammengetragen haben. Unser Ziel ist es, von den Projektbeteiligten bei unseren Designentscheidungen unterstützt zu werden. Unsere Strategie dazu besteht darin, zu kommunizieren, dass unser Entwurf die gestellte Aufgabe löst, es dem Anwender leicht macht und besser ist als die Alternativen. Zur Umsetzung dieser Strategie werden wir die Taktiken aus Kapitel 6 benutzen. Jetzt müssen wir die Botschaften festlegen, mit deren Hilfe wir diese Taktiken im aktuellen Kontext einsetzen können.

Obwohl jedes Projekt anders ist und jeder Kunde einzigartige Bedürfnisse hat, habe ich festgestellt, dass es bei der Begründung von Designentscheidungen einige Ansätze gibt, die ich immer wieder benutze. Ich greife oft auf die gleichen Formulierungen und Argumente zurück, um meine Projekte zu erklären, und habe sie hier als Referenz zusammengestellt. Manche von ihnen ähneln sich oder beziehen sich aufeinander – insgesamt sollten sie Ihnen eine gute Grundlage für effektive Antworten in Designdiskussionen geben.

Dies sind die Schlüsselbotschaften, mit denen Sie Ihre Strategie umsetzen und das Ziel erreichen können. Identifizieren Sie – mit unserer Strategie und unseren Taktiken im Hinterkopf – die in der aktuellen Situation am besten geeigneten Botschaften und passen Sie sie an Ihren speziellen Kontext an. Ziel dieses Kapitels ist es, Ihnen eine Liste gängiger Möglichkeiten zur Begründung von Designentscheidungen an die Hand zu geben, die Sie regelmäßig in Besprechungen verwenden können.

Ich habe sie in vier Kategorien eingeteilt (ohne besondere Reihenfolge): Unternehmensziele, Design, Research und Einschränkungen.

Unternehmensziele

Eine der besten Möglichkeiten, für Ihre Entwürfe zu werben, besteht darin, sie direkt mit geschäftlichen Anforderungen des Unternehmens zu verbinden. Hier sind drei typische Botschaften, um diesen Aspekt anzusprechen:

- »Hilft, ein Ziel zu erreichen«
- »Erleichtert einen Anwendungsfall«
- »Kommuniziert Branding«

»Hilft, ein Ziel zu erreichen«

Stakeholder schätzen es immer, wenn Sie Ihre Lösung mit den Unternehmenszielen verknüpfen. Indem Sie übergeordnete Ziele ins Spiel bringen, haben Sie ein robustes Argument für Ihren Entwurf in der Hand. Dies kann auch durchaus Ihre Antwort auf die Frage »Welches Problem wird damit gelöst?« sein, denn normalerweise sind die Aufgaben, die wir mit einem Entwurf lösen wollen, und die Ziele des Projekts bzw. des Unternehmens insgesamt deckungsgleich. Unabhängig von der Quelle der Argumentation sollten Sie immer betonen, dass Ihr Design dem Unternehmen helfen soll, seine Ziele zu erreichen.

Es lässt sich zwar nur schwer mit Sicherheit sagen, wie sich ein bestimmtes Design auswirkt, vor allem bei kleineren Interaktionen, die möglicherweise keinen Einfluss auf die Nutzung der gesamten Anwendung haben, aber es kommt hier gar nicht darauf an, es mit Sicherheit zu wissen. Wären wir uns immer von Anfang an sicher, wie wir unsere Ziele definitiv erreichen können, bräuchten wir uns gar nicht erst zu treffen. Sie dürfen aufgrund Ihrer Erfahrung aber mit ziemlicher Sicherheit davon ausgehen, dass der aktuelle Entwurf zumindest einen Teilschritt auf dem Weg zum letztlichen Ziel darstellt.

Machen Sie diesen Zusammenhang deutlich und erklären Sie, wie Ihre Lösung dieses spezielle Problem löst. Da Sie die einzelnen Aufgabenstellungen zusammen mit Ihren Lösungen bereits schriftlich festgehalten haben (wie in Kapitel 1 empfohlen) und ein Teil Ihrer Strategie darin besteht, an höhere Ziele zu appellieren, sollten es Ihnen nicht schwerfallen, diese Zusammenhänge klar zu kommunizieren. Ein Muster, um das auszudrücken, ist: »[Entwurf x] wird [Ziel y] beeinflussen, weil [Grund z].« Hier einige Beispiele dazu:

- »Wenn wir ›Verwandte Artikel‹ über die Produktbeschreibung verschieben, wird sich das Produktengagement erhöhen, da die Nutzer mehr Möglichkeiten haben, weitere Produkte zu sehen.«
- »Die Positionierung von ›Letzte Projekte‹ oben auf dem Startbildschirm wird die Datenqualität verbessern, da wir es den Benutzern erleichtern, ihre Daten aktuell zu halten.«
- »Wenn wir an dieser Stelle noch kein Log-in verlangen, können wir die Abbruchrate reduzieren, da Benutzer die Registrierung umgehen und immer noch Angebote sehen können, auch wenn sie nicht eingeloggt sind.«

Das heißt nicht, dass alle mit Ihren Ideen einverstanden sein werden. Vielleicht glauben Sie, dass die Verwendung eines Toggle-Buttons für »Passwort merken« das Engagement verbessert, weil die Benutzer eingeloggt bleiben, während ich der Meinung bin, dass das altbewährte Häkchen an dieser Stelle die effektivere Lösung darstellt. Es geht nicht darum, einhellige Zustimmung zu erwarten. Es geht darum, den Stakeholdern zu zeigen, dass wir bei all unseren Entscheidungen bewusst und zielgerichtet vorgehen. Verbinden Sie deshalb Ihre Designentscheidungen so oft wie möglich mit den Zielen und Vorgaben des Unternehmens.

»Erleichtert einen Anwendungsfall«

Dies ist vielleicht die offensichtlichste und häufigste Erklärung für Designentscheidungen, denn alle unsere Entwürfe drehen sich um einen bestimmten Anwendungsfall, eine User Story oder ein Feature-Set. Vielleicht ist Ihren Stakeholdern nicht bewusst, dass und wie wir diese Techniken einsetzen, um unseren Entscheidungen Struktur und Logik zu verleihen. Wenn Sie ihnen vermitteln, welche Anwendungsfälle von einer Entscheidung profitieren, können Sie Ihren Denk- und Entscheidungsprozess auf eine Art und Weise erklären, die für die Projektbeteiligten Sinn ergibt.

Genauso häufig versuchen wir auch, alles für einen primären Anwendungsfall zu optimieren, indem wir sekundäre oder Randfälle minimieren oder einschränken. Obwohl beispielsweise die Benutzer ermuntert werden, ihre Profilinformationen zu pflegen, ist dies nicht der Hauptzweck der Anwendung. Das führt beispielsweise dazu, dass wir uns dafür entscheiden, die Funktionen zur Kontoverwaltung in einem Drop-down-Menü unterzubringen und nicht in einem großen Call-to-Action. Diese Begründungen können Ihnen dabei helfen, alle Beteiligten darauf auszurichten, immer die Optimierung des primären Anwendungsfalls im Auge zu behalten, auch angesichts anderer Anforderungen und Funktionen.

Auch wenn offensichtlich zu sein scheint, wie man die Entwürfe für einen bestimmten Anwendungsfall gestalten muss, ist es überraschend, wie oft Teams in einer Gruppensituation Entscheidungen treffen können, die den Hauptzweck einer Anwendung völlig ignorieren. Da bereits klar ist, dass Ihre Entscheidungen an diesen Anwendungsfall geknüpft sind, sollten Sie immer, wenn irgendwelche Dinge verschoben und umgestellt werden, auf Ihr Bauchgefühl achten, das Sie warnen kann, wenn Sie den eigentlichen Anwendungsfall aus den Augen verlieren. Es ist immer sinnvoll – auch nachdem eine Entscheidung getroffen wurde –, diese noch einmal anhand der dokumentierten Anwendungsfälle zu überprüfen. Wenn Sie feststellen, dass Ihr Team vom Weg abkommt, holen Sie es zurück, indem Sie alle daran erinnern, um welche Anwendungsfälle es geht und wie sich die Entscheidungen darauf auswirken.

»Kommuniziert Branding«

Ich begründe Designentscheidungen oft allein mit den Branding-Vorgaben des Unternehmens. Manchmal sind die Dinge einfach deshalb so, wie sie sind, weil ein Unternehmen ein bestimmtes Image transportieren will und unsere Anwendungen das entsprechend widerspiegeln müssen. Das trifft zwar eher auf die Verwendung konkreter Farben oder Schriften oder auf einen vorgegebenen Sprachgebrauch zu als auf einzelne Interaktionen, aber es ist dennoch wichtig, darauf hinzuweisen. Wenn Sie sich für einen speziellen Stil entschieden haben, weil er im Branding-Guide definiert ist, sollten Sie die Stakeholder darauf aufmerksam machen.

Manchmal bietet das Anwendungsdesign eine gute Gelegenheit, einem Unternehmen bei der Kommunikation seiner Markenidentität zu helfen. In einigen Unternehmen existieren noch keine Standards, was die Stile für UI-Elemente wie Schaltflächen, Drop-down-Listen oder Checkboxen angeht. Auch wenn es normalerweise kein expliziter Teil des UX-Prozesses ist, können wir einem Kunden möglicherweise dabei helfen, seine Standarddokumentation durch den von uns entworfenen Styleguide weiterzuentwickeln und seine visuelle Identität zu stärken. Marketingleute denken oft nicht an die UI-Elemente in mobilen Apps und Webanwendungen. Die von ihnen gestalteten Standards orientieren sich weitgehend an ihren eigenen Bedürfnissen, wie z.B. Werbung oder Vorgaben für den Druck. Wenn wir ihnen erklären, wo wir Schwierigkeiten bei der Umsetzung ihrer Standards innerhalb einer Benutzeroberfläche sehen, können wir das Augenmerk auf diejenigen Elemente lenken, die für die UX wichtig sind. Dies führt zu einer besseren Zusammenarbeit und einem umfassenderen Branding-Guide, und das wird auch die Stakeholder erfreuen.

Design

Oft gibt es gestalterische Gründe dafür, warum wir etwas auf eine bestimmte Weise gelöst haben. Ich benutze meist eine der folgenden drei Varianten, Entscheidungen zu beschreiben, die ich aus reinen Designgründen getroffen habe:

- »Verwendet ein gebräuchliches Muster«
- »Zieht die Aufmerksamkeit des Benutzers auf sich«
- »Garantiert einen bestimmten Nutzerflow«

»Verwendet ein gebräuchliches Muster«

Viele Unternehmen verwenden gängige Designsysteme, Pattern Libraries oder Styleguides, in denen sich schnell geeignete Muster für eine bestimmte Aufgabe finden lassen. Im Idealfall sind diese Muster oder Komponenten bereits erstellt, getestet und wurden erfolgreich eingesetzt.

Außerdem verbringen Designer viel Zeit damit, sich auf und in anderen Websites, Apps und Geräten über die neuesten Design Patterns zu informieren, sodass wir normalerweise Muster auswählen, die für unser Publikum und den aktuellen Kontext besonders geeignet sind. Es kann allerdings riskant sein, ein Muster zu wählen, wenn wir den Kontext, für den es ursprünglich entworfen wurde, nicht vollständig verstehen. Die gezielte Wahl eines weithin verstandenen Musters kann aber eine hervorragende Möglichkeit sein, Ihre Entscheidungen argumentativ zu stützen.

Ihren Stakeholdern ist das Konzept der »Patterns« im UI-Design möglicherweise nicht bekannt, daher sollten Sie darauf achten, dass sie sich nicht ausgegrenzt fühlen. Erklären Sie den Projektbeteiligten, wie wichtig die Konsistenz der Benutzererfahrung ist und dass die Änderung eines erwarteten Musters in einem bestimmten Kontext einen Dominoeffekt zur Folge hat, sodass dieses geänderte Muster auch an entsprechenden anderen Stellen der App verwendet werden muss. Es ist keine isolierte Entscheidung. Die Verwendung eines Pattern hilft den Anwendern – und ist für ein Unternehmen in der Regel billiger und einfacher zu entwickeln.

Patterns sind dazu gedacht, Konsistenz zu schaffen und bei den Benutzern bestimmte Erwartungen hinsichtlich der stattfindenden Interaktionen auszulösen. Darüber hinaus ist es müßig zu streiten, welches Muster funktioniert, ohne dass solide Untersuchungen vorliegen.

»Zieht die Aufmerksamkeit des Benutzers auf sich«

In manchen Bereichen unserer Designarbeit spielt Intuition eine größere Rolle als in anderen. Dies ist eine dieser pauschalen Erklärungen, die meiner Meinung nach viele meiner eigenen Entscheidungen auf eine Art und Weise erklären, die ich sonst nicht vermitteln könnte. Es fließt eine Menge Psychologie in die Überlegungen mit ein, wohin Benutzer schauen, wie sie etwas überfliegen (also mit wenigen Blicken scannen, anstatt es zu lesen) und was sie dazu bringt, mit ihrer Aufmerksamkeit von einer Stelle zu einer anderen zu wandern. Ein Großteil dieses Wissens ist in gestalterische Techniken wie die Verwendung von Farbe, Negativraum, Balance oder Schriftgröße geflossen. Diese Einsichten können unglaublich subjektiv sein und lassen sich dem durchschnittlichen Betrachter nur schwer erklären. Deshalb ist es oft einfacher, wenn man darauf hinweist, dass die spezifische Kombination von Elementen, die Anwender auf dem Bildschirm sehen, sie von Punkt A zu Punkt B führen soll.

Hier einige Beispiele dazu:

- »Die Überschrift und der Call-to-Action sind so angeordnet, dass der Benutzer zuerst die Überschrift liest und dann auf die Handlungsaufforderung tippt.«
- »Die Container überlappen sich, um dem Benutzer das Gefühl zu geben, dass sie miteinander verbunden sind, während er durch die Seite scrollt.«
- »Die Elemente sind von links nach rechts und von oben nach unten angeordnet, weil unser Publikum dazu neigt, Seiten auf diese Weise zu scannen.«
- »Wir haben Grün verwendet, weil es für ›Weiter‹ oder ›Gelingen/Erfolg‹ steht und der Kontrast die Augen des Benutzers auf dieses Element lenken wird.«

Es ist wichtig, dass wir den Projektbeteiligten helfen, die Beziehungen zwischen Designelementen und Benutzeraktionen zu verstehen, damit sie die Gründe für unsere Entscheidungen nachvollziehen können. Wir müssen ihnen vermitteln, dass wir die einzelnen Elemente auf einer Seite nicht nur deshalb in einer bestimmten Weise platzieren, damit sie gut aussehen, sondern dass wir versuchen, den Benutzer in die Anwendung zu ziehen und ihn durch eine passende Platzierung von Designelementen zu bestimmten Handlungen zu motivieren. Ziel unserer Entscheidungen und ultimativer Zweck jeder Website oder App ist immer, Benutzer zum Handeln zu bewegen.

»Garantiert einen bestimmten Nutzerflow«

In die Erstellung von Nutzerflows fließt viel Zeit und Mühe. Wir verbringen manchmal Tage und Wochen vor einer Wand voller Haftnotizen und versuchen, für die späteren Benutzer die besten Navigationspfade durch die Anwendung zu entwerfen. Diese Nutzerflows prägen unsere Arbeit und beeinflussen die Struktur des Gesamtdesigns. Wir definieren Anwendungsfälle, Randfälle, Fehlerabläufe und beseitigen Sackgassen, nur damit schließlich ein Stakeholder eine Änderung vorschlägt, die diese Abläufe unterbricht und uns möglicherweise zurück ans Zeichenbrett schickt. Gelegentlich geschieht dies, ohne dass wir es überhaupt merken: Wir nehmen an einer Stelle eine Änderung vor, die sich auf etwas anderes auswirkt. Unbeabsichtigt verlassen wir den sorgfältig geplanten Pfad, den Launen eines wohlmeinenden, aber uninformierten Projektbeteiligten folgend. Achten Sie genau darauf, inwiefern sich Ihre Entscheidungen auf den von Ihnen geschaffenen Nutzerflow auswirken werden. Damit Stakeholder die Struktur nicht zerstören, müssen Sie ihnen zuerst erklären, warum die Abläufe in der vorliegenden Form geplant wurden.

- »Wir haben den Check-out-Flow so gestaltet, dass sich die aufeinanderfolgenden Steuerelemente in allen Einzelschritten genau an der gleichen Stelle befinden und der Benutzer sich linear vorwärts bewegt. Wenn wir die von Ihnen vorgeschlagene Änderung vornehmen, wird dieser Flow bei Schritt 3 unterbrochen, und der Benutzer muss anhalten und zurückgehen, anstatt den Schritt schnell abzuschließen und fortzusetzen.«
- »Beim Registrierungsflow verlangen wir zuerst nur, dass die E-Mail-Adresse angegeben wird. Indem wir nicht alle Felder auf einmal anzeigen und dem Benutzer erlauben, seinem Profil weitere Informationen später hinzuzufügen, reduzieren wir die Abbruchrate. Wenn wir die zusätzlichen Felder bereits bei diesem Schritt hinzufügen, verkompliziert das den Prozess durch Validierungsregeln und unterbricht den Nutzerflow, falls erst ein Fehler korrigiert werden muss.«

Research

Mit Daten, Nutzertests und anderen Untersuchungen können wir unsere Designentscheidungen vielleicht am überzeugendsten rechtfertigen. Wenn unsere Entscheidungen auf Untersuchungsergebnissen beruhen, sind häufig diese drei Begründungen hilfreich:

- »Durch Daten validiert«
- »Im Test aufgedeckt«
- »Unterstützt durch anderweitige Forschung«

»Durch Daten validiert«

Ihre Designentscheidungen mit Daten zu unterfüttern, ist der Königsweg, um sich Unterstützung zu sichern, weil es auf wissenschaftliche Art zeigt, dass Ihre Designs die beabsichtigte Wirkung haben. Die Wichtigkeit solcher Daten kann gar nicht genug betont werden. Allzu oft verfügen Unternehmen zwar über eine Fülle von Daten, haben aber nicht die Zeit oder geeignete Mitarbeiter, um diese zu sichten und daraus sinnvolle Schlussfolgerungen zu ziehen.

Designern fällt es manchmal schwer, sich gedanklich auf eine Tabelle voller Prozentwerte und langer Zahlen mit zu vielen Nachkommastellen einzulassen, mich selbst eingeschlossen. Hoffentlich kennen Sie jemanden, der Ihnen dabei helfen kann, solche Zahlen zu interpretieren. Oder Sie treiben Präsentationsfolien auf, die die aufbereiteten Daten in einer verdaulicheren Form zeigen. In der Regel können Ihnen Product Owner und Projektmanager dabei helfen, aber es ist nicht ganz unwahrscheinlich, dass Sie das Chaos selbst durchkämmen und Verbindungen zwischen den verschiedenen Elementen Ihres Designs und dem Benutzerverhalten herstellen müssen. Das ist nicht ganz einfach, aber der Aufwand wird sich in hohem Maße auszahlen, denn von Daten lässt sich fast jeder überzeugen.

Es gibt zwei Arten von Daten, die wir zur Begründung unserer Entscheidungen verwenden können: zum einen die *vorhandenen Daten*, also Daten, die uns bereits vorliegen und aktuell helfen können, Entscheidungen zu treffen, und zum anderen die *Vergleichsdaten*, also solche Daten, die wir nach einer Änderung unseres Designs sammeln, um einen Vorher-nachher-Vergleich zu erstellen. Auf Basis der ersten Art von Daten können Sie fundierte Vermutungen anstellen. Wir können zwar nicht sicher wissen, ob unsere vorgeschlagene Lösung uns helfen wird, ein gestecktes Ziel zu erreichen, aber wir können anhand solcher Daten immerhin eine begründete Einschätzung vornehmen. Die zweite Art von Daten gewinnen wir in einem weiteren Schritt: Wir überprüfen, ob die auf der Basis unserer fundierten Vermutung vorgenommenen Änderungen verbesserte Ergebnisse erzielen. Mit solchen Informationen wird schnell klarer, was die »richtige« Lösung ist.

Daten wirken auf Stakeholder äußerst überzeugend. Das birgt aber auch die Gefahr, dass eine schlechte Datenbasis zu falschen Entscheidungen führt. Daher müssen wir mit diesem Ansatz sehr vorsichtig sein. Worauf ich hinaus will: Daten sagen uns zwar oft, was ein Benutzer getan hat, aber nicht, warum. Wir versuchen, vom *Was* auf das *Warum* zu schließen, und dazu müssen wir natürlich Annahmen treffen. Nehmen wir daraufhin Änderungen auf der Grundlage falscher Annahmen vor, führt das am Ende zu einem Design, das wahrscheinlich mehr Probleme verursacht, als es löst. Berücksichtigen Sie also, dass Entscheidungen auf der Grundlage von Daten nur dann wirklich effektiv sein können, wenn sie als Maßstab für das Projekt als Ganzes und im Kontext betrachtet werden und ohne dass zu viele Annahmen getroffen wurden.

Eine meiner früheren Managerinnen legte extrem viel Wert auf Daten. Sie und ich konnten stundenlang über verschiedene Entwürfe diskutieren, aber sobald Daten für die eine oder andere Auffassung sprachen, war der Fall erledigt. Ich bemerkte recht schnell, dass sie mir jedes Mal zustimmte, wenn ich Daten gesammelt hatte, um meinen Vorschlag zu unterstützen. Damit entstand bald die mächtige Verlockung, die Daten zu »erweitern«, auch wenn es keine wirklich direkten Zusammenhänge gab. Das ist das Problem mit Daten: Fast jeder lässt sich von ihnen überzeugen, aber sie lassen sich auch leicht manipulieren. Wir dürfen nie vergessen, dass unser eigentliches Ziel nicht darin besteht, Zustimmung zu erzielen und mit unseren Entwürfen auf Biegen und Brechen durchzukommen. Wir wollen die bestmögliche Benutzererfahrung liefern und den Stakeholdern helfen, ihre jeweiligen Ziele zu erreichen. Daten zu verfälschen, um in egoistischer Weise die eigenen Vorschläge durchzusetzen, wird auf lange Sicht nicht sonderlich effektiv sein.

Um die Aufmerksamkeit der Projektbeteiligten zu gewinnen, ist es wichtig, Ihre Antwort mit einem Hinweis auf die Verwendung von Daten zu beginnen, wie z. B.:

- »Unseren Analysen zufolge ...«
- »Wir haben Daten, die nahelegen ...«
- »Wir verfolgen diese Metrik und ...«

Normalerweise reicht es aus, wenn man einfach voller Überzeugung mitteilt, was die Daten zeigen, ohne dass es einer weiteren Diskussion bedarf:

- »Unseren Analysen zufolge brechen 64 Prozent der Nutzer an diesem Punkt ab.«
- »Wir haben Daten, die darauf hindeuten, dass die erforderliche Angabe der Telefonnummer das größte Konversionshindernis ist.«
- »Wir verfolgen diese Metrik und haben einen starken Rückgang des Engagements festgestellt, seitdem wir diese Änderung vorgenommen haben.«

Sie sollten jedoch immer bereit sein, die von Ihnen zitierten Daten bereitzustellen, auch wenn Sie sie nicht direkt zur Hand haben. Normalerweise liegen mir die Daten in einer separaten Datei oder in einem Bericht vor, sodass ich sie mit den Stakeholdern teilen kann, wenn ich danach gefragt werde. In der Regel reicht es aus, wenn Sie ihnen versprechen, dass Sie den Bericht nachträglich senden werden, und das auch tun. Am besten hat es sich aber bewährt, die

Daten auf einfache Weise visuell darzustellen und sie genau in dem Moment zu zeigen, in dem sie gebraucht werden, damit die Stakeholder sie wirklich nachvollziehen können. Da viele Menschen visuell veranlagt sind, kann das Zeigen eines Diagramms, einer Grafik oder einer überschaubaren Tabelle helfen, die Bedeutung der Daten für diese spezielle Entscheidung begreiflich zu machen.

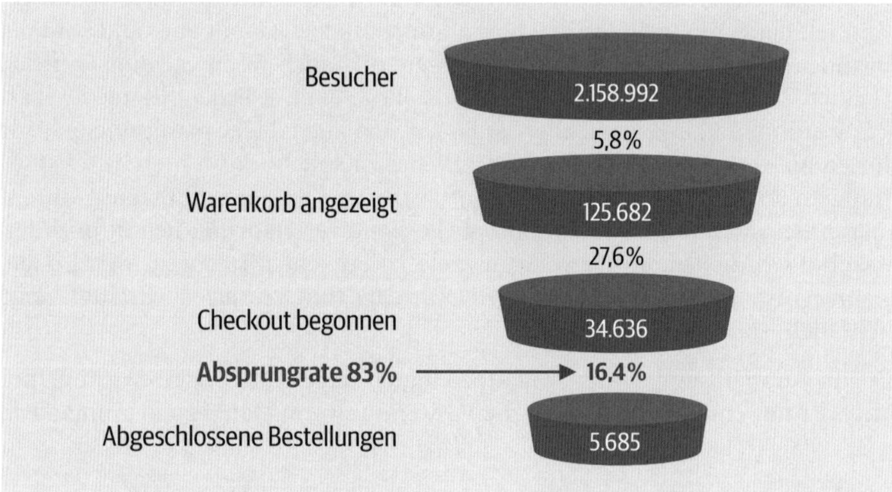

Mit sofort verfügbaren Datenvisualisierungen kann man seine Argumente sehr effektiv unterstreichen.

Sie müssen entscheiden, welche Daten für die Stakeholder am relevantesten sind, und Ihre Designs so optimieren, dass die entsprechenden Metriken verbessert werden. Mit Daten können Sie Ihre Entscheidungen sehr überzeugend untermauern, sofern die erhobenen Zahlen wasserdicht sind und Sie die richtigen Annahmen treffen.

»Im Test aufgedeckt«

Oft lassen wir Erkenntnisse in unsere Entscheidungsfindung einfließen, die wir gewonnen haben, indem wir Menschen bei der Nutzung unserer Designs beobachtet haben. Wenn wir uns bewusst machen, wann solche Beobachtungen unsere Entscheidungen beeinflussen, können wir dies in der Kommunikation mit den Stakeholdern an passender Stelle anbringen. Anhand einer Usability-Studie kann man sehr effektiv für die eigenen Entwürfe argumentieren, weil man damit nachweist, dass die vorgeschlagenen Lösungen funktionieren. Usability-Studien bringen zudem ein menschliches Element mit, erzählen den Stakeholdern eine Geschichte über den eher mechanischen Aspekt hinaus, den pure Rohdaten vermitteln. Bei manchen Projektbeteiligten kann es sogar effektiver sein, echte User Stories wiederzugeben als Zahlen und Diagramme. Sie können die in Kapitel 6 beschriebene Taktik nutzen, um Ihre Stakeholder durch solche Stories für Ihre Entscheidung zu gewinnen.

Will man Nutzerbeobachtungen als Begründung für Designentscheidungen einsetzen, ergeben sich allerdings mehrere Herausforderungen: Sie können sehr subjektiv sein, weil sie auf der Erinnerung an Beobachtungssitzungen basieren, und sie lassen sich für Meetings mit Kunden nur schwer dokumentieren. Normalerweise teilen wir den Stakeholdern Nutzerbeobachtungen in Form einer persönlichen Beobachtung mit, also einer – möglicherweise rein subjektiven – Erkenntnis, beispielsweise: »Während unserer Usability-Studie letzte Woche haben wir festgestellt, dass die Leute die Schaltflächen ›Okay‹ und ›Abbrechen‹ verwechseln, weil das Design zu ähnlich ist.« Auch wenn diese Aussage auf unseren Erfahrungen mit Anwendern beruht, ist sie zweifellos durch unsere eigenen Erinnerungen an und Schlussfolgerungen aus der Studie getrübt. Dennoch ist es ein effektiver Weg, um zu zeigen, dass Sie Ihre Entwürfe mit echten Anwendern testen und Ihre Designs, basierend auf den gewonnenen Erkenntnissen, verbessern. Allein das zu kommunizieren, ist schon sehr wertvoll.

Am besten lassen sich unsere Erkenntnisse aus den Testsitzungen aber vermitteln, wenn wir ein paar Folien mit Zitaten ausgewählter Benutzer zusammenstellen und vielleicht sogar ein Video zeigen, das die Problembereiche beleuchtet. Schneiden Sie ein Video der Sitzung auf wenige Sekunden zusammen oder erstellen Sie eine Zusammenfassung mit den wichtigsten Teilen der Studie. Indem Sie nur die wichtigen Teile zeigen, kommen Sie den meist beschränkten Zeitbudgets der Projektbeteiligten entgegen, geben ihnen aber dennoch die Möglichkeit, eine echte User Session mitzuverfolgen. Das ist, auch wenn es einige Vorbereitung erfordert, die einzige Möglichkeit, Ihren Stakeholdern wirklich zu zeigen, warum Sie bestimmte Designentscheidungen getroffen haben. Das kann umso wichtiger werden, je größer der Umfang der vorgeschlagenen Änderungen ist. Ich würde sogar empfehlen, eine oder zwei komplette Sessions mit Usern zu zeigen, wenn die Zeit dafür zur Verfügung steht. Ich habe die Erfahrung gemacht, dass die Stakeholder dabei überhaupt zum ersten Mal eine User Session sehen! Jedes Mal, wenn Sie die Projektbeteiligten dazu bringen können, echten Personen bei der Nutzung einer Anwendung zuzuschauen, schaffen Sie eine gefühlsmäßige Verbindung, die sie dazu motiviert, Änderungen zum Wohle der Benutzer vorzunehmen.

Indem Sie ein Video von oder Zitate aus Testsitzungen in Ihre Folien einbauen, können Sie den Stakeholdern auf effektive Weise echte Anwender näherbringen.

»Unterstützt durch anderweitige Forschung«

In Designdiskussionen beziehe ich mich auch häufig auf andere (oft externe) Forschungsergebnisse. Ich verbringe sehr viel Zeit damit, Blogs und Bücher über Design zu lesen und mir Podcasts anzuhören. Zudem habe ich manchmal Zugang zu Datenquellen von Dritten oder sogar zu internen Datenanalysten. Oft beeinflussen diese Informationen mein Denken auf einer eher unbewussten Ebene. Ich entdecke ständig neue Best Practices und fange fast automatisch an, sie in meine Arbeit einzubauen. Oft ist mir selbst nicht klar, dass das geschehen ist, bis ich mit Stakeholdern spreche und vor Ort meinen Entscheidungsprozess analysiere. Ich ertappe mich dann dabei, dass ich Dinge sage wie: »Ich habe vor Kurzem gelesen, dass ...«, und mich später bemühen muss, die Originalquellen wiederzufinden.

Infolgedessen habe ich mir angewöhnt, nützliche Forschungsergebnisse in einem Projektordner zu speichern oder in einem freigegebenen Dokument eine entsprechende Liste zu führen, damit ich die Quellen anderen Personen leicht zur Verfügung stellen kann. Beim Stöbern in Studien kopiere ich Links, Zitate und Daten in eine separate Datei, die ich später bei Bedarf durchsehen kann. Normalerweise enthalten meine Notizen den Titel, den Autor, die URL und eine Beschreibung des Abschnitts, der für mein Projekt relevant ist, oder eine kurze Zusammenfassung der Ergebnisse. Das erleichtert es mir deutlich, mich auf derartige Forschungsergebnisse zu beziehen, weil ich die Quellenangabe bei Nachfragen schnell an meinen Kunden schicken kann.

Es ist allerdings ziemlich selten, dass man die ursprüngliche Studie als Beweis vorlegen muss, es sei denn, es gibt Personen, die nicht einverstanden sind. Dass Stakeholder diese Art von Aussagen bezweifeln, ist rar – sie vertrauen Ihnen in dieser Hinsicht. Ähnlich wie bei der Verwendung von Analysedaten kann dies eine gefährliche Machtposition sein, denn wenn Sie dazu neigen, die zitierten Studien überzubewerten oder deren Ergebnisse nicht richtig erinnern, werden Sie trotzdem schlechte Entscheidungen treffen. Deshalb empfehle ich Ihnen, sich nicht auf andere Studien zu beziehen, ohne die Quelle parat zu haben. Manchmal ist das, woran man sich aus einer Studie erinnert und was man daraus als Erkenntnis gezogen hat, stark von der eigenen Perspektive beeinflusst.

Bei manchen Gelegenheiten ist es auch entscheidend, alle Referenzen parat zu haben, um die eigenen Entscheidungen zu rechtfertigen. Wenn viel auf dem Spiel steht, ist das vielleicht sogar die einzige Möglichkeit, andere davon zu überzeugen, dass Ihr Design die beste Wahl ist. Allerdings kann es unfair wirken, wenn Ihre Stakeholder nicht in der Lage sind, ihre eigene Meinung gegen die von Ihnen vorbereitete Auswahl an Forschungsergebnissen zu verteidigen. Wenn Sie nicht aufpassen, kann sich das wie ein Angriff anfühlen. Geben Sie ihnen in diesem Fall die Möglichkeit, in Ruhe darüber nachzudenken und zu einem späteren Zeitpunkt darauf zu reagieren, oder schicken Sie ihnen Ihre Recherchen im Voraus, damit sie sie überprüfen können, oder bringen Sie Studien mit, die beide Seiten eines Problems betrachten. Sie sollten darauf achten, dass die Projektbeteiligten nicht das Gefühl bekommen, von Ihnen überfallen worden zu sein.

Hamburger von der Speisekarte nehmen

Ah, das leckere Hamburger-Icon.

Bei einem Projekt einer mobilen App, an dem ich mitarbeitete, wurde das viel zu verbreitete »Hamburger-Menü« für die primäre Navigation eingesetzt. Im Zuge eines Redesigns versuchte ich mehrmals (erfolglos), meinen Kunden davon zu überzeugen, die Verwendung dieses Symbols als globales Auffangbecken für alle Menüeinträge aufzugeben. Meine Empfehlung basierte auf Untersuchungen, die darauf hinwiesen, dass das Symbol nicht so effektiv ist wie das Wort »Menü«. Das dem Kunden aber einfach zu sagen, war leider nicht überzeugend genug. Für ein Meeting sammelte ich deshalb so viele Artikel wie möglich zu diesem Thema (von denen einige nicht mit meiner Sichtweise übereinstimmten) und öffnete sie in separaten Browsertabs, um meine Argumente anzubringen. Als wir zu diesem Tagesordnungspunkt kamen, stellte ich (einmal mehr) meinen Designvorschlag vor und klickte mich dann vorsichtig durch die Tabs, um eine kurze Zusammenfassung der einzelnen Beiträge zu geben. Die Projektbeteiligten auf Kundenseite waren von meiner Vorbereitung beeindruckt und gaben zu, dass sie nicht über eine ähnliche Menge an Beweisen verfügten, um ihre Meinung zu stützen, und wir begannen die Diskussion über die Änderung des Menüs noch einmal neu. Schließlich einigten wir uns darauf, einen A/B-Test mit unseren beiden vorgeschlagenen Optionen zu machen – in der Hoffnung, dass uns dies bei der Entscheidungsfindung weiterhelfen würde. Hätte ich nicht diese unterschiedlichen Forschungsergebnisse vorbereitet, hätten wir nicht erneut in diese Diskussion einsteigen können.

Wenn Sie andere, externe Untersuchungen zur Unterstützung Ihrer Entscheidungen heranziehen, beachten Sie Folgendes:

- Machen Sie es sich zur Gewohnheit, Forschungsergebnisse in einem separaten Dokument zu speichern, sobald Sie sie entdecken.
- Notieren Sie den Titel, den Autor, die URL/Quelle und das Datum.
- Schreiben Sie eine kurze Zusammenfassung des Beitrags oder einen kurzen Hinweis dazu, inwiefern die Quelle für Ihr Projekt relevant ist.
- Geben Sie eine Liste mit den Quellenangaben an die Projektbeteiligten weiter, wenn diese danach fragen.
- Recherchieren Sie auch Forschungsergebnisse, die andere Standpunkte unterstützen, um eine ausgewogene Darstellung zu gewährleisten.
- Geben Sie den Stakeholdern die Möglichkeit, in Ruhe darüber nachzudenken oder mit eigenen Quellen zu reagieren.

Einschränkungen

Oft rechtfertigen wir unsere Entscheidungen damit, dass aus unserer Sicht etwas auf eine ganz bestimmte Weise gelöst werden muss. Genauso oft gibt es aber auch Situationen, in denen bestimmte Einschränkungen unsere Optionen begrenzen. Manchmal können wir die Wünsche unserer Kunden einfach nicht umsetzen, weil es andere Faktoren gibt, die nicht unserer Kontrolle unterliegen, oder weil wir versuchen, uns an bestimmte Standards in Design und Programmierung zu halten. Ich habe drei gängige Formulierungen für den Umgang mit solchen Einschränkungen gefunden:

- »Nicht genug Ressourcen«
- »Technologische Einschränkungen«
- »Entspricht einem Standard«

»Nicht genug Ressourcen«

Eine traurige Wahrheit im Designbereich ist, dass Unternehmen häufig nicht die Ressourcen besitzen, um eine gewünschte App oder Website zu realisieren. Nicht jeder hat genug Geld oder Personal, um alle seine Träume auch tatsächlich umzusetzen. Solche Einschränkungen müssen im Entscheidungsprozess unbedingt berücksichtigt werden, denn es wäre reichlich ineffektiv, wenn man zu viel Zeit in ein Vorhaben steckt, das sich letztlich gar nicht realisieren lässt. Obwohl begrenzte Ressourcen in der Regel nur eine Frage des Geldes und des Personals sind, gibt es vier Hauptbereiche, die sich am stärksten auf das Web- und Anwendungsdesign auswirken:

Support
: Es mangelt an Support, Infrastruktur oder internen Prozessen, um die zusätzlichen Anforderungen zu bewältigen. Selbst wenn wir unser Projekt umsetzen und launchen könnten, fehlte es an ausreichender interner Unterstützung, um es langfristig aufrechterhalten zu können. Möglicherweise ist der Kundenservice nicht für die zusätzlichen Anrufe ausgelegt, kann die Buchhaltung die Menge an erwarteten Zahlungen nicht abwickeln oder verfügt die Qualitätssicherung nicht über die Kapazität, um eine weitere App zu testen. Es geht dabei nicht immer nur um Arbeitskraft, sondern vielmehr auch um Prozesse. Das Unternehmen ist einfach noch nicht auf ein entsprechendes Projekt vorbereitet. Diese Supportfaktoren müssen wir bei unserer Designarbeit auf jeden Fall in unsere Überlegungen mit einbeziehen, und sie müssen im Entscheidungsprozess berücksichtigt und geklärt werden.

Personal
: Es stehen nicht genügend Designer oder Entwickler zur Verfügung, um das Projekt in der vorgegebenen Zeit in der vorgesehenen Weise tatsächlich erstellen zu können. Mit anderen Worten: Die Dinge, die wir gern tun würden, erfordern einen größeren Mitarbeiterstab als vorhanden. Dies ist vielleicht nicht einmal ein Budget-, sondern kann auch ein Problem des Arbeitsmarkts sein: Wir finden nicht genug passende Mitarbeiter oder finden sie nicht schnell genug. Auch wenn das nur ein kurzfristiges Problem sein mag, so ist fehlendes Personal dennoch ein legitimer Grund, Entwürfe entsprechend zu skalieren. Berücksichtigen Sie immer, inwiefern Ihre Designs von der aktuellen und zukünftigen Mitarbeiterzahl beeinflusst werden.

Geld
: Das Budget reicht nicht aus, um die dafür notwendigen Dienstleistungen oder Technologien zu erwerben. Egal wie viel Geld zur Verfügung steht: Es ist fast immer zu wenig. Es gibt immer noch weitere Hardware oder einen angesagten neuen Service, durch die wir unser Produkt erweitern und ver-

bessern könnten. Aber in Ermangelung dieser Ressourcen müssen wir unsere Entwürfe beschränken, um der begrenzten Finanzierung Rechnung zu tragen. Es ist wichtig, dies bei Ihren Designentscheidungen explizit zu berücksichtigen.

Zeit

Für die Umsetzung unserer Designs steht bei den aktuellen Anforderungen nicht genügend Zeit zur Verfügung. Und wenn wir nur wenig Zeit haben, reduzieren wir unser Vorhaben in der Regel auf ein machbares Maß. Das wird als »Downgrade« empfunden, als Verschlechterung des Projekts, muss aber unbedingt kommuniziert werden. Jeder Stakeholder möchte so schnell wie möglich die umfangreichste und beste App aller Zeiten entwickeln. Deshalb beginnen so viele Teams in der ersten Iteration mit einem Minimum Viable Product, einem minimal funktionsfähigen Produkt. Theoretisch sollten wir niemals gezwungen sein, einem Stakeholder mitteilen zu müssen, dass die Zeit nicht reicht. Unser Prozess ist so angelegt, dass wir jeder Phase einen angemessenen Arbeitsumfang zuordnen. In Wirklichkeit skalieren wir unsere Vorschläge aber immer passend zur aktuellen Terminplanung.

Wenn Sie Ihren Stakeholdern mitteilen, dass Ihre Ressourcen begrenzt sind, wird das entweder zu ernüchterter Zustimmung oder rechtschaffener Empörung führen. Beides kann von Vorteil sein. Einerseits werden sie Ihnen wahrscheinlich zustimmen, weil sie die Realitäten der Ressourcensituation verstehen. Andererseits könnten sie sich veranlasst sehen, sich für zusätzliche Ressourcen einzusetzen, um die Umsetzung dennoch zu ermöglichen. Es geht jedoch nicht wirklich um das Endergebnis, sondern vielmehr um Ihre Fähigkeit, die Realität und die Beschränkungen, in deren Grenzen Sie arbeiten, nachvollziehbar zu erklären. Begrenzungen unserer Ressourcen müssen wir im Designprozess grundsätzlich berücksichtigen.

»Technologische Einschränkungen«

Obwohl wir als Designer gern glauben möchten, dass wir alles nur Denkbare kreieren können, werden wir in Wirklichkeit durch Technologie begrenzt. Was uns in technologischer Hinsicht zur Verfügung steht, zwingt uns zu bestimmten Designentscheidungen, die wir den Stakeholdern erklären müssen. Oft sind diese Einschränkungen bei der Erstellung der ursprünglichen Entwürfe nicht vorhersehbar und führen erst während der Implementierung dazu, dass Anpassungen nötig werden. Dann müssen einige der ursprünglichen Erwartungen der Projektbeteiligten geopfert werden.

Manchmal sind diese Einschränkungen offensichtlich, und es gibt keinerlei Möglichkeit, die Anforderungen der Stakeholder zu erfüllen. Ein typisches Beispiel beim Design mobiler Apps ist die Größe des Gerätebildschirms: Für bestimmte Ideen gibt es dort einfach nicht genügend Platz. In anderen Fällen gibt es eher technische Einschränkungen. Ich arbeitete zum Beispiel an einer mobilen Web-App, mit der der Kunde im Browser auf die Gerätekamera zugreifen wollte. Das ist zwar technisch möglich, die Unterstützung dafür ist aber nicht sehr verbreitet. Deshalb war es eine naheliegende Entscheidung, auf diese Funktion zu verzichten. Es kann weitere technologische Faktoren geben, die außerhalb Ihrer Kontrolle liegen und Ihnen bestimmte Entscheidungen aufzwingen. Möglicherweise kann der Server die gewünschten Funktionen nicht bereitstellen, oder die benötigte Technologie ist zu teuer oder nur schwer verfügbar. In diesen Fällen sollte man darauf hinweisen, dass eine Idee, auch wenn wir sie alle für ausgezeichnet halten, in den Entwürfen nicht umsetzen können, solange keine bessere Technologie existiert.

Leider kann es manchmal sehr schwierig sein, solche Entscheidungen Nicht-Designern (und Nicht-Entwicklern) zu erklären, weil die Gründe eben sehr technisch sind. Stakeholder mögen (oder verstehen) solche Einschränkungen vielleicht nicht oder fühlen sich sogar durch die Aussicht verprellt, dass Sie nicht dasselbe umsetzen können wie die Mitbewerber. Ich stelle mir vor, wie eine Führungskraft ihr Telefon zückt, Ihnen die App eines Konkurrenten zeigt und dann fragt: »Und warum können wir das nicht?« Aber solche Einschränkungen kann es geben, und wir müssen sie den Stakeholdern vermitteln, damit sie an entsprechenden Entscheidungen beteiligt sind.

»Entspricht einem Standard«

Gelegentlich steht das, was unsere Stakeholder von uns erwarten, im Widerspruch zu den technischen oder sozialen Standards, die wir für unsere Anwendung festgelegt haben. Wir wollen, dass unsere App in allen Browsern, auf verschiedenen Geräten und für alle Menschen funktioniert, also müssen wir die »Regeln« befolgen, die auf Entwicklungsseite gelten. Um diesen Normen gerecht zu werden, müssen wir manchmal Änderungen an unserem Design vornehmen.

Ein Beispiel ist Barrierefreiheit. Wenn Sie eine barrierefreie Anwendung erstellen, wird das Auswirkungen darauf haben, welche Steuerelemente Sie wählen und wie deren Interaktionen im Design implementiert werden. Wir beginnen in der Regel mit einem uneingeschränkten Design. Im Zuge der Implementierung wird es dann, da wir die App barrierefrei und damit für alle Menschen nutzbar machen wollen, auf das tatsächlich Mögliche reduziert. Und auch wenn technisch vieles möglich ist, kann es empfehlenswert sein, auf bestimmte Dinge zu verzichten (oder deren Umsetzung würde zu lange dauern), und so müssen wir unsere Vorstellungen diesen Anforderungen anpassen.

Ein weiteres typisches Beispiel sind die Standard-HTML-Steuerelemente. Vielleicht wünscht sich der Stakeholder eine benutzerdefinierte Datumsauswahl, aber es würde den Rahmen sprengen, ein eigenes Steuerelement zu erstellen und zu pflegen. Es ist nicht immer sinnvoll, »sein eigenes Ding durchzuziehen«. Besser erklärt man, warum die Verwendung eines Standardsteuerelements sowohl für den Benutzer als auch für das Geschäftsergebnis besser ist. Manchmal erfordert die Umsetzung hochgradig interaktiver Seitenelemente Programmierhacks. In diesem Fall müssen Sie möglicherweise von einer zu komplizierten Lösung Abstand nehmen, weil das Ziel eigentlich darin besteht, dass eine Anwendung auf verschiedenen Geräten oder Browsern funktionieren soll. Wir sollten immer versuchen, zu zeigen, dass Anwendungsstandards einen Vorteil im Entwicklungsprozess sowie langfristig für die Portabilität und Barrierefreiheit der Anwendung bieten. Diese Standards bestimmen und beeinflussen unsere Designentscheidungen.

Web vs. nativ

Ich war für eine gemeinnützige Organisation bei der Entwicklung einer webbasierten mobilen App als Berater tätig. Obwohl die Anwendung in allen gängigen mobilen Browsern laufen sollte, wollte der Kunde, dass sie sich eher wie eine native App verhält. Zu diesem Zweck hatte das dortige Team, basierend auf den bekannten und selbstverständlich gewordenen Funktionalitäten nativer mobiler Apps, eine Reihe von Interaktionen und Design Patterns entworfen, für deren Umsetzung in mobilen Browsern wir aber deren native Funktionalität überschreiben und dabei möglicherweise einige Webstandards brechen müssten. Dies führte nicht nur zu technischen Herausforderungen bei der Implementierung, sondern auch zu einer Reihe von verwirrenden Interaktionen. Beispielsweise würde man im Browser nicht nach oben und unten scrollen (»Scroll-Jacking«) und auf der Website nur durch Wischgesten navigieren können. Am Ende ließ sich der Kunde davon überzeugen, dass es wichtiger ist, das native Browserverhalten zu respektieren, als so tun, als wäre die Anwendung eine native mobile App. Zumindest bei der ersten Implementierung verzichtete man auf jegliche Steuerung durch benutzerdefinierte Gesten und blieb bei der bewährten (standardbasierten) Kombination von HTML und JavaScript.

Ich hoffe, ich konnte Ihnen zeigen, dass es für Designentscheidungen unabhängig vom individuellen Projekt häufig ähnliche Begründungen und Erklärungen gibt. Eine solche Zusammenstellung häufiger Botschaften, die wir als Grundlage für unsere Antworten an die Projektbeteiligten verwenden können, erleichtert unsere Arbeit als Designer und Kommunikatoren. Verwenden Sie diese Musterantworten als Starthilfe für Ihre Reaktionen auf die Stakeholder, egal in welchem Kontext.

Fokussiert auf unser Ziel, Unterstützung für unsere Entscheidungen zu bekommen, haben wir nun eine Strategie im Kopf, eine Reihe praktisch einsetzbarer Taktiken und eine Zusammenstellung häufig verwendeter Botschaften als Grundlage für unsere Reaktion. Der nächste Schritt wird darin bestehen, all dies zu kombinieren und in eine gemeinsame Form zu bringen, mit deren Hilfe wir schließlich unser Ziel erreichen. Wir sind nur noch einen Schritt davon entfernt, unser Versprechen einzulösen, unsere Designentscheidungen auf überzeugende und Zustimmung hervorrufende Weise zu artikulieren. Als Nächstes werden wir die Einzelteile zu einer idealen Antwort zusammenfügen.

8

Einvernehmen herstellen

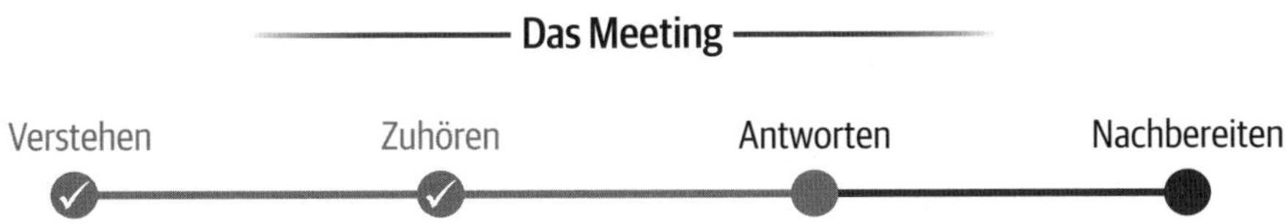

Wir haben verschiedene Taktiken für die Formulierung einer Antwort sowie einige der gebräuchlichsten Möglichkeiten kennengelernt, auf Design-Feedback zu reagieren. Alle Praktiken miteinander kombiniert, bilden die Grundlage einer Standardantwort an die Stakeholder, die wir erfolgreich einsetzen können.

Unsere Reaktion auf Design-Feedback muss eine Reihe von Bereichen abdecken, wenn sie überzeugend sein soll. Für Diskussionen über UX gibt es eine nützliche Formel, um unsere Argumente gegenüber den Stakeholdern zu vertreten. Ich nenne sie die *IDEAL-Antwort*:

Identifikation des Problems
: Wir müssen immer fokussiert bleiben und sicherstellen, dass sich die Stakeholder des Problems bewusst sind, um das es aktuell geht. Andernfalls kann das Gespräch schnell abdriften. Benennen Sie ganz knapp das Problem, das Ihr Design adressiert, damit alle Beteiligten den gleichen Informationsstand haben.

Definition der Lösung
: Danach legen Sie dar, wie Ihr spezifisches Design die gestellte Aufgabe löst. Zeigen Sie deutlich, wie genau der Entwurf das Problem anpackt. Ohne eine saubere Lösung ist das Design nutzlos und ineffektiv.

Empathie für die Benutzer
Oft denken die Stakeholder nicht an die Menschen, die unsere Produkte schließlich nutzen werden. Unsere Aufgabe ist es, uns für sie einzusetzen – uns so sehr in sie einzufühlen, dass wir in ihrem Sinne handeln. Verdeutlichen Sie, wie Ihr Vorschlag das Problem für einen bestimmten Benutzer löst, und rufen Sie damit die Menschen, die letztlich im Mittelpunkt eines jeden Designprozesses stehen, in Erinnerung.

Andocken an die Unternehmensziele
Es reicht nicht aus, Dinge nur zu reparieren. Alle unsere Entscheidungen sollten auch im Hinblick auf das Unternehmenswachstum getroffen werden. Beschreiben Sie, wie sich Ihre Entscheidungen auf Unternehmensziele, Metriken oder Key Performance Indicators (KPIs) auswirken. Benennen Sie diese Aspekte, verbinden Sie sie miteinander und demonstrieren Sie den Wert Ihres Entwurfs.

Letztlich Einvernehmen herstellen
Nachdem Sie Ihre Argumente klar dargelegt haben, bitten Sie die Beteiligten unmittelbar um Zustimmung. Sie dürfen das Gespräch nicht offen und ohne Beschluss enden lassen. Fragen Sie die Stakeholder direkt: »Sind Sie einverstanden?« Bringen Sie sie dazu, sich entscheiden zu müssen, und sorgen Sie auf diese Weise dafür, dass das Projekt vorankommt.

Von IDEE zu IDEAL

Diese Zustimmung zu erhalten, um ein Projekt voranzutreiben, ist natürlich der wesentliche Zweck dieses Buchs. Denn ohne dieses abschließende Okay bleibt alles, worüber Sie mit Ihren Stakeholdern sprechen, eine reine IDEE. Sie können eine hervorragende Präsentation abliefern, Ihre Position darlegen und mit einem guten Gefühl nach Hause gehen, aber ohne die Unterstützung aller Teammitglieder wird Ihr Projekt nicht erfolgreich sein. Deshalb ist es so wichtig, letztlich Einvernehmen herzustellen, denn nur so schaffen Sie es, von einer bloßen IDEE zu einem wirklichen IDEAL-Ergebnis zu kommen.

Im gesamten Buch haben wir eine Unterscheidung vorgenommen zwischen dem Erhalt der benötigten *Unterstützung* und der *Zustimmung* aller Beteiligten zu einer Lösung. Es werden niemals alle Beteiligten uneingeschränkt hinter einer bestimmten Lösung stehen, aber Sie können die *Unterstützung* aller Beteiligten bekommen, indem Sie deren *Zustimmung* erhalten, mit der von Ihnen vorgeschlagenen Lösung weiterzumachen. Ob Sie sich über alle Details einig sind, spielt keine so große Rolle wie das Einvernehmen, im Projekt voranzukommen.

Seien Sie direkt

Um die Zustimmung der Stakeholder zu erhalten, müssen Sie sie direkt danach fragen. Am besten eignet sich dazu die einfache Frage: »Sind Sie einverstanden?« Manövrieren Sie sie in eine Lage, in der sie sich entscheiden müssen, bevor es weitergehen kann. Es muss klar werden, dass es um eine ganz bestimmte Sache geht (nämlich um Zustimmung) und dass Sie eine Antwort erwarten.

Bei Diskussionen über Design besteht immer die Gefahr, dass am Ende nur eine Handvoll zufälliger Ideen übrig bleibt, bevor sich die Unterhaltung auf ein anderes Thema verlagert. Aber solange Sie keine Zustimmung erhalten haben, dürfen Sie das Team nicht zum nächsten Punkt der Tagesordnung übergehen lassen. Sie müssen die Plauderei lang genug unterbrechen, um fragen zu können: »Bevor wir das Thema wechseln: Sind wir uns alle einig, dass wir so weitermachen?« Diese mündliche Bestätigung ist wichtig, damit dieser Punkt beim nächsten Treffen nicht erneut hochkommt, weil jemand vergessen hat, was beschlossen wurde.

Heben Sie die Vorteile oder Risiken hervor

Sie sollten nicht nur direkt sein, sondern Ihre Frage auch so geschickt formulieren, dass Ihre Gesprächspartner Ihnen von sich aus die gewünschte Antwort geben wollen. Mit anderen Worten: Machen Sie schon durch Ihre Formulierung ganz deutlich, was Ihrer Meinung nach die richtige Entscheidung wäre, sodass ihnen kaum etwas anderes übrig bleibt, als Ihnen zuzustimmen. Sie können das erreichen, indem Sie entweder die negativen Auswirkungen einer abweichenden Entscheidung oder die Vorteile einer Zustimmung hervorheben. Zum Beispiel: »Sind Sie der Meinung, dass wir die Konversionsrate erhöhen sollten, indem wir diese Felder entfernen?« In diesem Fall betonen Sie und erinnern die Projektbeteiligten daran, dass die von Ihnen vorgeschlagene Lösung die Konversion verbessern soll.

Bringen Sie die Stakeholder in Zugzwang

Die direkte Frage an die Stakeholder, ob sie einverstanden sind, zwingt sie auch dazu, ganz direkt zu antworten. Manchmal sind Projektbeteiligte nicht geradeheraus in ihrer Reaktion – wenn wir unser Ziel erreichen wollen, brauchen wir aber eine klare Antwort. Sind sie nicht einverstanden, müssen wir das in aller Deutlichkeit wissen. Wenn Sie Ihre Frage ganz direkt formulieren und die Auswirkung auf die Benutzererfahrung betonen, sind die Stakeholder gezwungen, Ihnen eine Antwort zu geben, die ihre Position deutlich macht. Falls sie unsicher sind, werden sie Ihnen vielleicht zustimmen, einfach damit es weitergeht.

Kontrolle über eigene Inhalte	
Bedanken, wiederholen, vorbereiten	Danke, dass Sie Ihren Vorschlag mit uns geteilt haben, die Inhalte auf Ihrer Seite manuell sortieren zu können. Ich weiß, dass Sie gerne mehr Kontrolle darüber hätten, wie Ihre Beiträge angezeigt werden. Wir schränken die Kontrolle, die wir den Autoren der Inhalte geben, absichtlich ein, um eine gewisse Konsistenz aufrechtzuerhalten. Lassen Sie uns also darüber sprechen, wie wir Ihnen am besten helfen können.
Identifikation des Problems	Die Herausforderung besteht darin, dass jede Ansicht chronologisch sortiert sein soll, damit die Benutzer die neuesten Inhalte immer ganz oben finden. Dadurch bleibt die Beitragsübersicht aktuell, und es ist sichergestellt, dass alle Autoren regelmäßig neue Inhalte einstellen.
Definition der Lösung	Anstatt eine Möglichkeit einzuführen, alle Inhalte manuell zu sortieren, würde ich vorschlagen, eine Funktion hinzuzufügen, mit der Sie jederzeit einen Artikel an den Anfang Ihres Streams »pinnen« können. Sobald Sie einen neuen Beitrag anheften, würde dieser den vorhandenen verdrängen. Wir fügen ein spezielles Symbol oder einen visuellen Hinweis hinzu, um anzuzeigen, dass es sich um einen angehefteten Beitrag handelt.
Empathie für die Benutzer	Dadurch bleibt den Benutzern auch weiterhin klar, dass unsere Content-Streams chronologisch sortiert sind. Anhand der visuellen Hinweise können sie erkennen, dass dieser einzelne angeheftete Beitrag aus der regulären Abfolge herausgehoben wurde.
Andocken an die Unternehmensziele	Sie profitieren davon, dass ein solcher Beitrag sich von den anderen abhebt und für einen längeren Zeitraum zusätzliche Aufmerksamkeit erhält. Außerdem bekommen Sie eine größere Kontrolle darüber, wie die Inhalte angezeigt werden, ohne Gefahr zu laufen, dass jeder Autor anfängt, seine Inhalte unterschiedlich zu ordnen.
Letztlich Einvernehmen herstellen	Ist das Anpinnen jeweils eines Beitrags für Sie eine akzeptable Lösung? Oder denken Sie weiterhin, dass es besser wäre, wenn jeder seine eigenen Inhalte sortieren könnte?

Interaktion »In den Warenkorb«	
Bedanken, wiederholen, vorbereiten	Vielen Dank, dass Sie Ihre Gedanken zu diesem Projekt mit uns teilen. Ihre Rückmeldungen sind wirklich wertvoll für uns, und ich freue mich, dass Sie alles mit uns besprochen haben. Ich werde alle Ihre Punkte noch einmal durchgehen, damit wir sie diskutieren können. Einige der Dinge, für die wir uns entschieden haben, möchte ich Ihnen genauer erklären. Ich bin mir sicher, dass Sie den Gründen im Verlauf unseres Gesprächs zustimmen werden. Zuerst möchte ich die neue »In den Warenkorb«-Interaktion besprechen.
Identifikation des Problems	Wenn ein Benutzer diese Oberfläche zum ersten Mal sieht, ist er durch das Vorhandensein von zwei Schaltflächen verwirrt und weiß nicht genau, was sie jeweils bedeuten und auf welche er tippen soll.
Definition der Lösung	Unsere Lösung besteht darin, beide Schaltflächen in einer zusammenzufassen, die die Bezeichnung »In den Warenkorb« erhält. Erst nach dem Antippen dieser Schaltfläche werden weitere Optionen angezeigt. Auf diese Weise werden die Entscheidungen nacheinander getroffen anstatt bereits im Voraus.
Empathie für die Benutzer	Bedenken Sie, dass unsere Anwender häufig an ihrem Arbeitsplatz bestellen. Unser Kunde könnte ein viel beschäftigter Manager sein, der auf irgendeinem Flur entdeckt, dass ein Leuchtmittel defekt ist, und spontan Ersatz bestellen will. Wir werden in der App nicht unbedingt seine volle Aufmerksamkeit besitzen und müssen deshalb einfach zu bedienende Optionen präsentieren, die nicht zu viel Nachdenken erfordern.
Andocken an die Unternehmensziele	Wir glauben, dass unsere Lösung die Konversionsrate erhöhen wird. Obwohl ein Benutzer dabei eine zusätzliche Tippgeste ausführen muss, vereinfacht sie die Entscheidung, einen Artikel in den Warenkorb zu legen, deutlich. Da »In den Warenkorb« eine aus dem E-Commerce bekannte Benennung ist, entsteht keine Unklarheit mehr. Unterm Strich werden mehr Personen auf »In den Warenkorb« tippen.
Letztlich Einvernehmen herstellen	Ich weiß, dass Ihr Unternehmen bisher die bestehende Begrifflichkeit bevorzugt hat, aber wir sind der Meinung, dass dieser neue Ansatz in die nächste Produktivversion aufgenommen werden sollte. Wir könnten auch einen A/B-Test in Betracht ziehen, damit wir den neuen Vorschlag und die bestehende Implementierung direkt miteinander vergleichen können. Unser diesjähriges Ziel ist es ja, die Konversionsrate deutlich zu steigern, und dies ist eine der wichtigsten Möglichkeiten, das zu erreichen. Sind Sie mit dieser Lösung einverstanden?

Überzogenes Branding	
Bedanken, wiederholen, vorbereiten	Vielen Dank für Ihren Beitrag zum Logo und den Farben. Ich stimme Ihnen zu, dass wir ein paar Dinge anpassen und verbessern könnten. Die Herausforderung liegt hier allerdings darin, dass die Marketingabteilung hinter diesen Bestrebungen steht und wir die endgültigen Entscheidungen nur wenig beeinflussen können. Ich denke aber auch, dass es hier noch etwas Diskussionsbedarf gibt.
Identifikation des Problems	Das Marketing würde diese Initiative gern unabhängig vom Rest des Produkts branden, um eine eigene Kampagne und entsprechende Aufmerksamkeit dafür zu schaffen. Das Problem ist, dass die Benutzer meiner Meinung nach den Unterschied zwischen diesen Submarken nicht verstehen werden. Sie setzen die Anwendung ihres Nutzens wegen ein, nicht wegen der separat gebrandeten Erweiterungen, und die Platzierung der Zusatzelemente wie Logos und Slogans steht dabei eher im Weg.
Definition der Lösung	Mein Vorschlag ist, in diesem Bereich auf die Verwendung eines Logos zu verzichten und das Branding auf die Verwendung von Farbe und Text zu beschränken, um die Botschaft zu vermitteln. In dieser speziellen Ansicht könnten wir mit kleinen Symbolen arbeiten, um die Zusatzdienste zu kennzeichnen, oder eine Textzeile in einer neuen Farbe hinzufügen, um deren Nutzen hervorzuheben. Dadurch sparen wir eine beträchtliche Menge an Platz bei minimalen Auswirkungen auf den Benutzer. Dazu müssten wir uns mit dem Marketing zusammensetzen und mit ihnen an dieser Lösung arbeiten.
Empathie für die Benutzer	Aus Sicht der Anwender ist eine solche Submarke bedeutungslos. Sie sind in erster Linie daran interessiert, ihre konkreten Aufgaben zu erledigen. Indem wir ihnen ein Logo vor die Nase setzen, behindern wir sie dabei, die Anwendung effizient zu nutzen, und bremsen sie damit. Das ist für Benutzer nicht nur potenziell frustrierend. Wenn sie den Nutzerflow nicht schnell genug beginnen können, gefährdet das auch die Konversion bezüglich der kostenpflichtigen Dienste.
Andocken an die Unternehmensziele	Unser Ziel bei diesem Teilprojekt war es, eine neue Einnahmequelle für Zusatzdienste an der Stelle zu schaffen, an der die Benutzer in den Nutzerflow einsteigen. Auch wenn das Marketing diese Gelegenheit nutzen möchte, um mit den Zusatzdiensten ein neues Produkt zu schaffen, bin ich der Meinung, dass ein markenbezogener Ansatz dem Benutzer (bestenfalls) keinen Mehrwert bietet, ihn verwirrt und (schlimmstenfalls) ausbremst. Mit anderen Worten: Unsere Bemühungen, über diesen Kanal zusätzliche Umsätze zu generieren, könnten beeinträchtigt werden.
Letztlich Einvernehmen herstellen	Ich hätte gerne Ihre Hilfe bei der Zusammenarbeit mit dem Marketing, damit wir den Umfang des Brandings reduzieren können. Ich bin gerne bereit, ihnen einige Alternativen vorzustellen und dabei zu helfen, die Perspektive des Benutzers besser zu verstehen. Stimmen Sie mir zu, dass wir uns dafür einsetzen sollten, das Branding für Zusatzdienste zu reduzieren?

Chaos im Hauptmenü	
Bedanken, wiederholen, vorbereiten	Vielen Dank für Ihre Rückmeldung. Ich schätze Ihren Standpunkt zu diesen Änderungen sehr und verstehe Ihren Vorschlag, diese neuen Optionen ins Hauptmenü aufzunehmen. Ich glaube, dass es noch eine bessere Lösung gibt, über die wir diskutieren könnten, mit der wir ebenfalls sicherstellen, dass diese neuen Funktionen sichtbar genug sein werden.
Identifikation des Problems	Wir haben hier das Problem, dass wir häufig neue Optionen zum Hauptmenü hinzufügen und es so zu einem Auffangbecken für alle Links wird, bei denen wir nicht wissen, wo wir sie sonst unterbringen sollen. Außerdem handelt es sich hierbei um zeitlich begrenzte Aktionen und nicht um dauerhafte Angebote, sodass es unwahrscheinlich ist, dass ein Benutzer explizit im Menü danach sucht.
Definition der Lösung	Ich schlage vor, dass wir diese Werbeaktionen in denjenigen Inhaltsbereichen hervorheben, die wir bereits für andere wichtige Mitteilungen verwenden, wie z. B. für Systemmeldungen oder den Text für Suchvorschläge. Wenn diese neuen Angebote verfügbar sind, können wir sie in diesen Bereichen anzeigen und haben dort auch noch Platz für Bilder und andere Inhalte.
Empathie für die Benutzer	Wir sollten die Benutzer nicht mit einer zu großen Anzahl von Optionen im Hauptmenü überfordern. Wir können sie besser unterstützen, indem wir passende, kontextbezogene Nachrichten anzeigen, die für die aktuelle Aufgabe relevant sind.
Andocken an die Unternehmensziele	Wenn wir diese Elemente dem Hauptmenü hinzufügen, könnte das nach hinten losgehen, weil die Nutzer es dort wahrscheinlich seltener finden werden. Eine strategische Platzierung auf der Seite in den bestehenden Bereichen könnte dagegen die Sichtbarkeit der Angebote erhöhen und den Erfolg der Aktionen verbessern.
Letztlich Einvernehmen herstellen	Ich würde gern unsere vorhandenen Inhaltsbereiche verwenden und kann einige Mockups für unser nächstes Treffen entwerfen. Sind Sie auch der Meinung, dass dies zu einer besseren Sichtbarkeit und zu einer Verbesserung der Benutzererfahrung führt? Oder denken Sie, es wäre besser, die Elemente dem Hauptmenü hinzuzufügen und zu riskieren, dass es zwischen den anderen Optionen untergeht?

Markenbanner	
Bedanken, wiederholen, vorbereiten	Vielen Dank für Ihren Vorschlag, das Logo in die Kopfzeile der App einzufügen. Ich weiß, dass Sie das Benutzererlebnis gern durch die Markendarstellung geprägt sähen, und ich stimme Ihnen zu, dass das wichtig ist. Lassen Sie uns darüber sprechen, wie man das am besten erreicht.
Identifikation des Problems	Die Herausforderung bei einer Anwendung wie dieser besteht darin, dass wir für die Navigation nur eine begrenzte Menge an Platz haben. Außerdem wollen wir, dass sich die Benutzer auf ihre Aufgaben konzentrieren und so wenig wie möglich abgelenkt werden.
Definition der Lösung	Wir haben uns entschieden, das Logo nicht in die Kopfzeile einzubinden, weil es dem Benutzer keine Funktionalität bietet. Indem wir darauf verzichten, haben wir mehr Platz für die Navigationsoptionen, und es ergibt sich eine einfachere Benutzeroberfläche.
Empathie für die Benutzer	Das Logo bietet dem Benutzer keinen direkten Mehrwert. Es dient nur dazu, die Marke eines Diensts zu betonen, den sie ja in diesem Moment bereits aktiv nutzen. Der Benutzer kann sich ohne Logo besser auf die effiziente Nutzung der Anwendung konzentrieren, da keine visuelle Ablenkung erfolgt. Je mehr wir die Oberfläche entschlacken können, desto besser die Benutzererfahrung.
Andocken an die Unternehmensziele	Branding ist wichtig, deshalb haben wir die Markendarstellung bei den verwendeten Farben, Texten und Interaktionen in der gesamten App berücksichtigt. Außerdem gibt es eine Seite »Über uns«, die das Logo und Links zu unseren anderen Produkten enthält. Ich möchte auch erwähnen, dass die Benutzer unsere Marke bereits kennen und nutzen, da sie sich für unser Angebot ja bereits angemeldet haben. Auch in der Log-in-Ansicht wird das Logo prominent gezeigt.
Letztlich Einvernehmen herstellen	Die Marketing-Website ist am besten geeignet, um die Marke durch ein Logo zu präsentieren, während es in der Anwendung in erster Linie darum geht, dass die Benutzer konzentriert ihre Aufgaben erledigen können. Ich möchte vorschlagen, dass wir eingeloggten Usern die fokussierte Nutzung unserer Anwendung ermöglichen, dafür aber an anderer, geeigneter Stelle deutlicheres Branding zulassen. Sind Sie mit dieser Lösung einverstanden?

Erfassung von Telefonnummern	
Bedanken, wiederholen, vorbereiten	Vielen Dank, dass Sie sich die Zeit genommen haben, Ihre Gedanken zu diesem neuen Design zu schildern. Sie haben mehrere Änderungsvorschläge gemacht, die ich mir notiert habe, und ich würde sie gern einzeln durchgehen, damit wir zu einer gemeinsamen Lösung kommen.
Identifikation des Problems	Als ersten Punkt hatten Sie genannt, dass ein Feld zur Erfassung der Telefonnummer in das Anmeldeformular aufgenommen werden soll. Der Fokus bei unserem Entwurf liegt auf der Steigerung der Konversionsrate des Formulars, und unser Design ist dahin gehend optimiert.
Definition der Lösung	Wir haben das Feld für die Telefonnummer aus mehreren Gründen entfernt. Erstens ist es eine bewährte Praxis, Kunden über den gleichen Kanal zu kontaktieren, über den der Kunde Kontakt aufgenommen hat. Auf ein Onlineformular würde man also eher per E-Mail als durch Telefonanrufe reagieren. Je weniger Felder ein Formular enthält, desto höher ist in der Regel die Konversionsrate, da die Benutzer es schneller ausfüllen können und nicht so viel über die Eingaben nachdenken müssen. Nicht zuletzt gibt es Forschungsergebnisse, die zeigen, dass allein das Vorhandensein eines Felds für eine Telefonnummer die Konversionsrate um mehr als 30 Prozent senken kann, selbst wenn das Feld gar nicht ausgefüllt werden muss.
Empathie für die Benutzer	Das liegt daran, dass viele Benutzer ihre Telefonnummer nur ungern weitergeben, weil sie befürchten, mit Telefonwerbung belästigt zu werden. Außerdem macht sie bereits das Vorhandensein des Telefonfelds skeptisch gegenüber dem Unternehmen, das danach fragt. Viele fragen sich: »Warum braucht jemand in einem Onlineformular meine Telefonnummer?«
Andocken an die Unternehmensziele	Ich weiß, dass Sie die Telefonnummern der Benutzer gern für Ihre Unterlagen hätten, aber hinsichtlich unseres Ziels, die Konversionsrate zu steigern, ist es besser, wenn wir sie im Formular nicht abfragen. Nach erfolgter Konversion haben wir viele nachgelagerte Möglichkeiten, mit den Benutzern in Kontakt zu treten, eine Beziehung zu ihnen aufzubauen und nach und nach weitere Informationen zu gewinnen. So entstehen bessere Beziehungen zu neuen Kunden, und es wird von Anfang an Vertrauen aufgebaut. Indem wir das Feld weglassen, können wir gleichzeitig eine hervorragende Benutzererfahrung schaffen und die gesteckten Unternehmensziele erreichen.
Letztlich Einvernehmen herstellen	Sind Sie der Meinung, dass wir dieses Feld im Formular weglassen können? Oder glauben Sie, dass es das Risiko einer geringeren Konversionsrate wert ist?

Zu viele Meldungen	
Bedanken, wiederholen, vorbereiten	Vielen Dank, dass Sie uns Ihre Zeit gewidmet haben. Ich schätze Ihren Beitrag zu unserem Projekt sehr. Sie haben eine einzigartige Perspektive auf das Geschäft, und ich möchte gern einige Ihrer Bedenken diskutieren und auch einige meiner eigenen Überlegungen schildern. Ich denke, wir sind uns einig, worauf wir uns konzentrieren müssen.
Identifikation des Problems	Aufgabe dieses Designs ist es, den Käufern zu vermitteln, wie viel sie bei diesen Produkten sparen können. Und das wollen wir zeigen, ohne dass man dabei zu viel überlegen muss. Die Herausforderung bei der aktuellen Implementierung besteht darin, dass das Unternehmen zu viele unterschiedliche Botschaften zu den verschiedenen Sparmöglichkeiten auf beschränktem Raum kommunizieren möchte. Hier haben wir den Listenpreis, die prozentuale Ersparnis, den Rabatt, den kostenlosen Versand und ein Fähnchen, das ein »Besonderes Angebot« kennzeichnet. Darüber hinaus sollen wir auch einen Timer mit der verbleibenden Angebotsfrist, die verfügbare Menge und den Texthinweis »Befristetes Angebot« anzeigen.
Definition der Lösung	Wir schlagen vor, anhand logischer Regeln festzulegen, welche Meldungen wann angezeigt werden, damit wir den Benutzer nicht mit zu vielen Meldungen auf einmal überfordern. Zum Beispiel sollten wir immer nur entweder die Rabattprozente oder den eingesparten Betrag anzeigen, aber niemals beides. Im vorliegenden Fall geben wir die prozentuale Ersparnis an, weil sie höher als 30 Prozent ist und das Angebot besser bewirbt als der eingesparte Absolutbetrag, der hier nur drei Euro beträgt. Außerdem zeigen wir den Timer nur an, wenn das Sonderangebot innerhalb der nächsten 24 Stunden abläuft, und die verfügbare Menge nur dann, wenn sie einen bestimmten Schwellenwert unterschreitet. Durch diese regelhafte Auswahl reduzieren wir die Anzahl der Botschaften so, dass sie den Käufer gezielt und ohne Reizüberflutung erreichen können.
Empathie für die Benutzer	Die Käufer haben keine Zeit, alle Details zu lesen, eigene Berechnungen anzustellen und herauszufinden, welche Artikel das beste Angebot für sie darstellen. Wenn Sie ihnen zu viele Botschaften anzeigen, verwirrt sie das nur, und sie können sich nicht mehr auf einzelne Hinweise konzentrieren. Unser Ansatz erlaubt dagegen eine gewisse Kontrolle darüber, welche Botschaften wir ihnen präsentieren. Dadurch entlasten wir die Benutzer und erlauben ihnen, sich ganz auf den eigentlichen Kauf konzentrieren zu können. Das wird zu schnelleren Kaufentscheidungen führen.
Andocken an die Unternehmensziele	Wenn wir uns nur auf die wichtigsten Botschaften für jeden Artikel konzentrieren, werden wir die Verkäufe und den Umsatz für diese Artikel eher steigern können. Durch die Reduzierung der Anzahl angezeigter Botschaften kann die Kaufentscheidung schneller getroffen werden, was zu einer besseren Konversionsrate führt.
Letztlich Einvernehmen herstellen	Den Vorteil eines Angebots glasklar fokussiert anzuzeigen und auf eine Überfrachtung mit zu vielen unterschiedlichen Botschaften zu verzichten, ist hier der beste Weg. Stimmen Sie zu, dass wir unsere Botschaften fokussieren sollten, um die Entscheidungsfindung für unsere Kunden zu vereinfachen?

Benutzerdefinierte Berichte	
Bedanken, wiederholen, vorbereiten	Vielen Dank für Ihren Blickwinkel, was die Listendarstellung der Fälle angeht. Das war hervorragendes Feedback, und ich würde es gern im Einzelnen durchgehen, damit wir uns sicher sind, wie wir weitermachen wollen.
Identifikation des Problems	Sie haben erwähnt, dass Sie gern die Möglichkeit hätten, Berichte direkt in der Listenansicht selbst anzupassen. Ich finde auch, dass dies eine großartige Ergänzung für die App wäre.
Definition der Lösung	Wir haben diese Option allerdings ganz bewusst weggelassen, weil sie nicht zu den Zielen der aktuellen Projektphase gehört. Dieses Feature würde einiges an zusätzlicher Funktionalität und weiterem Designaufwand erfordern, wenn wir es wirklich gut umsetzen wollen.
Empathie für die Benutzer	Wir sind uns bewusst, dass diese Funktion zwar für einige Benutzer nützlich wäre, die Mehrheit der Anwender benötigt allerdings keine derartigen benutzerdefinierten Anpassungen. Für den Augenblick ist die Benutzeroberfläche ohne diese Funktion zudem einfacher.
Andocken an die Unternehmensziele	Wenn wir uns auf die Fallansicht in ihrer einfachsten Form konzentrieren, können wir diese Kernfunktion innerhalb unseres Zeitplans fertigstellen und den Benutzern diese Ansicht früher zur Verfügung stellen. Später können wir weiteres Feedback von Anwenderseite sammeln und einen Plan zur Umsetzung Ihrer Idee fassen.
Letztlich Einvernehmen herstellen	Sind Sie damit einverstanden, dass wir vorerst ohne dieses Feature weitermachen? Oder sollen wir lieber unsere Aufgaben neu priorisieren und unseren Zeitplan anpassen, um diese Funktion doch noch zu berücksichtigen?

Ich möchte ein neues Widget	
Bedanken, wiederholen, vorbereiten	Vielen Dank für Ihre Gedanken zum Dashboard. Ja, ich stimme Ihnen zu, dass ein neues Widget, das die Gesamtsummen anzeigt, nützlich wäre. Das war in den ursprünglichen Entwürfen nicht vorgesehen, also lassen Sie uns über die beste Lösung diskutieren.
Identifikation des Problems	Das Problem ist, dass die Grafiken die gesamte Breite der Anwendung einnehmen, weil wir, da es sich um eine Lösung eines Drittanbieters handelt, weniger Kontrolle über die Anzeige haben. Außerdem bieten wir bereits Widgets für den aktuellen Status sowie für Wiedervorlagen an, sodass nicht mehr viel Platz für ein weiteres vorhanden ist. Die aktuelle Anordnung der Widgets dient dazu, verspätetes Nachfassen zu reduzieren.
Definition der Lösung	Ich würde empfehlen, entweder das Status-Widget oder das Wiedervorlage-Widget durch ein neues Summen-Widget zu ersetzen, wenn das jetzt Priorität haben sollte. Wir können die vorhandenen Slots für das neue Widget verwenden, ohne das Design zu ändern, und wir halten die Oberfläche einfach, indem wir nichts hinzufügen.
Empathie für die Benutzer	Die Herausforderung bei diesem Ansatz besteht darin, dass wir die Anforderungen bereits mit unseren internen Anwendern besprochen haben und sich alle einig waren, dass die aktuellen Widgets in dieser ersten Version am dringendsten gebraucht werden. Ich möchte kein weiteres hinzufügen und damit zu einem Durcheinander oder einem Übermaß an Informationen beitragen. Gleichzeitig möchte ich den allgemein geäußerten Wunsch hinsichtlich der benötigten Dashboard-Widgets erfüllen. Ich weiß, dass Hannah ihre Mitarbeiter auf der Grundlage unserer aktuellen Entwürfe schulen will.
Andocken an die Unternehmensziele	Praktisch betrachtet, würde selbst der bloße Austausch eines Widgets gegen ein anderes den Projektfortschritt bremsen, weil wir erst ein Design für das neue Widget entwerfen müssten und zusätzliche Unterstützung von Entwicklerseite benötigten. Aus unserer Sicht könnte sich dadurch die Freigabe um eine Woche verzögern, vielleicht sogar länger. Und obwohl das Summen-Widget eine schöne Sache wäre, würde es uns nicht dabei helfen, unser Ziel zu erreichen, nämlich die Zahl der verspäteten Nachfassaktionen zu reduzieren. Wenn wir eines der vorhandenen Widgets zugunsten eines Summen-Widgets entfernen sollen, würde ich vorschlagen, auch ein neues Ziel festzulegen, das wir mit einer geänderten Anordnung der Widgets erreichen wollen.
Letztlich Einvernehmen herstellen	Möchten Sie dieses Summen-Widget hinzufügen und dafür eines der anderen entfernen? Falls ja, kann ich unseren Zeitplan entsprechend anpassen und die Änderung erneut mit unseren internen Anwendern besprechen, sodass wir uns anschließend mit geänderten Zielen für die aktuelle Projektphase befassen können.

Benutzer haben uns gesagt	
Bedanken, wiederholen, vorbereiten	Vielen Dank, dass Sie sich heute die Zeit genommen haben, uns Rückmeldungen zu diesen neuen Entwürfen zu geben. Ich habe mir Ihre Vorschläge notiert und würde die Punkte gern einzeln durchgehen, um sicherzugehen, dass wir sie verstehen. Bei all unseren Entwürfen berücksichtigen wir sowohl die Bedürfnisse des Unternehmens als auch die der Benutzer. Ich denke, dass es für die Diskussion hilfreich sein kann, wenn wir unsere diesbezüglichen Überlegungen beschreiben.
Identifikation des Problems	Ihr erster Vorschlag lautete, dass wir die Eingabefelder im Anamneseformular ändern sollten. Dies ist ein interessanter Teil der Anwendung, da er im Vergleich zu anderen Bereichen der App die höchste Abbruchrate aufweist. Etwa 40 Prozent der Benutzer springen in diesem Abschnitt ab. Wir würden gern eine Lösung finden, um die Benutzer bei diesem Schritt besser bei der Stange zu halten, sodass sie die weiteren Schritte und den Gesamtprozess abschließen.
Definition der Lösung	Unsere Lösung beruht auf der Annahme, dass die Feldbezeichnungen für normale Benutzer zu verwirrend waren. Wir haben deshalb als Erstes die Bezeichnungen vereinfacht. Wir haben außerdem mit einigen Callcentermitarbeitern gesprochen, die uns berichtet haben, dass viele Benutzer die Details ihrer Krankengeschichte beim Ausfüllen des Formulars nicht parat haben. Die Anwender werden, da es sich um erforderliche Angaben handelt, an dieser Stelle dazu getrieben, den Vorgang abzubrechen.
Empathie für die Benutzer	Um es unseren Anwendern einfacher zu machen, haben wir viele der Pflichtfelder bewusst entfernt. Sie können jetzt angeben, welche Informationen sie aktuell vorliegen haben und welche sie später nachtragen werden. Damit können sie diesen Schritt vorläufig abschließen, auch wenn ihre Daten unvollständig sind. Wir können sie bei der nächsten Anmeldung auffordern, die fehlenden Angaben nachzutragen, oder ihnen ein paar Tage später eine entsprechende Aufforderung per E-Mail schicken. Die Benutzer bekommen auf diese Weise ein besseres Gefühl der Kontrolle und werden seltener abbrechen.
Andocken an die Unternehmensziele	Dadurch können wir mit deutlich höheren Absenderaten rechnen. Zudem werden wir insgesamt sogar genauere Daten bekommen, da einige Benutzer aufgrund der Pflichtfelder an dieser Stelle einfach Fake-Informationen eingegeben haben, nur um weiterzukommen. Aber der größte Vorteil ist, dass es weniger Supportanrufe geben wird, weil die Benutzer jetzt eher in der Lage sein werden, das Formular ohne weitere Hilfe auszufüllen. Das verringert die Kosten im Callcenter. Wenn jemand persönlich vor Ort erscheint, können wir die bereits eingetragenen und gespeicherten Daten problemlos vervollständigen. Es besteht kein Risiko, dass Informationen verloren gehen.
Letztlich Einvernehmen herstellen	Wir würden gern die Anzahl der Kunden, die ein Profil einrichten, deutlich steigern und glauben, dass dies die beste Lösung dazu ist. Sind Sie mit dieser Lösung einverstanden?

Es mag etwas bemüht oder gekünstelt erscheinen, einer festen Formel zu folgen, um auf die Rückmeldungen der Stakeholder zu reagieren. Die IDEAL-Antwort soll aber nur einen Rahmen und eine Struktur anbieten, die uns hilft, in unserer Antwort alle wichtigen Bereiche zu berücksichtigen. Sie soll Ihnen keine mechanisch oder unnatürlich wirkende Ausdrucksweise aufzwingen. Für mich hat sich die IDEAL-Formel bewährt, weil ich sie mir gut merken und damit sichergehen kann, dass ich alle Bereiche abgedeckt habe. Ob Sie Ihre Antwort jedes Mal auf die genau gleiche Weise formulieren, ist weniger wichtig, als sicherzustellen, dass Sie alles Wichtige angesprochen haben. Vergessen Sie nicht, dass es darum geht, auf die Stakeholder in einer Weise einzugehen, die deren Bedürfnissen entgegenkommt und Ihre Designentscheidungen bestmöglich begründet. Verwenden Sie diesen Bezugsrahmen als Werkzeug, um mit den Stakeholdern zu kommunizieren, ohne verrückt zu werden, und die bestmögliche Benutzererfahrung abzuliefern.

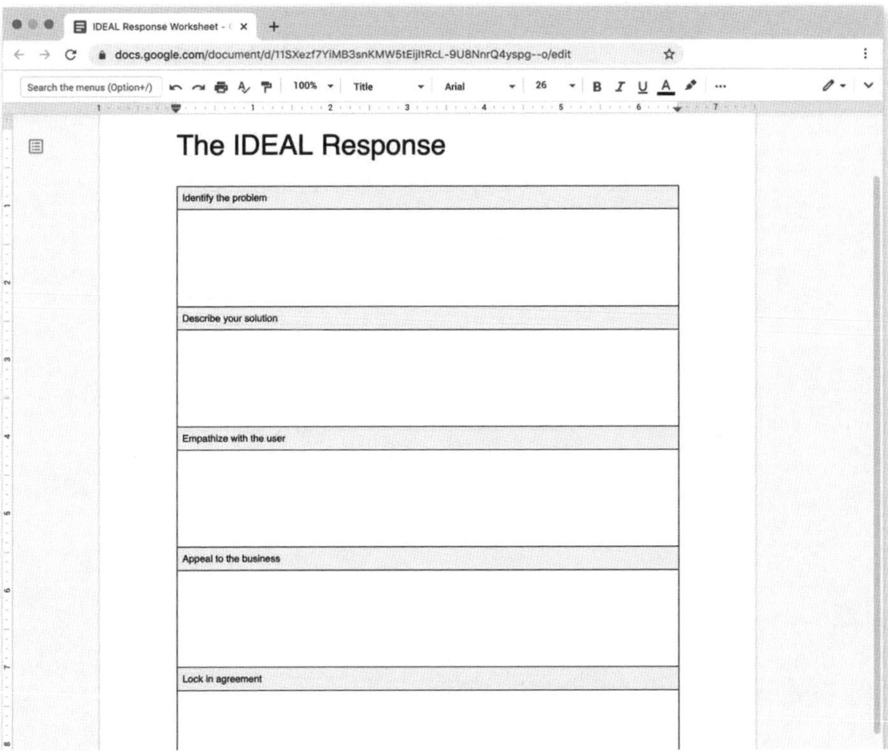

Sie können eine (englischsprachige) Vorlage für Ihre eigenen IDEAL-Antworten von meiner Website herunterladen: *https://tomgreever.com/resources*.

9

Nachbereitung

Das Meeting

Verstehen ✓ — Zuhören ✓ — Antworten ✓ — Nachbereiten

Auch nach dem Meeting wartet noch eine Menge Arbeit auf Sie. Die Zeit unmittelbar nach einem Treffen ist fast genauso wichtig wie die Besprechung selbst. Verschwinden Sie nicht direkt, sondern bleiben Sie noch ein bisschen und reden mit den anderen Teilnehmern, um Dinge nachzubesprechen und vielleicht etwas zu erfahren, das während des Meetings nicht so deutlich zutage getreten ist. Führen Sie informelle Einzelgespräche mit Personen, die sich für Ihre Anliegen einsetzen können, und fassen Sie nach, solange die Eindrücke noch frisch sind. Diese Zeit unmittelbar nach der Besprechung ist Ihre beste Verteidigung gegen eine Entscheidung, die sich letztendlich katastrophal auf die Benutzererfahrung des Projekts auswirken könnte. Und selbst wenn Sie glauben, dass die Entscheidung bereits gefallen ist, können Sie vielleicht noch ein paar Bedenken ausräumen. Lassen Sie uns kurz einige der Dinge durchgehen, die Sie unmittelbar nach dem Meeting erledigen müssen:

- Bleiben Sie noch ein wenig, um mit den Projektbeteiligten zu plaudern.
- Erstellen Sie zügig ein Protokoll.
- Filtern Sie und entfernen Sie alles Überflüssige.
- Machen Sie Personen ausfindig, die Ihnen helfen können.
- Treffen Sie Entscheidungen, falls noch Unklarheiten bestehen.

Das Meeting nach dem Meeting

Aus den verschiedensten Gründen sprechen Menschen vor einer Gruppe nicht immer laut aus, was sie denken. Das liegt oft daran, dass der Zweck des Meetings in erster Linie darin besteht, dass die Chefin oder der Chef ihre Meinung äußern können. Manchmal befürchten die Teilnehmer aber auch, unpopuläre oder riskante Sichtweisen zu haben und den Status quo damit zu gefährden. Deshalb warten manche, bis das Meeting vorbei ist, und nehmen Sie dann zur Seite, um Ihnen sagen, was sie eigentlich denken. Es ist erstaunlich, wie viele Entscheidungen unmittelbar nach dem Ende eines Meetings getroffen werden. Es ist eine großartige Gelegenheit, um offene Punkte zu klären und sich die Unterstützung meinungsbildender Personen zu sichern.

Nachgelagerte Beliebtheit

Manchmal ist die Produktivität im Flur vor einem Konferenzraum am höchsten. In einer Besprechung mit einer Führungskraft, an der ich teilnahm, ging es darum, die Implementierung eines zuvor beschlossenen Designs abzunehmen. Das Treffen selbst lief bestens. Es gab keine besonderen Probleme mit der App und nichts Wesentliches zu berichten. Aber kaum hatte die Führungskraft das Treffen verlassen, stürmten alle auf mich zu, um mit mir zu reden.

Eine Teilnehmerin bat mich, sie in Zukunft auf dem Laufenden zu halten, damit sie mich bei unserem nächsten Treffen unterstützen könnte. Sie wollte mich unterstützen und teilte mir dies ganz offen mit. Ein anderer Teilnehmer wollte eine frühere Entscheidung zurückdrehen und gab mir die entsprechende Erlaubnis auch ohne die ausdrückliche Zustimmung dieser Führungskraft. Er wollte, dass das Projekt vorankommt, und war bereit, seinen Kopf für mich hinzuhalten. Und eine dritte Teilnehmerin entschuldigte sich für ihre Abwesenheit bei meinen anderen Treffen, bat um eine persönliche Begegnung, um mir ihre Bedenken mitzuteilen, und versprach, sich in Zukunft mehr einzubringen. Alle drei Gespräche hätten möglicherweise nicht so schnell (wenn überhaupt) stattgefunden, wenn ich direkt nach dem Meeting verschwunden wäre.

Planen Sie immer ein bisschen Zeit ein, um nach einem Treffen noch präsent zu bleiben, etwas mit den Leuten zu plaudern, ihnen für ihre Teilnahme zu danken und einfach zu sehen, was noch passiert. Wenn Sie aus der Ferne arbeiten, können Sie noch eine Weile in der Konferenz bleiben oder auch einzelnen Teilnehmern eine persönliche Nachricht mit der Bitte um eine kurze Nachbesprechung schicken. Ich verspreche Ihnen, dass nach dem Meeting genauso viel geschieht wie währenddessen.

Schnelle Nachbereitung

Senden Sie so schnell wie möglich (am besten innerhalb einer Stunde oder zumindest innerhalb eines Tages) als Follow-up ein Protokoll an das gesamte Team. Es muss nicht perfekt geschrieben sein: Es soll funktional sein, keine Poesie. Sie müssen die Nachbereitung starten, solange in den Köpfen alles noch frisch ist – auch in Ihrem –, bevor jemand die gerade getroffenen Entscheidungen vergisst oder die Chance hat, ihnen zu widersprechen.

Eine schnelle Nachbereitung signalisiert, dass Ihnen die Besprechung wirklich wichtig war und Sie sich mit nichts anderem beschäftigen werden, bis alles erledigt ist. Des Weiteren werden die Teilnehmer es zu schätzen wissen, dass Sie sich die Arbeit machen, sie zeitnah auf dem Laufenden zu halten. Außerdem zeigt es, dass Sie wirklich zuhören und das Feedback der Projektbeteiligten nicht einfach ignorieren: Sie haben es notiert, nehmen es ernst und kommunizieren es ganz konkret an das gesamte Team. Zudem bringen Sie dadurch alle Beteiligten auf den gleichen Stand, sodass eventuelle Missverständnisse über den weiteren Fortgang des Projekts ausgeschlossen werden. Sie erstellen ein Protokoll, das alle zu Gesicht bekommen, und ermöglichen es damit allen Beteiligten, gegebenenfalls noch Ergänzungen anzubringen.

Diese schriftliche Aufzeichnung hat sich für mich oft noch Monate später als unschätzbar wertvoll erwiesen, wenn neu hinzugekommene Projektbeteiligte wissen wollten, wann warum von wem welche Entscheidungen getroffen wurden. Eine schnelle Suche fördert dann meine damaligen Notizen oder Mails zutage, und ich muss mich nicht auf erneute Diskussionen einlassen. Ich habe auch schon erlebt, dass Manager diese Mitteilungen aufbewahrt und in anderen Meetings verwendet haben, um unterschiedliche Stakeholder zu informieren. Manche kopieren es vielleicht sogar und benutzen Teile davon in Texten für ihre eigenen Chefs. Unterschätzen Sie also nicht den Nutzen eines solchen Protokolls.

Das Follow-up sollte folgende Punkte beinhalten:

- Danken Sie zunächst den Teilnehmerinnen und Teilnehmern des Meetings für ihre Zeit und Aufmerksamkeit. Die meisten Menschen haben viel zu tun, und wir sollten immer zu schätzen wissen, dass sie sich für uns Zeit nehmen.
- Zweitens: Rekapitulieren Sie alles, was besprochen wurde. Das kann eine einfache Aufzählung sein, in der kurz die jeweiligen Entscheidungen vermerkt sind. Eine solche einfach gehaltene Liste erleichtert die Weitergabe an andere Personen.

- Konzentrieren Sie sich zuletzt auf Maßnahmen, nächste Schritte und das Erwartungsmanagement. Sie sollten immer so genau wie möglich kommunizieren, was als Nächstes passieren wird. Dadurch sehen alle, dass die Dinge vorangehen und ihre Teilnahme an der Besprechung keine Zeitverschwendung war. Außerdem entlastet es Sie und ermöglicht dem gesamten Team, sich an den nächsten Schritten zu beteiligen.

Scheuen Sie sich nicht, anderen Personen Aufgaben zuzuweisen, auch solchen, die nicht zu Ihrem direkten Einflussbereich gehören. In Besprechungen ist es üblich, dass sich Teilnehmende freiwillig bereit erklären, bestimmte Punkte näher zu untersuchen, bei anderen Personen bestimmte Informationen einzuholen oder eine Diskussion an anderer Stelle fortzusetzen. Das Follow-up ist perfekt dafür geeignet, alle daran zu erinnern, wer welche Aufgabe übernommen hat. Seien Sie dabei so konkret wie möglich. Nennen Sie die betreffende Aufgabe und die dafür verantwortliche Person und geben Sie ein Zieldatum oder einen allgemeinen Zeitrahmen an. Stellen Sie außerdem direkte Fragen, damit klar ist, welche Punkte noch offen sind. Zählen Sie wichtige Entscheidungen auf und machen Sie deutlich, warum sie getroffen wurden.

Hier ein Beispiel dafür, wie ein Follow-up aussehen könnte:

> Vielen Dank, dass Sie sich heute Zeit genommen haben! Es war ein sehr produktives Treffen, und ich möchte mich für Ihre Teilnahme bedanken. Folgende Entscheidungen haben wir getroffen:
>
> - Die CSS-Animation auf der Homepage läuft zu schnell. Jon verkürzt sie daher auf 100 Millisekunden.
> - Der Artikelpreis in den Bestsellern wird zu klein angezeigt. Ich werde überprüfen, ob die Größe mit den anderen Preisanzeigen übereinstimmt, und die Darstellung gegebenenfalls anpassen.
> - Der Kategoriebaum scheint die falschen Daten zu verwenden. Wir haben eine E-Mail an Abdul geschickt, um dieses Problem zu lösen.
> - Stan macht sich Sorgen, dass der Call-to-Action, der zur Mitgliedschaft auffordert, zu groß ist und den falschen Text enthält. Jennifer überprüft mit den Content-Leuten, ob der Text stimmt. Ich werde die erwähnte Usability-Studie weiterleiten.
> - Das Veröffentlichungsdatum wurde genehmigt, sofern die Anwendung die Qualitätskontrolle besteht. Jon wird uns morgen eine E-Mail mit einem Status-Update schicken.

Es kommt darauf an, dass Sie Ihr Update so kurz und detailliert wie möglich halten, ohne dabei wichtige Informationen auszulassen. Die Projektbeteiligten sollten in der Lage sein, die Zusammenfassung schnell zu überfliegen, ohne sich zu sehr in Details zu verlieren. Um an weitere Informationen zu gelangen, sollte es einen Link zu Ihren vollständigen Notizen und der Dokumentation geben.

Filtern

Eine weitere Strategie bei der Nachbereitung eines Meeting besteht darin, nach bestem Wissen und Gewissen alle unnötigen Informationen, die nicht noch einmal für das gesamte Team wiederholt werden müssen, herauszufiltern. Das mag manchmal nicht ganz einfach zu beurteilen sein, ist aber notwendig, wenn wir die Kommunikation von übertriebenem Ballast befreien wollen. In Meetings werden viele Dinge gesagt, die nicht erneut bedacht, besprochen oder aufgewärmt werden müssen. Bei vielen Punkten ist das offensichtlich, bei manchen etwas schwerer zu erkennen.

Wenn zum Beispiel während einer Besprechung die meisten Anwesenden bei einer vorgeschlagenen Lösung zustimmend nicken, aber ein oder zwei Teilnehmer noch Fragen dazu haben, sollten Sie sie in der Regel zu Wort kommen lassen. Lassen Sie sie reden, hören Sie ihnen zu, wenden Sie alles an, was Sie bisher gelernt haben. Wenn Sie aber Ihre Notizen zusammenfassen oder ein Protokoll erstellen, sollten Sie sich jeweils fragen, ob etwas wirklich dokumentiert oder erwähnt werden muss. Manches kann getrost unter den Tisch fallen, und das ist auch gut so.

Manchmal schlägt jemand Dinge vor, die nicht wirklich relevant sind. Manche Menschen hören sich selbst gern reden und spielen mit Ideen herum. Das ist alles kein Problem. Das kommt vor. Manche nennen es Brainstorming, aber oft schweift da bloß jemand weit vom Thema ab. Das ist okay. Lassen Sie alle zu Wort kommen. Bedanken Sie sich für den Diskussionsbeitrag. Wichtig ist, dass Sie diese Situationen richtig einschätzen und in der Nachbereitung alle überflüssigen Informationen diskret weglassen.

Ignorieren von »Innovation«

Einmal wurde in einem Meeting mit einem Kunden diskutiert, ob man eine interaktive Karte mit den Standorten der Filialen anbieten sollte. Die bestehende Karte war lediglich eine statische Grafik mit entsprechenden Beschriftungen, die der Benutzer vergrößern konnte. Bei der Durchsicht einiger interaktiver Kartenentwürfe beklagte sich der Projektleiter, dass diese Karten nicht innovativ genug seien, dass er mehr von uns erwartet hätte und ob wir denn keine außergewöhnlicheren Ideen anzubieten hätten. Dann begann er, sich über eine 3-D-Karte zu verbreiten, in der die Benutzer durch die Ladenflure gehen und mithilfe von Augmented Reality, Pop-over und Animation alle angebotenen Produkte in allen Einzelheiten sehen können. Obwohl er es gut meinte, wollte ich auf diese Idee keine Zeit ver(sch)wenden und ließ diesen Teil des Meetings in meinem Protokoll unter den Tisch fallen.

Um schnell abzuschätzen, welche Informationen Sie gefahrlos herausfiltern können, müssen Sie Informationen über die Person einbeziehen, die einen Vorschlag gemacht hat:

Welche Absicht stand dahinter?
: Manche Menschen werfen ohne konkrete Absicht ganz beiläufig mit Ideen um sich. Für sie ist es normalerweise nicht besonders wichtig, ob eine bestimmte Idee tatsächlich weiterverfolgt wird.

Stimmen andere Personen zu oder nicht?
: Oft zeigt sich ganz deutlich, dass einem Vorschlag ansonsten niemand zustimmt. Selbst wenn es keine formale Entscheidung gab, können Sie die Idee in Ihren Notizen und im Protokoll gefahrlos weglassen. Treffen Sie eine Ermessensentscheidung.

Ist die Meinung dieser Person maßgeblich?
: Manche Menschen sind einflussreicher und wichtiger für die Entscheidungsfindung. Überlegen Sie, ob jemand zu dieser Gruppe gehört, und machen Sie es davon abhängig, ob Sie etwas dokumentieren oder nicht.

Wird jemand das Thema beim nächsten Treffen erneut ansprechen?
: Falls ja, müssen Sie einen Weg finden, die Entscheidung höflich zu verschieben, um erst später darauf zurückzukommen. Wäre es Ihnen am liebsten, dass die Idee nicht erneut zur Sprache kommt, sollten Sie sie jetzt prophylaktisch abhandeln.

Sie können also möglicherweise einige Details der Besprechung auslassen und damit verhindern, dass Ihre Dokumentation oder das Projekt mit überflüssigem Ballast überfrachtet wird. Wir müssen ein Gespür dafür entwickeln, wann einzelne Diskussionsbeiträge den Zielen des Projekts abträglich sind. Stammen diese Beiträge von Personen, die keinen wesentlichen Einfluss auf Entscheidungen haben, stimmt sonst niemand mit ihnen überein und werden sie es wahrscheinlich nicht erneut zur Sprache bringen, können Sie sie mit Sicherheit herausfiltern.

Lassen Sie es unter den Tisch fallen

Ich nahm an einem Meeting mit insgesamt fünf oder sechs Personen teil. Einer der Teilnehmenden war ganz besonders charismatisch. Er gehörte nicht zum selben Team, hatte aber eine einflussreiche Position innerhalb des Unternehmens und darum gebeten, in unser Gespräch mit einbezogen zu werden. Obwohl man gern mit ihm zusammenarbeitete (er war ein witziger Zeitgenosse), hatte er doch auch den Ruf, etwas zu viele wilde Ideen zu entwickeln.

Während des Meetings äußerte sich jemand zu einer bestimmten Interaktion, als er mit einer seiner Ideen dazwischenfunkte, die sich als völlig abgehoben, praktisch nicht durchführbar oder zumindest extrem unrealistisch erwies – dennoch drehte sich das gesamte Gespräch kurzzeitig nur um diesen wilden Geistesblitz. Ich hielt mich dabei zurück, machte mir nur Notizen und stellte Fragen. Zwar fanden einige den Vorschlag nicht uncharmant, aber mir schien ziemlich klar zu sein, dass dem eigentlich niemand ernsthaft Priorität einräumte. Seine Idee lag außerhalb der Projektvorgaben, auch wenn sie ziemlich kreativ und definitiv zukunftsweisend war.

Nach dem Meeting, als ich an meiner Nachbereitung saß, kam ich zu dem entsprechenden Abschnitt meiner Notizen. Anstatt der Idee die Chance zu geben, sich irgendwie auf die Tagesordnung der nächsten Besprechung zu retten, entschied ich mich, sie einfach vollständig zu ignorieren und mit keinem Wort zu erwähnen. Nachdem ich allen Teilnehmern die Aufzählung der behandelten Themen gemailt hatte, habe ich nie wieder etwas darüber gehört. Kein Teammitglied hat den Vorschlag jemals wieder erwähnt – auch die betreffende Person selbst nicht.

In diesem speziellen Fall war es wichtig, die Dynamik der Beziehungen zu verstehen, die bei diesem Meeting eine Rolle spielten. Andernfalls hätte ich vielleicht zugelassen, dass uns eine zusätzliche Anforderung weit vom Weg abbringen würde. Ich möchte aber dennoch auf meine beiden Interventionen hinweisen, um dem Ideengeber während des Meetings ein gutes Gefühl zu geben: Ich habe Fragen gestellt und mir Notizen gemacht. Er hatte keine Ahnung, *was* ich aufschrieb. Es war auch nicht wirklich wichtig. Es kam darauf an, dass ich ihm Respekt erwies und aufmerksam zuhörte. Ich gab ihm das Gefühl, wertgeschätzt zu werden. Selbst wenn er später bemerkt hat, dass ich seine Idee im Follow-up weggelassen hatte, wusste er doch, dass ich sie zumindest in Betracht gezogen hatte. Ich weiß es nicht genau, aber ich vermute, dass er die E-Mail entweder gar nicht gelesen oder aber nicht bemerkt hat, dass sein Vorschlag nicht darin vorkam.

Also: Sie müssen lernen, all den überflüssigen Kram herauszufiltern, der Ihre Entscheidungsfindung beeinträchtigen kann. Man glaubt schnell, dass alle geäußerten Meinungen und Ideen in unsere Designs einfließen müssen. Aber das stimmt nicht. Tatsächlich wäre das ein gefährlicher Weg. Indem Sie aufmerksam zuhören und die jeweilige Situation »lesen«, können Sie in der Nachbereitung Überflüssiges weglassen, nur die wirklich wichtigen Dinge erwähnen und die Ergebnisse des Meetings schnell kommunizieren.

Nachgelagerte Einzelgespräche

Genau wie es ein »Meeting nach dem Meeting« gibt, mag es auch einige Personen geben, mit denen Sie sich im Nachgang gesondert unterhalten möchten. Sie könnten ihnen anbieten, sie in ihr Büro zu begleiten, das Gespräch später bei einem Kaffee fortzusetzen oder sie per Direktnachricht zu einer Nachbesprechung einladen. Es ist wichtig, dass Sie direkt nach dem Treffen fragen, wenn jeder noch im Thema ist und über Ihr Projekt nachdenkt. Sobald alle an ihre Schreibtische zurückkehrt sind, wird es den meisten viel schwerer fallen, sich Zeit für Sie zu nehmen.

Der Zweck dieser Einzelgespräche ist es, Menschen die Möglichkeit zu geben, ihre Gedanken und Meinungen frei von den Zwängen eines Meetings mitzuteilen und ohne dass andere dabei zuhören. Sie können diese direkten Begegnungen nutzen, um mehr Informationen über das Projekt zu sammeln, Einblicke in die Team- oder Unternehmensdynamik zu gewinnen, die Ihnen sonst vielleicht verwehrt blieben, und neue Beziehungen aufzubauen, die Ihnen in der Zukunft von Nutzen sein können. Dabei geht es um Personen, die Einfluss auf Ihr Projekt haben, Teil Ihres Unterstützerkreises werden und Ihnen in den nächsten Meetings bei kommenden Designreviews helfen könnten.

Meetings sind in der Regel eine gute Gelegenheit, Personen zu begegnen, mit denen Sie ansonsten nicht regelmäßig zu tun haben. Sie mögen aus einer anderen Abteilung oder einem anderen Team stammen und normalerweise wenig von Ihnen und Ihrer Arbeit mitbekommen. Ich bin immer wieder angenehm überrascht, wenn jemand, den ich nicht besonders gut kenne, mir zu Hilfe kommt, indem er seine Unterstützung für einen meiner Vorschläge zum Ausdruck bringt. Sie sollten immer darauf bedacht sein, solche Personen ausfindig zu machen und sich möglichst regelmäßig mit ihnen zu treffen. Halten Sie sie auf dem Laufenden, damit sie Sie bei Ihrer Arbeit unterstützen können.

Tun Sie etwas, auch wenn es falsch ist.

Als ich noch ein kleiner Junge war, werkelten mein Vater und ich zusammen an einem Baumhaus. Ich erinnere mich daran, dass er einmal, während er ein Brett hielt, versehentlich sein Werkzeug fallen ließ. Er stand auf einer Leiter, hielt dabei das schwere Holzbrett fest und konnte selbst nichts tun. Ich wusste ebenfalls nicht, was ich tun sollte, stand nur da und schaute ihn unschlüssig an. Sollte ich ihm dabei helfen, das Brett zu halten? Sollte ich hinunterspringen und das Werkzeug aufheben? Was sollte ich machen? Nach ein paar quälenden Sekunden rief er mir zu: »Jetzt tu doch was! Selbst wenn es falsch ist!« Das war tatsächlich ein Spruch, den mein Vater gern benutzte. Manchmal mag uns nicht klar sein, was wir tun sollen, aber es ist fast immer besser, *irgendetwas* zu tun als gar nichts.

Ich möchte jetzt wirklich nicht vorschlagen, diese Logik auf zu viele wichtige Entscheidungen des Lebens anzuwenden – aber oft enden Meetings, ohne dass es eine klare Lösung für einige der wichtigsten Fragen hinsichtlich unserer Entwürfe gibt. Selbst wenn wir hartnäckig darauf drängen, dass Entscheidungen getroffen werden, können wir uns manchmal nicht einigen und kommen einfach nicht weiter. Vielleicht ist niemand bereit, sich vor den anderen Projektbeteiligten zu äußern. Vielleicht interessiert sich niemand ausreichend für ein bestimmtes Element. Oft drängt sich einfach keine offensichtliche Lösung auf. Niemand weiß so recht, was zu tun ist – und deshalb tut auch keiner etwas.

In diesen Fällen empfehle ich, später einfach selbst eine Entscheidung zu treffen und diese im Nachgang dem Rest des Teams mitzuteilen. Es ist besser, irgendetwas zu tun (auch wenn es falsch ist) und dem Team die Möglichkeit zu geben, sich für oder gegen Ihre Entscheidung auszusprechen, als sich mit aufgeschobenen Entscheidungen und einem stagnierenden Designprozess auseinanderzusetzen. Manchmal muss man sich einfach entscheiden und Vorgaben machen, um andere dazu zu bringen, sich zu äußern.

Es gibt da die McDonald's-Theorie, die von Jon Bell stammt, in der es um eine ähnliche Situation geht. Wenn Sie schon mal mit ein paar Freunden herumgestanden und zu entscheiden versucht haben, wohin Sie essen gehen wollen, dann kennen Sie dieses Gefühl. Alle halten sich vornehm zurück, und es scheint niemanden wirklich zu interessieren, in welches Restaurant man geht. Im Ergebnis stehen alle weiter herum, und nichts passiert. Jons Theorie zufolge sollten Sie jetzt einfach vorschlagen, zu McDonald's zu gehen. Wenn Sie auf diese Weise versuchen, eine Entscheidung für die Gruppe zu treffen, wird ganz schnell jeder eine Meinung dazu haben, wo sie oder er gern essen will. Jon Bell sagt: »Anne Lamott befürwortet ›beschissene erste Entwürfe‹, Nike rät uns zu ›Just Do It‹, und ich empfehle McDonald's, nur um die Leute auf diese Weise so anzuekeln, dass sie auf eine bessere Idee kommen.«[1]

---

1 Jon Bell, »McDonald's Theory«, 29. April 2013, *https://bit.ly/1EnqiOD*.

Ein befreundeter Entwickler, Mark, macht das Gleiche mit dem CSS-Styling in seinen Projekten. Da er kein Designer ist (und nicht sehr gut in CSS), möchte er sicherstellen, dass die Designer Verbesserungen vornehmen. Er hat jedoch zu oft die Erfahrungen gemacht, dass seine CSS-Styles als »gut genug« betrachtet und nie in dem Maße aufpoliert wurden, wie es seiner Meinung nach nötig gewesen wäre. Anstatt jedem zu erklären, was zu tun ist, gibt er einfach allen Elementen entsetzliche Farben: knalliges Rot, brennendes Pink oder fauliges Braun. So kann er sich sicher sein, dass es nicht dabei bleibt und es entsprechend umgestaltet wird. Oft kann man Aufmerksamkeit am besten erzielen, indem man eine offensichtlich schlechte Entscheidung trifft.

Das gilt auch für Designentscheidungen. Niemand ist sich wirklich sicher, was die beste Lösung ist, und alle möchten höflich sein. Es handelt sich schließlich um Ihre Entwürfe, und niemand will Ihre Gefühle verletzen. Wenn Sie mit Unentschlossenheit oder Unklarheit konfrontiert sind, übernehmen Sie die Führung und entscheiden für alle. Treffen Sie die bestmögliche Wahl und kommunizieren Sie diese dann an das Team. Seien Sie konkret, nennen Sie Beispiele und geben Sie eine Frist vor. Sagen Sie etwas wie: »Wenn ich bis heute Abend nichts dazu höre, werden wir mit dem jetzigen Entwurf weitermachen.« Es kann sein, dass Sie tatsächlich von niemandem etwas hören werden. Manchmal jedoch werden die anderen plötzlich eine klare Meinung äußern, sodass doch noch über die Lösung diskutiert wird. Es gibt keine Erfolgsgarantie, aber es ist dennoch ein guter Weg, um mit Ihren Entwürfen voranzukommen. Denken Sie daran: Tun Sie etwas, auch wenn es falsch ist.

Glauben Sie nicht, dass Ihre Arbeit schon erledigt sei, bloß weil das Meeting beendet ist. Oft sind Besprechungen am produktivsten, nachdem der offizielle Teil vorbei ist. Verpassen Sie nicht die Gelegenheit, Entscheidungen zu finalisieren und sich nachträgliche Zustimmung zu sichern. Behalten Sie die folgenden Tipps im Hinterkopf:

- Die Zeit unmittelbar nach einem Meeting ist eine gute Gelegenheit, um zu erfahren, was die Teilnehmer wirklich denken.
- Bleiben Sie noch etwas da, um zu plaudern, begleiten Sie ausgewählte Personen zurück zu ihren Büros und holen Sie sich in letzter Minute die Unterstützung, die Sie brauchen, um mit dem Projekt voranzukommen.
- Je schneller Sie das Meeting nachbereiten, desto deutlicher kommunizieren Sie Dringlichkeit, Wichtigkeit und Entschlossenheit. Tun Sie es am besten sofort.
- Lassen Sie alles Störende und alle überflüssigen Vorschläge weg, die keine weiteren Maßnahmen erfordern.

- Wenn es Unklarheiten gibt, treffen Sie eine Entscheidung und kommunizieren Sie diese. Das könnte die einzige Möglichkeit sein, die Dinge voranzubringen.

Meetings und Designentscheidungen verlaufen oft anders, als wir es uns wünschen. Trotz unserer gut vorbereiteten Antworten und der besten Nachbereitung müssen wir möglicherweise Änderungen an unseren Entwürfen vornehmen, mit denen wir nicht einverstanden sind. Aber auch wenn Sie mit dem Gefühl aus einem Meeting kommen, dass alles verloren ist, grämen Sie sich nicht. Sie können die Situation immer noch retten und Ihre Entwürfe so überarbeiten, dass sie den Anforderungen aller Beteiligten gerecht werden, ohne dass Sie sich dabei verrückt machen müssen. Sie können lernen, mit solchen Änderungen umzugehen.

Umgang mit Änderungen

Ich will ehrlich zu Ihnen sein: Trotz all der vorgestellten Strategien, Taktiken und Tipps – und egal, wie sehr wir uns auch anstrengen mögen – wird es doch Situationen geben, in denen wir Änderungen an unseren Entwürfen vornehmen müssen, mit denen wir nicht einverstanden sind. Vielleicht werden manche Personen trotz unserer fachkundigen Vorschläge nicht bereit sind, von ihrer Meinung abzurücken. Oder wir sind einfach nicht überzeugend genug für unsere Entwürfe eingetreten. In diesem Kapitel stelle ich Ihnen einige Möglichkeiten vor, mit Änderungen umzugehen.

Wir behandeln folgende Themen:

- Typische Gründe, warum Änderungen gefordert werden.
- Wie man die Chancen erkennt, die diese Änderungen bieten – egal wie schrecklich sie auf den ersten Blick erscheinen mögen.
- Wie man entscheidet, welche Schlachten man schlagen will, und wie man auf sein Vertrauenskonto einzahlt.
- Wie man lernt, zu erkennen, wann man falsch liegt, und sich selbst zu korrigieren.
- Wie man die Erwartungen der Stakeholder hinsichtlich des weiteren Projektverlaufs managen kann.

Lassen Sie uns zunächst darüber sprechen, wie man überhaupt in diese Lage kommt.

Es geht doch um Änderungen, oder?

Wie wir bereits zu Beginn des Buchs festgestellt haben, scheint Design ganz allgemein gern subjektive Reaktionen und Meinungen auszulösen. Alle sind Designer! Zudem scheint allein die Präsentation unserer Arbeit bei Nicht-Designern den Eindruck zu erwecken, es ginge jetzt bloß darum, ihnen eine Plattform für Änderungsvorschläge zu geben. Oft tragen diese Meetings Bezeichnungen wie »Designreview«, oder wir erzählen den Projektbeteiligten selbst, dass wir gern ihre Rückmeldungen hören möchten. Deshalb kommen sie mit der Erwartung zu einem Meeting, dass es in erster Linie darum geht, uns Änderungen vorzuschlagen! Gäbe es keine Änderungsvorschläge, wäre es ja sinnlos, sich zu treffen. Richtig? Dieses Phänomen hat zu ein paar sehr interessanten Ideen geführt:

Parkinsons Gesetz der Trivialität
: Dieses Problem hängt stark mit *Parkinsons Gesetz der Trivialität* zusammen, das besagt, dass Personen in einer Besprechung unverhältnismäßig viel Zeit auf Themen verwenden, die für das Projekt nicht von zentraler Wichtigkeit sind. Laut Wikipedia »beobachtete und beschrieb Parkinson, dass ein Komitee, dessen Aufgabe es war, Pläne für ein Kernkraftwerk zu genehmigen, die meiste Zeit mit sinnlosen Diskussionen über relativ triviale und unwichtige, aber leicht zu erfassende Fragen verbrachte, wie z. B. welche Materialien für den Fahrradschuppen des Personals verwendet werden sollten, während das viel wichtigere vorgeschlagene Design des Kernkraftwerks selbst vernachlässigt wurde.«[1] Daraus hat sich in der Softwareentwicklung der Begriff des »Bikeshedding-Effekts« (des »Fahrradschuppen-Effekts«) entwickelt. Manchmal können sich Menschen übermäßig lange mit einem relativ unwichtigen Nebenthema beschäftigen, weil es greifbarer und verständlicher ist.

»Malen einer Ente«
: Unerwünschte Änderungsvorschläge haben auch zu einigen kreativen Möglichkeiten des Umgangs damit geführt, wie z. B. dem *Malen einer Ente* (»Painting a duck«). Laut Jeff Atwood ist eine solche Ente »ein Feature, das aus keinem anderen Grund hinzugefügt wird, als die Aufmerksamkeit des Managements auf sich zu ziehen und wieder entfernt zu werden, um so unnötige Änderungen bei anderen Aspekten des Produkts zu vermeiden«.[2] Das Konzept geht auf eine Geschichte zurück, die sich in einer Firma namens Interplay Entertainment zugetragen haben soll. Einer der Designer eines animierten Schachspiels war es leid, dass die Projektbeteiligten immer neue Änderungen verlangten. Was auch immer er vorlegte, es gab prompt einen weiteren Änderungswunsch. Um nicht noch mehr Anpassungen vornehmen zu müssen, entwarf er die Dame und deren Animationen ganz nach seinen eigenen Vorstellungen, stellte ihr aber einfach noch eine Ente zur Seite. Es war eine unausstehliche und völlig übertrieben dargestellte Ente, die auf dem ganzen Bildschirm herumflatterte. Laut

---

1 Englischsprachige Wikipedia, »Law of triviality«, *https://bit.ly/1iuD1dW*.

2 Jeff Atwood, Coding Horror Blog, »New Programming Jargon«. Juli 2012, *https://bit.ly/1JfEtrg*.

Atwoods Blog *Coding Horror* »kam schließlich der Moment, in dem der Produzent das Animationsdesign der Dame ... abnahm. Als die Animationen durchgelaufen waren, wandte er sich an den Zeichner und meinte: ›Das sieht toll aus. Nur eine Sache: Schmeiß die Ente raus.‹«[3]

Haarige Arme

Aber das ist noch nicht alles! Ideen wie die Ente gibt es schon länger. In den 1940er-Jahren kamen Animationszeichner bei Disney auf eine ähnliche Lösung. Ihre Art-Direktoren schlugen gern Änderungen vor, und es war ein mühsamer Prozess, die Figuren immer wieder neu zu zeichnen. Um also Änderungen zu vermeiden, die ihnen nicht genehm waren, zeichneten sie bei den Charakteren, deren Ablehnung sie provozieren wollten, einfach eine Menge Haare auf die Arme, während sie bei den von ihnen bevorzugten Figurentwürfen darauf verzichteten. In den 1940ern war es undenkbar, dass Zeichentrickfiguren Körperbehaarung aufwiesen. Diese unbewusste Voreingenommenheit führte dazu, dass die Art-Direktoren diese Figuren ablehnten. Seitdem hat sich die Taktik der *»haarigen Arme«*[4], um andere durch gezielte Ablenkungen dazu zu bringen, den eigenen Vorschlägen zuzustimmen, weit verbreitet.

Ich entschuldige mich, falls Sie durch diese Ente so abgelenkt sind, dass Sie sich nicht aufs Lesen konzentrieren können.[5]

3 Atwood, »New Programming Jargon«.

4 Melissa Block, All Things Considered, »What's With All Of The ›Hairy Arms‹ In Graphic Design?« November 2014, *https://n.pr/39azjRt*.

5 »tail« ist lizenziert unter CC0 1.0. Um eine Kopie dieser Lizenz anzuzeigen, besuchen Sie *https://creativecommons.org/licenses/cc0/1.0/*.

Bessere Gesprächsführung

Selbstverständlich[6] sollten wir unsere Stakeholder nicht auf diese Weise täuschen oder manipulieren, aber diese Anekdoten verweisen auf etwas, das auch für unsere Arbeit eine gewisse Bedeutung hat. Es wird Menschen geben, die wir nicht zufrieden stellen können, egal was wir tun, und wir müssen einen Weg finden, mit ihnen umzugehen, ohne die Integrität der gesamten Benutzererfahrung zu gefährden. Haarige Arme und umherspringende Enten sind nicht nur amüsante Geschichten, sondern illustrieren auch die Tatsache, dass es in allen Beziehungen um Geben und Nehmen geht. Wir müssen in der Lage sein, zu erkennen, wann wir Lösungen anbieten und Methoden einsetzen müssen, damit unsere Gespräche auf die eigentliche Aufgabe konzentriert bleiben: nämlich Unterstützung zu erhalten.

Oft lassen sich solche Probleme vermeiden, indem wir die Gesprächsführung verbessern. Dazu sollten wir den Kontext und die aktuelle Qualitätsstufe unserer Arbeit genau darstellen und den Stakeholdern erklären, welche Art von Rückmeldungen nützlich ist und welche nicht. Wie wir in Kapitel 3 gesehen haben, ist es dabei wichtig, den Stakeholdern von vornherein den Kontext zu erläutern. Wenn Sie sich in der Lage wiederfinden, unerwünschtes Feedback abwehren zu müssen, könnte der Grund in einer schwachen Kontrolle der Gesprächsführung liegen.

Was passiert da eigentlich?

Dazu aufgefordert zu werden, Änderungen vorzunehmen, mit denen wir nicht einverstanden sind, ist genau das, was wir eigentlich zu vermeiden versuchen. Wir haben uns große Mühe gegeben, den Projektbeteiligten zuzuhören und sie zu verstehen, damit wir in unserer Antwort auf ihre Erfordernisse eingehen können. Wenn sie danach immer noch nicht einverstanden sind oder weiter auf Änderungen bestehen, kann es dafür verschiedene Gründe geben.

Es liegt ein Missverständnis vor

Wenn Sie sich wundern, warum ein Stakeholder auf einer Änderung besteht, von der Sie abgeraten haben, reden Sie möglicherweise bloß aneinander vorbei. Es könnte ein reines Kommunikationsproblem sein: Ihr Gegenüber hat nicht verstanden, was – beispielsweise – mit »Karussell« gemeint ist, hat nicht genau genug zugehört oder den Kontext falsch verstanden. In diesem Fall reicht es meistens, das Missverständnis aufzuklären. In anderen Fällen kann sich das

6 Das *ist* doch selbstverständlich, oder?

Ziel des Projekts im Laufe der Zeit geändert haben, und wir haben jetzt andere Aufgaben zu lösen als zu Beginn. Das kommt durchaus vor, und Änderungsvorschläge der Projektbeteiligten spiegeln oft diese abgewandelten Ziele wider. In diesem Fall findet man wieder zusammen, indem man der Ursache auf den Grund geht und die Ziele neu definiert.

Ihre Entwürfe stellen nicht die beste Lösung dar

Ich weiß, es ist schwer zu schlucken, aber möglicherweise ist Ihr Design tatsächlich nicht die beste Lösung. Vielleicht liegen Sie sogar völlig daneben. Wir werden uns später in diesem Kapitel noch damit befassen, wie man erkennt, dass man falsch liegt. Wir sollten uns auf jeden Fall bewusst machen, dass Stakeholder und Führungskräfte aus einem bestimmten Grund verantwortliche Positionen innehaben und in der Regel die letzte Verantwortung für unsere Erfolge und Misserfolge tragen. Sie besitzen Expertenwissen in verschiedenen Bereichen und haben einen Einblick in geschäftliche Belange, der uns fehlt. Genauso wie unsere Stakeholder uns Vertrauen entgegenbringen, wenn es darum geht, die besten gestalterischen Lösungen zu empfehlen, müssen wir lernen, ihnen das gleiche Vertrauen entgegenzubringen, wenn es um endgültige Entscheidungen geht. Das mag nicht einfach sein, aber so sieht die Welt halt aus.

Es gibt unerfüllte Wünsche

Manche Menschen – vor allem Führungskräfte – wollen einfach nur sichergehen, dass eine bestimmte Funktion oder ein bestimmtes Detail, das ihnen wichtig ist, vorhanden ist. Das ist nicht unbedingt die benutzerzentrierte Sichtweise, wie wir sie bevorzugen. Vielleicht geht es dabei um etwas, das von hochrangigen Kunden oder anderen Führungskräften verlangt wird. Sie sind in der Regel zufrieden, solange der entsprechende Punkt vorhanden ist. Oft nehmen sie auch ein paar Umwege auf der Benutzeroberfläche in Kauf, um eine Funktion zu erreichen. Ich hatte mit jemandem zu tun, der sich gern all das Social-Media-Geplapper über die App ansah und darauf bestand, dass wir es in die Startseite integrieren. In Wirklichkeit wollte er nur selbst schnellen Zugriff darauf. Ich konnte ihm weiterhelfen, indem ich ihm eine Vanity-URL anbot, die er als Lesezeichen abspeichern konnte.

Natürlich ist es nicht immer so einfach. In Kapitel 2 war unser Ziel, die Bedürfnisse der Stakeholder zu verstehen. Wenn Sie vermuten, dass es bei einem Änderungswunsch um eine noch nicht ganz klar zutage getretene Anforderung geht, sollten Sie sich bemühen, die eigentlichen Beweggründe aufzudecken und einen Weg zu finden, den Bedürfnissen des Stakeholders entgegenzukommen.

Jemand ist absolut uneinsichtig

Ist vielleicht jemand einfach nur uneinsichtig? Das mag zwar vorkommen, wahrscheinlich ist es aber nicht. Natürlich gibt es manchmal uneinsichtige Menschen, die – egal was wir sagen – darauf bestehen, dass etwas genau so gemacht wird, wie sie es wollen. Manche Menschen handeln allein in ihrem eigenen Interesse, oft ohne sich dessen bewusst zu sein. Es gibt Schätzungen, dass klinische Soziopathen vier Prozent der Bevölkerung ausmachen.[7] Das bedeutet, dass vier Prozent aller Menschen Lügen und Manipulation einsetzen, um andere in ihrer Umgebung zu kontrollieren. Soziopathen kennzeichnet insbesondere, dass sie für ihre Handlungen keinerlei Reue verspüren. Sie agieren ohne moralischen Kompass, ohne Empathie und ohne Rücksicht darauf, wie sich ihre Entscheidungen auf andere auswirken.

Zudem werden Führungspositionen in Unternehmen noch viermal häufiger von soziopathischen Persönlichkeiten eingenommen.[8] Damit möchte ich nicht gleich behaupten, dass Ihr CEO ein Massenmörder sein könnte, denn soziopathische Tendenzen manifestieren sich nicht immer auf gewalttätige Weise. Aber denken Sie einmal darüber nach: Das sind Menschen, die aufgaben- und erfolgsorientiert handeln, manchmal auch auf Kosten anderer. Aber könnte es nicht schwierig sein, wichtige geschäftliche Entscheidungen zu treffen, wenn Sie gleichzeitig ein ausgeprägtes Einfühlungsvermögen besitzen und immer sorgfältig bedenken, wie sich Ihre Entscheidungen auf andere auswirken? Sicherlich gibt es auch extreme Beispiele von Menschen, die manipulativ sind und lügen, aber viele Führungskräfte haben ihre Positionen wohl eher erreicht, weil sie bei ihren Entscheidungen die emotionale, menschliche Seite ganz gut ausklammern können. Dass uns ihre Entscheidungsfindung nicht immer rational erscheint, ist ein Nebeneffekt. Das sollte uns dazu veranlassen, bei der Arbeit mit ihnen etwas Vorsicht walten zu lassen.

Allerdings ist das wiederum nicht so häufig der Fall, wie Sie jetzt vielleicht denken. Es ist unwahrscheinlich, dass ein Stakeholder völlig unvernünftig handelt. Wenn wir das Gefühl haben, dass Projektbeteiligte uneinsichtig sind, liegt es in der Regel daran, dass wir die Dinge einfach nicht aus ihrer Perspektive betrachten. Es könnte durchaus sein (es ist sogar wahrscheinlich), dass wir – steckten wir in ihrer Haut – die gleiche Entscheidung träfen. Oft liegt dem vermeintlich unvernünftigen Vorschlag einer Person etwas viel Einfacheres zugrunde: Sie möchte einfach nur gehört werden.

---

7 Martha Stout, *The Sociopath Next Door* (New York: Broadway Books, 2005, p. 8).

8 M. E. Thomas, *Confessions of a Sociopath* (New York: Crown Publishers, 2013, p. 184).

Jemand will gehört werden

Ob Sie es glauben oder nicht, aber das ist vielleicht einer der häufigsten (unausgesprochenen) Gründe dafür, dass Menschen auf Änderungen bestehen: Die Stakeholder wollen einfach nur sehen, dass ihre Ideen und Vorschläge gehört und ernst genommen werden. Jemandem, der unvernünftig oder uneinsichtig erscheint, fehlt vielleicht einfach das Vertrauen, dass wir wirklich zugehört haben, sodass er daher keine andere Lösung sieht, als seine eigene Agenda voranzutreiben oder die Chefkarte zu spielen.

Menschen mit Autorität erwarten, dass sie tatsächlich Autorität besitzen![9] Sie erwarten, dass ihre eigene Meinung genauso zählt wie Ihre. Lehnen Sie deren Vorschläge mit einer Erläuterung Ihrer Designentscheidungen ab, klingt das für solche Führungskräfte nach Ausreden. So, als würden Sie ihre Perspektive entwerten. Wenn Sie sich weigern, Änderungen vorzunehmen, und sei es nur indirekt, dann hören Sie ihnen nicht zu. Dann ist es keine Überraschung, dass diese Personen uneinsichtig erscheinen und auf Änderungen bestehen, mit denen Sie nicht einverstanden sind. Sie haben ihnen keine andere Möglichkeit gelassen, sich Gehör zu verschaffen.

Ich will damit nicht sagen, dass Stakeholder so arrogant wären, dass sie absichtlich ihre eigene Agenda durchsetzen wollen. Ich glaube, dass so etwas unbewusst passiert, wenn sie sich nicht wertgeschätzt fühlen. Sobald eine solche Situation eintritt, müssen wir den entsprechenden Personen vermitteln, wie sehr wir ihren Input und ihr Feedback schätzen. Vielleicht haben sie das Gefühl, dass wir ihren Vorschlag achselzuckend abtun, ohne ihn ernst zu nehmen. Aber hauptsächlich haben wir ihnen nicht gut genug nahebringen können, warum wir unsere eigene Lösung bevorzugt haben. Sie müssen also erneut einen Schritt zurückgehen und die Stakeholder bitten, ihre Perspektive noch einmal zu erläutern.

Das Beste draus machen

Es ist nicht immer so, dass allein die »schlechte Idee« einer einzelnen Person alles ruiniert. Normalerweise liegt es an unserer schlechten Ausführung dieser Idee, dass aus einem Änderungswunsch Chaos entsteht. Aber anstatt direkt dagegen anzukämpfen oder uns der anstrengenden Arbeit zu widmen, den Vorschlag wenigstens zu verbessern, geben wir oft einfach nach, zucken mit den Schultern und setzen eine verlangte Änderung genau so um, wie sie uns vorgeschlagen wurde. Dadurch verpassen wir eine riesige Chance, das Design auf eine ganz unerwartete Weise verbessern zu können.

9 Ja, genau!

Jedes Design weist Einschränkungen und Begrenzungen auf. Unsere Herausforderung bestand schon immer darin, Websites oder Apps zu erstellen, die einfach zu bedienen sind, aber dennoch einen gewissen Funktionsumfang bieten, oder eine bestimmte User Story bedienen oder eine wichtige Einschränkung – wie etwa die begrenzte Ansichtsgröße von Mobilgeräten – berücksichtigen müssen. Wir genießen diese Herausforderungen. Das ist es, was uns jeden Tag neu motiviert: tolle Produkte zu entwerfen, die bestimmten Randbedingungen genügen müssen. Gäbe es bei unseren Projekten keinerlei Einschränkungen, wäre es zwar einfacher, aber nicht annähernd so lohnenswert. Tatsächlich machen diese Zwänge aus uns bessere Designer. Sie sind letztlich der Grund dafür, dass wir unseren Job ausüben dürfen: Andere Menschen, die nicht über unsere Kenntnisse verfügen, könnten diese Anforderungen nicht alle unter einen Hut bringen. Wenn wir also angewiesen werden, eine Designentscheidung zu implementieren, mit der wir nicht einverstanden sind, ist es wichtig, dass wir nicht aufgeben und sie einfach zusätzlich auf die Benutzeroberfläche pappen – so verlockend das auch sein mag.

Solche Änderungen bieten uns vielmehr eine Gelegenheit, nach dem bestmöglichen Weg zu ihrer Umsetzung zu suchen. Es ist einfach eine neue Randbedingung, die Sie bei einem Projekt berücksichtigen müssen. Die Stakeholder erwarten, dass wir dafür die beste Lösung finden, denn dafür werden wir schließlich bezahlt. Tatsächlich sollte es unser Ziel sein, die neue Vorgabe zum Nutzen der gesamten User Experience umzusetzen, anstatt uns durchzuwursteln und zu hoffen, dass wir die Benutzererfahrung schon nicht beeinträchtigen. Wir müssen diese andere Seite der Medaille und die darin liegende Chance sehen. Wir können die App verbessern und die weitere Entwicklung mit cleveren Lösungen und kreativem Denken steuern.

Meiner Erfahrung nach erweist sich ein Änderungsvorschlag als Goldmine voller weiterer Ideen, die nur darauf warten, ausgegraben zu werden. Die Änderungen, die ein Stakeholder vorschlägt, sollten eine Diskussion auslösen, die zu einer noch besseren Lösung führt. Ihre Aufgabe als Kommunikator ist es, diese Unterhaltung so zu leiten, dass die Anwendung davon profitiert. Dazu sollten Sie Fragen stellen, die Perspektive der anderen verstehen und zuhören: Setzen Sie all die Fähigkeiten ein, über die wir in diesem Buch gesprochen haben. Beziehen Sie andere mit ein. Fragen Sie sie, wie diese das Problem lösen würden. Schlagen Sie eine Alternative vor: Selbst eine schlechte Alternative kann als Anlass für eine Diskussion über mögliche Lösungen dienen. Dies ist eine Gelegenheit, sowohl Ihre Fähigkeiten als Kommunikator zu trainieren als auch eine effektive Diskussion darüber zu leiten, wie die Integrität der Benutzererfahrung aufrechterhalten werden kann.

Andere Probleme aufdecken

Gelegentlich kann das Beharren eines Stakeholders auf einer Änderung dazu führen, dass Sie eine Anwendung auf eine ganz unerwartete Weise verbessern und Probleme lösen, die Sie sonst vielleicht gar nicht entdeckt hätten. Eine von mir entwickelte mobile App zeigte demografische Daten sowohl in einer Listen- als auch in einer Balkendiagramm-Ansicht an, die über Tabs angesteuert wurden. Ursprünglich unterschieden sich die beiden Ansichten deutlich, aber während des Entwicklungsprozesses wurden sie sich ungewollt immer ähnlicher, ohne dass wir es überhaupt bemerkten. Schließlich bat uns der Kunde, dem Balkendiagramm ein zusätzliches Feld hinzuzufügen, und wir erkannten, dass wir beide Ansichten zu einer konsolidierten Ansicht verschmelzen konnten – mit dem schönen Nebeneffekt eines vereinfachten Benutzererlebnisses. Hätten wir gegen diese Änderungen argumentiert, wäre es nicht zu dieser Verbesserung gekommen.

Bei einem anderen Projekt verlangte eine Stakeholderin Änderungen an einigen Interaktionen bei der Formularvalidierung und dem Messaging. Obwohl ihre Vorschläge gut gemeint waren, befürchtete ich, dass die Änderungen die User Experience beeinträchtigen würden. Anstatt sich blind zu fügen, führte unser Team einige schnelle Anwendertests durch, um sicherzustellen, dass das geänderte Vorgehen funktionieren würde. Indem wir die Benutzer bei der Ausführung der entsprechenden Aufgaben von Anfang bis Ende beobachteten, entdeckten wir einen ganz anderen Fehler im Nutzerflow. Wie sich herausstellte, hätten weder meine Vorschläge noch die der Kundin funktioniert. Die Offenheit für Änderungen in einem Bereich der App offenbarte einen Fehler in einem anderen. Aufgrund unseres Zeitplans hätten wir dieses Problem vielleicht nicht so schnell aufgedeckt, wenn ich für Vorschläge von Stakeholdern nicht offen gewesen wäre.

Es ist eine viel gesündere Herangehensweise, die Wünsche der Stakeholder als Chance für Veränderungen oder als zu lösende Herausforderung zu betrachten, als sie nur widerwillig als unvermeidliche Anpassung zu akzeptieren. Rechnen Sie mit solchen Änderungen, *denn sie werden kommen*. Wenn Sie bereits wissen, wie Sie sie angehen werden – zum Beispiel mithilfe eingeplanter Reserveflächen, einer zusätzlichen Benutzerstudie oder einer Neubewertung des Ansatzes –, sind Sie in einer viel besseren Position, um auch bei schwierigen Änderungen die beste Benutzererfahrung zu gewährleisten. Die Projektbeteiligten werden Ihre Bemühungen zu schätzen wissen. Sie selbst bleiben im Projekt besser auf Kurs, und Ihre Anwender werden es Ihnen danken.

Das Vertrauenskonto

Wenn Sie die verschiedenen Möglichkeiten des Umgangs mit den Rückmeldungen der Stakeholder betrachten, sollten Sie nie vergessen, dass zu jeder Beziehung ein gewisses Geben und Nehmen gehört. Man kann keine gesunde Beziehung zu anderen Menschen pflegen, wenn sie nur als Einbahnstraße funktioniert. Sie können nicht erwarten, dass niemand Änderungen vorschlägt. Daher müssen Sie darauf vorbereitet sein, mit ihnen umzugehen. Es ist viel besser, diese Änderungen zu antizipieren und zu wissen, wie man darauf reagieren kann, bevor sie überhaupt auftreten.

Rein wirtschaftlich betrachtet, ist Ihr Job als Designer bereits als ein Geben und Nehmen angelegt: Sie erhalten Geld im Austausch für Ihre Designarbeit. Damit die Beziehung nicht nur funktioniert, sondern auch gedeiht, müssen Sie die Stakeholder bei Laune halten. Das ist mehr als eine rein wirtschaftliche Transaktion. Dabei geht es darum, Vertrauen aufzubauen, Ihre Expertise zu demonstrieren, die Erwartungen der Stakeholder zu managen, effektiv zu kommunizieren und (natürlich) das erwünschte Ergebnis zu liefern. Auch in diesen Bereichen findet ein Geben und Nehmen statt. Stellen Sie sich ein Vertrauenskonto vor, das so ähnlich funktioniert wie ein Bankkonto: Jede positive Erfahrung der Projektbeteiligten in der Zusammenarbeit mit Ihnen führt zu einer Einzahlung und jede negative Erfahrung zu einer Abhebung. Stephen Covey nennt dies in seinem Buch *The 7 Habits of Highly Effective People* »Emotional Bank Account« – das »emotionale Beziehungskonto«.[10] Ihr Ziel sollte es sein, dass Sie auf diesem Konto niemals den Dispo in Anspruch nehmen müssen.

Jedes Mal, wenn Sie einem Stakeholder zustimmen, leisten Sie eine Einzahlung. Wenn sich die Metriken der Anwendung wie versprochen verbessern: Einzahlung. Wenn Sie ein unglaublich schönes Design präsentieren, das alle begeistert: Einzahlung. Aber wenn wir mit den Stakeholdern nicht einverstanden sind, erfolgen Abhebungen. Sie verpassen eine Deadline oder vergessen, eine Rückmeldung weiterzuverfolgen? Abhebung. Sie weigern sich, eine Änderung vorzunehmen, weil Sie glauben, dass es im besten Interesse der Anwender ist? Auch wenn Sie damit am Ende recht behalten, führt es zumindest vorübergehend zu einer Abhebung auf dem Vertrauenskonto. Letzten Endes lässt sich Ihre Beziehung zu den Stakeholdern daran messen, wie hoch Ihr Guthaben auf diesem Konto ist. Die Bereitschaft der Projektbeteiligten, Ihnen bei wichtigen Entscheidungen zu vertrauen, hängt von einem positiven Kontostand ab.

---

10 Stephen Covey, *The 7 Habits of Highly Effective People* (New York: Simon & Schuster, 1989, S. 188). Deutsche Ausgabe: *Die 7 Wege zur Effektivität: Prinzipien für persönlichen und beruflichen Erfolg* (GABAL 2018, S. 217).

Für Sie als Designer bedeutet das, dass Sie manchmal nachgeben und den Stakeholdern erlauben müssen, Änderungen einzubringen, selbst wenn Sie dagegen sind – und sei es nur, damit auf dieses Beziehungskonto eingezahlt wird. Vor allem müssen Sie lernen, welche Schlachten es wert sind, geschlagen zu werden. Betrachten Sie das große Ganze und werfen Sie sich nur für die wirklich wichtigen Dinge richtig ins Getümmel. Konzentrieren Sie sich auf Ihre Ziele, die Aufgabenstellung, die Benutzer und sorgen Sie dafür, dass Sie trotz der Bereiche, in denen Sie sich mit den Stakeholdern uneins sind, Ihr Versprechen erfüllen, die bestmögliche Schnittstelle zu entwickeln. Es ist ein Balanceakt, sicher, aber einer, den Sie immer wieder zu bewältigen lernen müssen. Sie müssen ständig die Bedürfnisse der Anwender gegen die Wünsche und Anforderungen der Stakeholder abwägen. Dabei sind immer wieder schwierige Grenzentscheidungen zu treffen. Aber machen Sie sich klar, dass Sie immer die Wahl haben, wo diese Grenze liegt. In gewisser Hinsicht müssen Sie diese Linie als Designer bei jedem Meeting und in jedem Gespräch neu ziehen. Der Projekterfolg hängt zu einem großen Teil von Ihrer Fähigkeit ab, diese Gespräche – immer unter Berücksichtigung der menschlichen Aspekte – effektiv zu führen und die besten Lösungen zu finden.

Das langfristige Ziel beim Vertrauensaufbau ist es, an einen Punkt zu gelangen, an dem die Stakeholder standardmäßig davon ausgehen, dass unsere Entscheidungen richtig sind, anstatt sie von vornherein infrage zu stellen. Meine Kunden wissen, dass ich meine Meinung sage und meine Sicht der Dinge vertreten kann. Mit der Zeit lernen sie, mir zu vertrauen. Sie sehen ein, dass ich keine fragwürdigen, sondern sinnvolle und zweckgerichtete Entscheidungen treffe. Bei einem Telefonat hat vor Kurzem einer der Beteiligten ein Designelement infrage gestellt, sich dann aber an mich gewandt: »Ich weiß, dass Tom normalerweise gute Gründe für seine Entscheidungen hat. Tom, warum haben Sie es so und nicht anders gemacht?« Wenn Sie es schaffen, dass die Stakeholder Ihre Arbeit auf diese Weise betrachten, schaffen Sie alle Voraussetzungen, langfristig bei der Entwicklung großartiger Benutzererlebnisse, auf die Sie selbst stolz sein können, erfolgreich zu sein.

Wenn Sie danebenliegen

Ein Schlüssel zu guter Kommunikation liegt also darin, dass die Menschen, deren Unterstützung Sie benötigen, Vertrauen zu Ihnen entwickeln. Es reicht nicht aus, anderen gut erklären zu können, warum man eine Lösung für richtig hält – obwohl das wichtig ist. Sie müssen auch eine Beziehung aufbauen, Vertrauen schaffen und eine Erfolgsbilanz guter Entscheidungen aufweisen. Je öfter Sie beweisen, dass Ihre Entwürfe die gesteckten Ziele erreichen, desto eher werden sich andere künftig auf Ihr Urteil verlassen. Das entsteht durch Erfahrung und den Aufbau guter Beziehungen.

Allerdings können Sie das aufgebaute Vertrauen auch enttäuschen, wenn Sie sich irren. Möglicherweise verbessern sich die Metriken nicht so, wie Sie gehofft hatten, oder Sie verpassen eine Deadline für eine Veröffentlichung, oder Ihre Entwürfe erweisen sich als ineffektiv für die Benutzer. Wenn Sie Vertrauen in Ihre eigenen Entscheidungen ausdrücken und dann dabei zusehen müssen, dass sich Ihre Annahmen nicht bewahrheiten, wird es schwierig. Wenn sich herausstellt, dass Ihre Entwürfe nicht die richtige Lösung sind – auch wenn Ihre Entscheidungen hoffentlich keinen nachhaltigen Schaden anrichten –, entsteht eine unangenehme Spannung, mit der es umzugehen gilt. Sie haben die Wahl: Sie können zu Ihren Entscheidungen stehen – oder alles ignorieren, verleugnen und sich vor jeglicher Verantwortung drücken.

Auf den ersten Blick könnte man denken, dass ein solcher Irrtum Vertrauen zerstören könnte. In Wirklichkeit ist es jedoch eine Gelegenheit, zusätzliches Vertrauen aufzubauen, indem Sie zugeben, dass Sie einen Fehler gemacht haben. Es scheint unlogisch: Wir haben die Stakeholder enttäuscht – und jetzt sollen wir das auch noch zugeben? Wie soll dadurch Vertrauen entstehen? Wenn jemand vor Gericht ein Verbrechen gesteht, bedeutet das, dass er bereit ist, eine entsprechende Strafe zu tragen. Er hat das Vertrauen der Menschen enttäuscht und muss nun für seinen Fehler bezahlen. Aber wenn es um menschliche Beziehungen und nicht um Verbrechen geht, sind Menschen viel nachsichtiger, als Sie vielleicht erwarten. Menschen schätzen Ehrlichkeit mehr als irgendwelches Blendwerk. Sie bevorzugen Transparenz gegenüber Vertuschung. Sie spüren, dass sie Ihnen vertrauen können, gerade weil Sie zu Ihren Fehlern stehen. Ehrlich währt am längsten. Es mag anfangs heikel sein: Es wird zu schwierigen Gesprächen führen. Letzten Endes werden Sie aber fast immer als Gewinner daraus hervorgehen, weil die Projektbeteiligten erkennen, dass Sie vertrauenswürdig sind und selbst dann, wenn Sie einen Fehler gemacht haben, dazu stehen, ihn zugeben, beheben und weitermachen.

Schlimmstenfalls wird Ihr Fehler das Unternehmen Geld kosten. Auch wenn Sie natürlich wegen eines wirklich großen Schnitzers Ihren Job verlieren könnten, kann ich mir nicht vorstellen, dass Sie jemals derart für ein ehrliches Eingeständnis bestraft würden. Für Führungskräfte ist es eine große Herausforderung, gute Leute einzustellen und zu halten. Wenn Sie bisher gute Arbeit beim Aufbau Ihrer Arbeitsbeziehungen geleistet und für das Unternehmen Werte geschaffen haben, ist die Wahrscheinlichkeit sehr gering, dass Sie entlassen werden, nur weil einer Ihrer Entwürfe die Erwartungen nicht erfüllt hat. Versuchen Sie also nicht, sich aus Angst vor einem Jobverlust besonders zu schützen, denn damit führen Sie womöglich nur herbei, wovor Sie sich fürchten.

Weitermachen

Am besten ist es, das Problem einfach aus dem Weg zu räumen, damit es weitergehen kann. Ignorieren Sie Ihren verletzten Stolz und fangen Sie an, den Schaden zu beheben. Sprechen Sie offen und direkt über das, was passiert ist. Sie müssen einerseits klar und deutlich zugeben: »Ich habe mich geirrt« oder »Ich habe einen Fehler gemacht«, Sie müssen aber auch schnell zu einer Lösung kommen und sich aufs Handeln (statt auf irgendwelche Ausreden) konzentrieren. Erklären Sie Ihren Stakeholdern, was getan werden muss, um das Problem zu beheben, und skizzieren Sie einen klaren Plan, wie dies geschehen soll. Die meisten Projektbeteiligten sind ergebnisorientiert, geben Sie also schnell Ihren Fehler zu, um danach sofort zu Lösungsvorschlägen überzugehen. Wenn Sie sich zum Teil der Lösung machen, machen Sie sich damit auch unentbehrlich: Man braucht Sie, um das Problem wieder zu beheben. Da die Schuld bei Ihnen liegt, können Sie dazu beitragen, das Vertrauen wiederherzustellen, indem Sie dem Problem volle Dringlichkeit einräumen und Himmel und Hölle in Bewegung setzen, um es zu korrigieren.

Die Gründe dafür, dass etwas schiefgelaufen ist, sind nicht annähernd so wichtig wie die Behebung des Problems. Machen Sie sich deshalb nicht die Mühe, die Ursachen allzu sehr auszubreiten. Das klingt oft nach billigen Ausreden. Gehen Sie schnell über diesen Teil hinweg und kommen Sie direkt zur Lösung des Problems. Wenn jemand Genaueres wissen möchte, haben Sie immer noch genug Gelegenheit, darauf einzugehen.

Schuldzuweisungen

Häufig wird einfach nur nach jemandem gesucht, dem man die Schuld für ein Problem geben kann. Es mag unfair erscheinen, aber manche Menschen brauchen einen Sündenbock, damit sie – wenn das Thema bei ihren Chefs zur Sprache kommt – einen Schuldigen benennen können. Ein guter Stakeholder wird, als Entscheidungsträger des Projekts, die Verantwortung für Ihren Fehler mittragen. Aber selbst wenn das nicht der Fall ist, wird es eine zügigere Klärung geben, wenn Sie eingestehen, was passiert ist. Sobald die Fehlerquelle identifiziert ist, fühlen sich in der Regel alle Beteiligten wieder bereit, das Projekt fortzusetzen.

Den Kopf hinhalten

Es wird auch Fälle geben, in denen Sie sich zu Fehlern bekennen müssen, die vielleicht gar nicht vollständig in Ihrem Einflussbereich lagen, damit es im Projekt vorangehen kann. Teams können sich so sehr in die Frage »Warum ist das passiert?« verbeißen, dass ein Projekt nur noch mehr entgleist. Obwohl es unwahrscheinlich ist, dass Sie allein für einen Fehler in einem Projekt verantwortlich sind, an dem schließlich ein ganzes Team beteiligt ist, lohnt es sich trotzdem, Ihren Anteil (wie klein auch immer) an der Vorgeschichte zuzugeben. Manchmal kann das dazu führen, dass Sie den Kopf für das ganze Team hinhalten müssen. Das sollte man natürlich nicht immer machen, aber in angespannten Situationen, in denen jeder mit dem Finger auf den anderen zeigt, könnte dies der beste Weg sein, aus dem Schlamassel wieder herauszukommen.

Erkennen, wann man sich geirrt hat

Das Schwierigste daran, zuzugeben, dass man sich geirrt hat, ist, sich überhaupt erst einmal dieser Tatsache bewusst zu werden. Unsere eigene Arroganz kann uns leicht daran hindern, das Problem wahrzunehmen. Als Designer betrachten wir unsere Entwürfe als unsere ureigene Schöpfung – eine perfekte Sache, von uns erschaffen und der Welt geschenkt. Fehler in dieser perfekten Schöpfung zu erkennen, ist wirklich nicht einfach, selbst wenn uns andere darauf hinweisen. Oft leugnen wir einfach die Tatsache, dass unsere Arbeit nicht funktioniert. Wie können wir dann aber überhaupt mitbekommen, dass wir uns irren? Es gibt drei typische Warnzeichen, die praktischerweise mit den drei Dingen korrespondieren, die uns als Designer erfolgreich sein lassen:

Das Problem besteht nach wie vor.
: Es ist nicht selbstverständlich, dass unsere Designs immer wie erwartet funktionieren. Wenn wir feststellen, dass ein Problem immer noch besteht, haben wir uns geirrt und müssen etwas ändern. Ich habe tatsächlich schon Designer erlebt, die komplett leugneten, dass es an ihren Entwürfen lag, dass ein Problem ungelöst blieb. »Ich habe es umgestaltet und deutlich verbessert. Wenn sich die Konversionsrate nicht erhöht hat, muss es an etwas anderem liegen.« Egal wie toll *Sie* Ihre Entwürfe finden: Wenn ein Problem nicht gelöst wurde, liegen Sie falsch.

Die Anwender verstehen es nicht.
: Da unsere Designs natürlich einfach zu bedienen sein sollen, müssen wir überprüfen, ob das auch tatsächlich zutrifft. Wenn nicht, sind wir auf dem Holzweg! Ich habe mit Designern gearbeitet, die so überzeugt davon waren, dass ihre Benutzeroberfläche einfach zu bedienen ist, dass kein noch so negativ ausgefallener Nutzertest sie vom Gegenteil überzeugt hätte. Sie geben meist den Anwendern die Schuld. »Diese Interaktion ist bei mobilen Geräten mittlerweile üblich. Wenn die Anwender nicht wissen, wie man sie benutzt, sind sie wohl nicht besonders mit modernen Designmustern vertraut.« Sie werden es kaum glauben: Nicht die Anwender sind schuld – Ihre Entwürfe sind es.

Niemand unterstützt sie.

Wir laufen schnell Gefahr, uns viel auf die Eleganz unserer Lösungen einzubilden, vor allem wenn wir der einzige Designer in einem Projekt sind. Wir glauben, dass außer uns »niemand sonst gutes Design kann«, und bestehen deshalb selbst angesichts von Widerständen darauf, dass wir recht haben. Ist aber eine Mehrheit der Projektbeteiligten nicht mit Ihren Entscheidungen einverstanden, ist das ein sicheres Zeichen dafür, dass Sie etwas falsch machen. »Ich weiß, dass Sie alle mit dieser Entscheidung nicht einverstanden sind, aber *aus Designperspektive* macht es so am meisten Sinn ...« Wir wünschen uns zwar, dass uns bei schwierigen Entscheidungen alle vertrauen. Aber leider hat man nicht immer recht, bloß weil man Designer ist. Achten Sie auf die Reaktionen der Anwesenden und darauf, wie Sie wahrgenommen werden, wenn Sie auf etwas drängen oder bestehen. Sollte Ihnen das Unternehmen gehören, können Sie mögliche Folgen natürlich auf Ihre eigene Kappe nehmen. Aber ansonsten sollten Sie anderen Beteiligten die Möglichkeit geben, das Projekt mitzugestalten.

Sobald Sie erkennen (wie auch immer Sie zu dieser Einsicht kommen), dass Sie sich geirrt haben, und bereit sind, das zuzugeben, sollten Sie sich daran machen, das Projekt wieder auf Kurs zu bringen. Konzentrieren Sie sich auf Handlungsoptionen, schlagen Sie eine Lösung vor, kommunizieren Sie Dringlichkeit und seien Sie bereit, sich reinzuhängen. Ihre Reaktion auf einen Fehler wird das Bild Ihrer Person mitbestimmen und kann Ihnen helfen, innerhalb des Teams wieder Vertrauen in das weitere Vorgehen aufzubauen. Zu erkennen, wann man sich irrt, und eine entsprechende Lösung vorzuschlagen, ist eine der wichtigsten Optionen im Umgang mit Designänderungen.

Erwartungen managen

Ein wichtiger Teil Ihrer Beziehung zu Kunden, Führungskräften und Stakeholdern besteht im Management der Erwartungen an Sie, das Projekt und die Ergebnisse. *Ihre Fähigkeit, Erwartungen richtig zu managen, anzupassen und zu kommunizieren, ist wichtiger, als immer die perfekte Lösung zu liefern.* Das gilt insbesondere dann, wenn Sie aufgrund des Feedbacks der Stakeholder unerwartete Änderungen vornehmen oder das Projekt in eine andere Richtung lenken müssen. Sie müssen nicht nur die Änderungen vornehmen, sondern den Projektbeteiligten auch verständlich machen, *wie* Ihr Denkprozess und Ihre Vorgehensweise aussehen werden und *wann* mit der Fertigstellung gerechnet werden kann. Es ist wichtig, die Erwartungen an Sie und das Projekt von Beginn an (und während des gesamten Prozesses) zu steuern, um die Unterstützung der Stakeholder nicht nur zu gewinnen, sondern auch langfristig zu behalten.

Ich erwähne das hier in diesem Kapitel über den Umgang mit Änderungen, weil wir in Momenten, in denen es um die Korrektur eigener Fehler geht, am meisten auf das Verständnis aller Beteiligten angewiesen sind. Ich habe Projekte scheitern sehen, nicht weil die Designer schlechte Ideen hatten oder nicht hart genug an innovativen Lösungen gearbeitet hätten, sondern weil sie die Erwartungen an das Projekt nicht gesteuert und schließlich die Unterstützung der entscheidenden Personen verloren haben.

Das denkwürdigste Beispiel, das ich kenne, hört auf den Namen Jim. Ich hatte ihn angeheuert, um die Entwicklung eines neuen Produkts zu leiten. Zu diesem Zeitpunkt war der geplante Webdienst nichts als ein Konzept, hatte wenig interne Unterstützung und praktisch kein Budget. Unsere Aufgabe war es, etwas aus dem Nichts heraus aufzubauen und ein wertvolles Produkt in einem noch unerschlossenen Bereich zu schaffen. Wir betraten neues, aufregendes Terrain und mussten hart darum kämpfen, andere von unserer Produktvision zu überzeugen.

Jim war jung und unerfahren, aber er hatte gute Ideen und war ein talentierter Designer. Er verstand die Vision, verfügte über entsprechende Erfahrung und hatte eine Menge Energie. Jim war aber auch extrem eigensinnig, in gewisser Weise unreif und ziemlich arrogant. Trotz der Warnungen meiner Führungskräfte stellte ich ihn ein. Ich könnte ihn in diesen Bereichen schließlich coachen, dachte ich mir. Das war ein großer Fehler.

Als die neue Plattform sowohl mit internen Anwendern als auch mit potenziellen Kunden getestet wurde, bekamen wir eine Menge tolles Feedback. Obwohl die meisten interessiert waren, sahen viele andere keinen Bedarf. Sie waren zwar bereit, sie auszuprobieren, waren aber skeptisch. Erschwerend kam hinzu, dass diese neue Plattform das Content-Management-System unserer Website ersetzen sollte. Wir mussten den Leuten also nicht nur ein neues Produkt nahebringen, sondern sahen uns auch vielen Menschen innerhalb des Unternehmens gegenüber, die sich besorgt fragten, inwiefern sich ihr gewohnter Workflow ändern würde.

Jims Ansatz zur Bewältigung dieser Herausforderungen war nicht ideal. Wenn jemand Bedenken äußerte oder Fragen stellte, reagierte er defensiv und entgegnete ihnen mehr oder weniger, dass sie sich irren würden. In einem Fall erklärte er einem Manager, dass dieser schlicht zu alt sei, das zu verstehen. Seine Einstellung lautete: »Dieses Produkt ist leichter zu bedienen! Warum versteht das niemand? Was wir machen, ist innovativ! Diese Menschen können einfach nicht mit Veränderungen umgehen.« Weil er sich intolerant verhielt, wirkte er immer, als nähme er andere Stakeholder nicht ernst und schriebe sie von vornherein ab. Es war ein großes Desaster.

Ich gab mein Bestes als Mentor und Coach. Wir führten häufig Gespräche darüber, wie sich die Erwartungen aller Beteiligten besser steuern ließen. Er schien einzusehen, dass das Ganze eine Frage der Kommunikation und der Ausrichtung war, aber seine Handlungen folgten seinen Worten nicht. Er wollte einfach immer neue Dinge entwickeln und glaubte, das würde die Menschen zufriedenstellen. In seiner Arbeit ging es am Ende nur noch darum, so viele neue Funktionen und Fehlerbehebungen wie möglich unter die Leute zu bringen. Er machte endlose Überstunden, sprach aber immer weniger mit anderen. Das Problem verschlimmerte sich zunehmend.

Am Ende musste ich Jim entlassen. Er raubte seiner Umgebung Kraft und wirkte kontraproduktiv. Rückblickend hätte ich ihn niemals gegen die klare Empfehlung meiner eigenen Führungsmannschaft einstellen sollen. Ich glaubte (naiverweise), dass Jims Talent für Design seine Unreife aufwiegen und ich seine Unzulänglichkeiten durch meine eigenen Fähigkeiten ausgleichen könnte. Ich hatte mich geirrt und musste nun mit den Konsequenzen zurechtkommen.

Nachdem Jim die Firma verlassen hatte, nahm ich das Projekt selbst in die Hand und kümmerte mich vor allem um die Gesprächsführung. Ich fing sofort an, alle zu kontaktieren, die Jim verschreckt hatte. Ich hörte ihnen zu, machte mir Notizen zu ihren Vorschlägen und erstellte eine öffentlich verfügbare Liste, auf der jeder sehen konnte, was ich vorhatte. Ich lud mehrere Schlüsselpersonen zu Gesprächen ein, in denen es um eine gemeinsame Priorisierung der unterschiedlichen Anforderungen ging. Auf diese Weise konnte jeder erleben, wie sich die jeweiligen Änderungswünsche auf die anderen Beteiligten auswirkten. Ich versah jede Aufgabe mit Prioritätswerten und Zeitschätzungen. Manche Vorschläge, bei denen es mir angebracht erschien, verfolgte ich nicht weiter.

Zum Schluss herrschte Transparenz, und es gab eine gemeinsame Ausrichtung: Wir waren uns einig über die Ziele und das Vorgehen, und es gab breite Unterstützung für meine Bemühungen, das Projekt zu realisieren. Als die Beteiligten erkannten, dass ich meine Versprechen einhielt (wenn auch langsamer, als wir es uns gewünscht hätten), begannen sie, mir zu vertrauen, und ich gewann ihre anhaltende Unterstützung zurück. Wenn ich etwas nicht zeitig bereitstellen konnte, ließ ich es sie im Voraus wissen und bat sie, mir dabei zu helfen, die Dinge neu zu priorisieren. Sie waren an den Entscheidungen beteiligt, hatten Einblick in das Projekt und spürten eine gemeinsame Verantwortlichkeit.

Während sich die Menschen noch einige Wochen zuvor über die anstehenden Veränderungen beschwert hatten, waren sie nun begeistert von der eingeschlagenen Richtung, auch wenn die Realisierung länger dauern würde, da ich dem Projekt, anders als Jim zuvor, nicht meine volle Arbeitszeit widmen konnte. Tatsächlich ging es niemandem darum, dass immer mehr Funktionen immer schneller bereitgestellt wurden. Die Menschen wollten Vertrauen in das Produkt haben, den Ansatz verstehen und sich in dem Prozess wertgeschätzt fühlen und wiederfinden. Es ging um angemessene Erwartungen an das Projekt.

Ich bin mir nicht sicher, aber ich vermute, dass Jim (wie viele andere Designer) glaubte, dass seine Entwürfe für sich selbst sprechen würden. Die zwischenmenschliche Kommunikation schien als Qualifikation überflüssig zu sein, da unsere Designs ja bereits von sich aus ein Medium der Kommunikation darstellten. Und obwohl er der Experte war, trübte seine Arroganz seine Fähigkeit, die Beteiligten des Projekts wertzuschätzen. Er konnte Probleme gut lösen und dachte ausgesprochen anwenderzentriert, aber er erkannte nicht, dass er ohne die Unterstützung der Stakeholder nicht erfolgreich sein konnte. Zugespitzt könnte man sagen, dass er seinen Job verlor, weil er ein so miserabler Kommunikator war. Das ist eine Lektion, die jeder Designer lernen sollte, auch wenn man dazu hoffentlich nicht erst gefeuert werden muss. *Die Art und Weise, wie Sie mit Stakeholdern kommunizieren und Ihre Beziehungen zu ihnen pflegen, ist entscheidend für Ihren Erfolg als Designer.*

Vorbei, aber nie beendet

Unsere gemeinsame Reise der Begegnung und Kommunikation mit Stakeholdern hat jetzt ihr Ziel erreicht – obwohl es in Wirklichkeit natürlich ein Prozess ist, der ständig vonstattengeht. Inzwischen ist unser Beispielmeeting beendet, Sie haben sich mit allen Teammitgliedern in der Nachbereitung ausgetauscht und sind auf dem besten Weg, Ihre Vision eines hervorragenden Benutzererlebnisses zu verwirklichen. Hoffentlich gibt es nicht zu viele Änderungen, über die Sie sich Gedanken machen müssen. Aber selbst wenn das der Fall ist, sind Sie gut gerüstet, um Lösungen zu finden, die sowohl den Anwendern als auch Ihren Kunden zugutekommen. Sie sind bestens darauf vorbereitet, Designentscheidungen überzeugend zu vermitteln, mit Stakeholdern zu kommunizieren, *ohne verrückt zu werden*, und trotzdem die bestmögliche Benutzererfahrung abzuliefern.

Bevor wir dieses Buch schließen, möchte ich Ihnen jedoch noch eine Sache mit auf den Weg geben, die Ihnen in Ihrer Designpraxis helfen kann, ausgezeichnete Produkte zu entwickeln. Kapitel 11 kann Ihnen als Ressource für Stakeholder, Führungskräfte und Kunden dienen. Es wurde für Führungskräfte geschrieben, die selbst keine Designer sind, und soll ihnen helfen, uns Designer besser zu verstehen und effektiver mit uns zusammenzuarbeiten.

11

Wie Führungskräfte Designer unterstützen können

Neben Designern gibt es in Unternehmen häufig weitere Personen, die ebenfalls gern lernen würden, sich über Design zu unterhalten. Projektbeteiligte aller Ebenen erkennen, dass es bei der Kommunikation mit ihrem eigenen Team noch Reserven gibt, und suchen nach Ressourcen, um die Zusammenarbeit mit uns Designern und die gemeinsame Produktentwicklung zu verbessern.

Manche Teams haben mich ganz direkt gefragt: »Wie können wir effektiver zusammenarbeiten?« Führungskräfte fragen mich: »Können Sie mir beibringen, mit unseren Designern zusammenzuarbeiten?« Diese Menschen verstehen den Wert guter Arbeitsbeziehungen. Der Schlüssel dazu liegt in einem technologiegetriebenen Sektor in einer klaren Kommunikation. Wenn zwei oder mehr Personen nicht miteinander kommunizieren können, wirkt sich das negativ auf Projekte aus, und es kommt zu Verärgerungen. Fehlkommunikation führt zu enttäuschten Erwartungen. Enttäuschte Erwartungen führen zu Unzufriedenheit und Misstrauen. Das sollten wir verhindern!

Selbst wenn bei der Kommunikation alles glattzulaufen scheint, beeinflusst die Art und Weise, in der Sie auf Designer zugehen und mit ihnen reden, deren Produktivität, Einstellung und Kreativität. Hierbei geht es nicht nur um eine klare Kommunikation: Sie wollen ja auch, dass die Designer Ihnen das bestmögliche Ergebnis liefern.

Dieses Kapitel soll deshalb all denjenigen, die mit Designern zu tun haben, dabei helfen, sie besser zu verstehen, mit ihnen zu kommunizieren und in gemeinsamen Teams erfolgreich zu sein. Egal ob Sie Entwickler, leitender Angestellter, Product Owner, Projektmanager, Marketingexperte oder Kundenbetreuer sind: Dieses Kapitel ist für Sie. Wenn Sie Designer sind, reißen Sie diese Seiten heraus und geben Sie sie Ihrem Chef oder Ihrem Lieblingsentwickler. (Oder Sie können weiterlesen, sich bestätigt oder sich mit Ihren seltsamen Macken erkannt fühlen.) Ziel dieses Kapitels ist es, die Kluft zu überbrücken und damit allen im Team dabei zu helfen, effektiver miteinander zu kommunizieren. *Wir möchten, dass Sie lernen, wie Sie das Beste aus uns herausholen können.*

Dazu werden wir:

- mehrere Schlüsselbereiche identifizieren, in denen Stakeholder uns helfen können, erfolgreicher zu sein.
- eine Liste mit Tipps für die regelmäßige Zusammenarbeit mit Designern zusammenstellen.
- eine Checkliste mit Fragen zusammentragen, die bei den meisten Projekten für einen guten Beginn unverzichtbar sind.

Der König und der Blinde

Es war einmal ein König, der einen blinden Mann als Berater hatte. Als der König mit einer großen Gesellschaft von einer Jagd zurückkehrte, war er sehr durstig und entdeckte ein Feld mit Wassermelonen. Er rief seinen Dienern zu, einige zu ernten, um seinen Durst zu stillen, aber der Blinde begann zu lachen.

> »Warum lachst du?«, fragte der König.
>
> »Guter König, hier gibt es keine Wassermelonen!«, antwortete er.
>
> Der König war überrascht. »Du bist blind! Woher willst du wissen, dass es hier keine Wassermelonen gibt? Ich kann sie mit meinen eigenen Augen sehen. Du kannst es nicht!«
>
> Der Blinde antwortete: »Mein Herr, man braucht kein Augenlicht, um diese Dinge zu erkennen. Die Wassermelonen-Saison ist vorbei. Es gibt vielleicht noch ein paar, die auf den Feldern verrotten, aber alle guten Früchte sind bereits geerntet worden.«

Und die Moral von der Geschichte: Der König »sah« die Wassermelonen, weil er sie sehen wollte, doch der Blinde wusste es besser. Für den König schienen die Wassermelonen die offensichtliche Lösung gegen seinen Durst zu sein. Und wie hätte ihm in dieser Situation gerade sein blinder Berater helfen können? Und doch war es gerade die Perspektive des blinden Mannes, die dem König half und letztlich davor bewahrte, verfaulte Wassermelonen sammeln zu lassen. Ich schätze, es gibt Schlimmeres!

Natürlich ist das bloß eine amüsante Geschichte, aber der Punkt ist folgender: In Ihrem Team arbeiten Menschen, die Ihnen helfen, Ihre Arbeit besser und erfolgreich zu erledigen, und die Ihnen eine Perspektive anbieten können, die Sie selbst nicht haben. Es mag manchmal so aussehen, als wüssten Designer nicht, wovon sie reden, oder als könnten sie unmöglich sinnvolle Lösungen für schwierige Probleme anbieten, aber das stimmt nicht. Designer sind Problemlöser, egal ob es darum geht, geschäftliche Anforderungen zu berücksichtigen oder Programmierlösungen vorzuschlagen. Ich habe öfter erlebt, dass Designer mit Vorschlägen, von denen alle anderen dachten, sie lägen weit außerhalb ihres Erfahrungsbereichs, für großes Aufsehen gesorgt haben. Um unsere Fähigkeiten also bestmöglich zu nutzen, sollten Sie sich an diesen vier Essentials orientieren:

- **Erkennen** Sie, dass wir über Fachwissen auf diesem Gebiet verfügen.
- **Priorisieren** Sie unsere Bedürfnisse, damit wir bei unserer Arbeit nicht ausgebremst werden.
- **Ermöglichen** Sie dem Team schnelles Handeln.
- **Denken** Sie daran, dass auch wir Menschen sind.

Erkennen Sie, dass wir über Fachwissen auf diesem Gebiet verfügen

Zu den größten Herausforderungen, mit denen wir Designer konfrontiert sind, gehört die Frage, ob andere Menschen wirklich an uns glauben und auf die Qualität unserer Arbeit und unserer Entscheidungen vertrauen. Einerseits loben viele Menschen unsere Arbeit, wenn sie ihnen gefällt. Sind sie jedoch andererseits nicht damit einverstanden oder stellen sie unsere Designentscheidungen infrage, kann viel Misstrauen entstehen – oder zumindest ein Mangel an vollständigem Vertrauen. Viele sehen es nur als Aufgabe von Designern an, Dinge schön aussehen zu lassen. Wenn es um die Entscheidungsfindung geht, wird ihnen aber oft kein Platz am Tisch eingeräumt.

Wenn Sie mit Designern zusammenarbeiten, sollten Sie sich dessen bewusst sein, dass sie in ihrem Bereich über eine große Expertise verfügen und dass ihre Aufgabe deshalb mehr umfasst, als Ihr Projekt nur hübsch aussehen zu lassen. Sie bringen alles mit, um gestalterische Lösungen für geschäftliche Aufgabenstellungen zu finden. Sie haben sie aus einem bestimmten Grund eingestellt und in Ihr Team berufen: weil sie Experten für Design sind und dieses Fach besser beherrschen als Sie. Als Experten verstehen sie, worauf es für eine einfache Benutzererfahrung ankommt. Sie sind in Usability-Techniken und Best Practices geschult. Sie kennen die richtigen Designmuster und -elemente. Setzen Sie Vertrauen in ihre Arbeit, ohne ihnen reinzureden.

Tatsächlich ist Design eine anspruchsvolle Aufgabe. Es mag Ihnen leicht und einfach erscheinen, weil Sie nur das Endergebnis zu sehen bekommen. In den Designprozess fließt eine Menge ein: die Definition von Anwendungsfällen, die Abbildung von Nutzerflows, das Formulieren von Anforderungen, eine Menge Ideen und viele Entwurfszyklen mit immer neuen Wireframes und Prototypen. Sie bekommen weder all unsere verworfenen Ansätze mit noch die Zeit und den Angstschweiß, die uns die Suche nach den richtigen Lösungen gekostet hat. Bis unsere Entwürfe bei Ihnen landen, haben wir gewissenhaft gearbeitet und dabei alle möglichen Gesichtspunkte geprüft. Es gehört weit mehr dazu, als nur ein paar Elemente auf einer Seite zu platzieren.

Wenn wir mit unserem Vorschlag zu Ihnen kommen, dürfen Sie davon ausgehen, dass wir ihn für die beste Lösung halten. Sie brauchen uns nicht zu fragen, ob wir den Entwurf mögen oder nicht: Natürlich mögen wir ihn! Wir haben ihn gemacht! Wenn Sie anderer Meinung sind, ist es absolut angemessen, dass Sie sich mit uns darüber unterhalten, aber Sie sollten unserer Arbeit nicht von Anfang an mit einer skeptischen Haltung gegenübertreten. Befragen Sie uns stattdessen nach unserem Entscheidungsprozess und versuchen Sie, unsere Perspektive zu verstehen, damit wir uns am Ende einig werden.

Da Design komplex sein kann und viele Elemente miteinander verknüpft sind, sollten Sie berücksichtigen, dass von Ihnen vorgeschlagene Änderungen Auswirkungen auf den Rest des Projekts haben werden. Es entsteht ein Welleneffekt, der dazu führen kann, dass auch andere Bereiche überarbeitet werden müssen. Änderungen finden nicht isoliert statt. Viele Beteiligte machen gut gemeinte Vorschläge in dem Glauben, dass die Änderungen einfach oder in ein paar Minuten umsetzbar sind. Eine Bemerkung wie: »Sie müssen das doch nur etwas verschieben, oder?« ist nicht ungewöhnlich. Aber wenn wir einen Bereich eines Entwurfs aktualisieren, müssen wir noch einmal einen Schritt zurücktreten und unsere Entscheidungen neu bewerten. Verschiebt man ein Element, müssen auch andere verschoben werden. Manchmal kann das Ändern einzelner Elemente den Anwendungsflow unterbrechen. Nicht immer, aber oft.

Sie müssen sich also darüber im Klaren sein, dass Ihre Vorschläge Konsequenzen haben können, an die man im ersten Moment nicht denkt und die vielleicht nicht so leicht umzusetzen sind. Selbst einfache Änderungen erfordern einen gewissen Aufwand an Nachbearbeitung. Ich würde deshalb vorschlagen, zuerst nach den Auswirkungen der von Ihnen vorgeschlagenen Änderungen zu fragen. Versuchen Sie, zu verstehen, welche Folgen Ihre Vorschläge haben können, bevor Sie darauf bestehen, dass Änderungen vorgenommen werden. Sich über den nötigen Aufwand abzustimmen, ist ein wichtiger Teil des Gesprächs.

Priorisieren Sie unsere Bedürfnisse, damit wir bei unserer Arbeit nicht ausgebremst werden

Wenn Designern nicht alle Ressourcen bereitgestellt werden, die sie für ihre Arbeit brauchen, kann das schnell zu einem der größten Hindernisse innerhalb eines Projekt werden. Sollen wir etwas für Sie entwerfen, brauchen wir, um das effektiv tun zu können, eine Menge Dinge von Ihnen.

Es reicht nicht, uns Ihre Vision zu schildern und uns dann loszuschicken. Geschäftsanforderungen müssen dokumentiert und Zeitpläne festgelegt werden. Auch technische Anforderungen sind entscheidend: Zugang zu Servern, Vertragsfreigaben oder die gemeinsame Nutzung Ihrer Analysen und Daten. Oft benötigen wir die Erlaubnis, mit anderen Personen innerhalb des Unternehmens oder der Organisation zusammenzuarbeiten: mit Gatekeepern, bestimmten Experten oder Kundenbetreuern. Ohne diese Ressourcen können wir nicht sinnvoll arbeiten. Machen Sie es deshalb zu einer Ihrer Prioritäten, diese Dinge bereitzustellen. Nur so können wir Ihnen wirklich erfolgreich helfen. Kümmern Sie sich darum, die Dinge in Gang zu bringen, damit wir loslegen können.

Das bedeutet, dass Sie unsere Bedürfnisse priorisieren müssen. Sie sollten sich auf Meetings mit uns vorbereiten. Prüfen Sie die Entwürfe, die wir Ihnen vorab zugesandt haben, damit Sie uns Feedback geben können. Es gibt nichts Schlimmeres, als wenn jemand auftaucht, der behauptet, er habe keine Zeit gehabt, unsere Arbeit vorher durchzusehen, und dann lediglich spontane und oft undurchdachte Reaktionen von sich gibt, wenn er unsere Arbeit zum ersten Mal sieht. Nein, das reicht nicht. Wertschätzen Sie, indem Sie sich vorbereiten, unsere Zeit genauso, wie wir Ihre wertschätzen.

Sie sollten Ihre Liste mit Fragen oder Bedenken bereits parat haben. Vielleicht stellen Sie sogar vorab Referenzmaterial zusammen, wie etwa andere Apps oder Daten aus einem anderen Projekt, die uns helfen, Ihren Blickwinkel zu verstehen. Am wichtigsten ist aber, dass Sie dies innerhalb einer angemessenen Zeitspanne tun. Wenn Sie zu lange brauchen, um unsere Arbeit zu überprüfen und darauf zu reagieren, geht das auf Kosten der Zeit, die uns für die Umsetzung möglicher Änderungen zur Verfügung steht. Bei solch einem Szenario sollten Sie nicht damit rechnen, von uns das bestmögliche Ergebnis zu bekommen. Bitte wertschätzen Sie unsere Aufgabe innerhalb des Teams, indem Sie unseren Bedürfnissen Priorität einräumen, damit wir gemeinsam erfolgreich sein können.

Usability-Tests und Forschung

Oft wären für uns vor allem Usability-Tests wichtig, die aber oft nicht genehmigt werden und für die kein Budget bereitgestellt wird. Wir müssen Ihr Projekt mit anderen Personen testen, um sicherzustellen, dass es wie erwartet funktioniert. Dies ist keine Gesprächsrunde: Wir fragen dabei die Benutzer nicht, wie sie es gern hätten. Es geht darum, sich die Zeit zu nehmen, Anwender bei der Nutzung der Website oder App genau zu beobachten, und daraus Schlüsse zu ziehen, wie wir die User Experience verbessern können. Es ist eine aufgabenbasierte und überwiegend beobachtende Untersuchung. Leider müssen wir oft darauf verzichten, weil uns die erforderliche Zeit dafür nicht zugestanden wird. Es ist aber nicht kostspielig – und das Ergebnis wird sich mehr als bezahlt machen, weil Probleme früher aufgedeckt und Abläufe in der App optimiert werden können. Geben Sie uns die Genehmigung und das Budget für Usability-Tests, und vielleicht ermutigen Sie uns sogar, diese noch auszuweiten.

Ermöglichen Sie dem Team schnelles Handeln

Werden Entscheidungen nicht schnell genug getroffen, verlaufen Projekte zäh und kommen nur schlecht voran. Deshalb können Sie ein Projekt am besten unterstützen, indem Sie schnell entscheiden, sich an die getroffenen Entscheidungen halten und andere Personen ermächtigen, Entscheidungen in Ihrem Namen zu treffen. So kann das gesamtes Team zügig arbeiten und das bestmögliche Produkt mit einer großartigen Benutzererfahrung liefern. Ich kann es gar nicht genug betonen: Der Hauptunterschied zwischen einem angriffslustigen Start-up und einem bürokratischen Ungetüm besteht darin, wie schnell entschieden und gehandelt wird. Es geht weniger um Talent, Ressourcen oder Ideen, sondern um das Momentum innerhalb des Teams. Projekte scheitern oder verkümmern, wenn die Führung keine Entscheidungen trifft oder sich nicht an die getroffenen Entscheidungen hält. Und das liegt vollständig in Ihrem Einflussbereich.

Sie können uns helfen, erfolgreich zu sein, indem Sie entscheidungsfreudig sind: Treffen Sie Entscheidungen, halten Sie sich daran und halten Sie die Dinge in Bewegung. Unentschiedenheit und daraus resultierende Verzögerungen werden Sie viel Zeit und Geld kosten. Es liegt an Ihnen, ob wir untätig darauf warten, dass Sie bestimmte Entscheidungen treffen, oder ob wir unsere Entwürfe überarbeiten können, um beschlossene Änderungen einzubauen. Man könnte denken, dass es nichts ausmacht, ein paar Tage bis zum nächsten Meeting zu warten, aber in dieser Zeit könnten wir bereits an der nächsten Aufgabe arbeiten oder Fehler in unserem aktuellen Ansatz aufspüren. Die besten Projekte, an denen ich gearbeitet habe, waren diejenigen, bei denen wir uns *täglich* mit den Stakeholdern getroffen haben. Ja, Sie haben richtig gelesen: *jeden Tag*. Ich verbrachte den Tag mit Entwerfen, zeigte meine Arbeit nachmittags dem Kunden, bekam direktes Feedback, und am nächsten Tag ging es so weiter. Solch ein Rhythmus ist kraftvoll und aufregend. Manchmal schlage ich größeren Kunden tägliche Designreviews vor, was meist Stöhnen auslöst. Warum? Weil es bei ihnen bereits zu viele Meetings gibt und sich scheinbar niemand auf einen so schnell getakteten Prozess einlassen will oder kann. Projekte mit langsamem Rhythmus dauern aber nicht nur länger, sondern liefern auch schlechtere Ergebnisse. Wenn die Stakeholder nur einmal pro Woche (oder seltener!) beteiligt sind, kann ich getrost davon ausgehen, dass das Projekt fast doppelt so lange dauert wie nötig.

Je besser Sie darin sind, gute und schnelle Entscheidungen zu treffen, desto besser wird es uns Designern gehen. Wir sind dann nicht nur produktiver, sondern auch glücklicher und zufriedener mit unserer Arbeit. Wenn wir spüren, dass die Dinge vorangehen, fühlen wir uns einfach gut. Und es ist immer besser, einfach irgendetwas zu tun (selbst wenn es falsch ist) und das Projekt voranzutreiben, als nichts zu tun und in einem Sumpf von Unklarheit zu versinken. Unentschlossenheit und inkonsequente Entscheidungen killen jeden effektiven Designprozess. Ermächtigen Sie also Ihre Designer und das gesamte Team, so schnell wie möglich zu agieren. Ich verspreche Ihnen, dass die Risiken, die in der Übertragung von Entscheidungsbefugnissen liegen, durch gute Stimmung, Motivation, Schnelligkeit und Momentum mehr als aufgewogen werden.

Stärkung des Teams

Uns (den Designern!) Entscheidungsbefugnisse einzuräumen und uns ein angemessenes Maß an Autorität zu gewähren, ist eine der besten Möglichkeiten, um Ihr Projekt schnell voranzutreiben. Lassen Sie uns einige der nötigen Entscheidungen treffen. Wenn Sie unsicher sind, was zu tun ist, lassen Sie sich bei der Entscheidung durch uns helfen. Vertrauen Sie uns, wenn wir unsere Entscheidungen gut begründen, auch wenn Sie damit nicht einverstanden sind. Fragen Sie uns, was wir tun würden, und lassen Sie uns dann die endgültige Entscheidung treffen. Dieses Maß an Eigenverantwortung führt zu einem besseren Produkt, zufriedeneren Teams und einem schnelleren Projektfortschritt.

Mir ist klar, dass nicht jede beliebige Produktentscheidung uns Designern anvertraut werden kann. Es gibt andere Faktoren, geschäftliche Überlegungen und weitere beteiligte Teams oder Personen. Doch oft vernebeln diese zusätzlichen Einflüsse das eigene Urteilsvermögen und verhindern, dass man die einfachere, naheliegende Lösung wirklich als solche erkennt. Meiner Erfahrung nach läuft es am Ende doch meistens auf die Empfehlungen der Designer hinaus. Ich habe mit großen Kunden gearbeitet, bei denen die schiere Vielzahl an Teams und Meetings der Geschäftsführung den Projektfortschritt wochenlang verzögerten. Vielleicht spielen wir deshalb längere Zeit mit einer Reihe vorgeschlagener Ideen, implementieren möglicherweise sogar diejenige, die der Chefin oder ihrem Stellvertreter am besten gefällt, nur um schließlich (Monate später) letztlich doch unsere ursprüngliche Empfehlung einzubauen. Nicht jede Idee, die in einem Meeting begeistert, funktioniert am Ende auch in der Praxis. Das gilt natürlich nicht immer, führt aber häufig genug zu ernsthafter Zeitverschwendung.

Bei einer der lohnendsten Websites, die ich je entwerfen durfte, hatte ich meinen Chef davon überzeugen können, mir die Freiheit zu geben, mich ausschließlich auf dieses eine Projekt zu konzentrieren und auch die endgültigen Entscheidungen zu treffen. Es war riskant. Andere Stakeholder des Unternehmens waren besorgt, dass ich zu wenig über ihre Aufgabenbereiche wüsste. Die Leute hatten Angst, dass ich das Projekt in den Sand setzen würde. Ich war schon seit einigen Jahren in diesem Unternehmen und verstand die meisten Anforderungen, wenn auch nicht alle. Das reichte jedoch aus, um die nächste Version der Website zu erstellen, auch wenn sie nicht vollkommen perfekt war. Nach drei Monaten präsentierte ich ein fertiges Produkt, das deutlich besser war als die bestehende Seite.

Waren alle Beteiligten zufrieden mit meiner Arbeit? Nein, aber einige schon. Hatte ich alle bestehenden Aufgaben gelöst? Einigermaßen. Aber das hat uns nicht davon abgehalten, die Website in dieser Form zu veröffentlichen und dann sofort damit zu beginnen, sie zu verbessern. Wir waren in der Lage, sehr schnell eine weitere, optimierte Variante online zu stellen, und bekamen auch für die folgende Version Entscheidungskompetenz zugesprochen. Hätte es mehrere Entscheidungsträger gegeben, die mir genau vorgeschrieben hätten, was ich tun sollte, hätte das Projekt vielleicht ein Jahr oder länger gebraucht. Stattdessen legten wir Wert darauf, schnelle Entscheidungen zu treffen. Das Perfekte sollte nicht zum Feind des Guten werden. Diese Form von Vertrauen und Ermächtigung findet man selten, aber es gibt kaum einen besseren Weg, Dinge zügig zu erledigen.

Ich kann Sie nur auffordern, Ihren Designern bewusst die Freiheit zu lassen, anstehende Designentscheidungen zu treffen. Testen Sie dieses Vorgehen zu Beginn bei einigen risikoarmen Entscheidungen, um sich dann zügig bis zur umfassenderen Gesamtvision des Produkts vorzuarbeiten. Versuchen Sie, den Designern so oft wie möglich zuzustimmen, bis Sie das Gefühl haben, dass Sie sie selbst entscheiden lassen können. Suchen Sie den Punkt, über den hinaus es Ihnen unangenehm ist, die Kontrolle abzugeben, und gehen Sie bewusst ein kleines Stückchen darüber hinaus. Ich glaube, dass der Optimalbereich, was die Übertragung von Entscheidungskompetenz angeht, etwas außerhalb Ihrer Komfortzone liegt. Führungskräfte sollten sich immer ein wenig unwohl dabei fühlen, Entscheidungen an ihr Team zu delegieren.

Denken Sie daran, dass auch wir Menschen sind

Es gibt ein wichtiges noch fehlendes Element, was die Beziehungen zwischen Stakeholdern und Designern angeht: das schlichte Anerkennen der Tatsache, dass wir mit Menschen zusammenarbeiten (und nicht mit Maschinen). Wir müssen uns auf die Beziehungsebene und auf Kommunikation konzentrieren. Vor allem aber müssen wir höflich sein, eine hilfreiche, freundliche Sprache verwenden und Gespräche in einer Atmosphäre führen, die zu positiven Ergebnissen führt.

Es mag eine banale Feststellung sein, aber auch Designer sind Menschen. Im Geschäftsleben werden Projekte und Fristen oft (ungewollt) für wichtiger gehalten als die Menschen, die sie umsetzen oder einhalten müssen. Es ist in jedem Unternehmen wichtig, sich immer wieder daran zu erinnern, dass Teams aus Menschen bestehen, die ein Leben, eine Familie und Interessen jenseits von Büro und Konferenzraum haben. Das ist bei Designern nicht anders. Wir alle haben unterschiedliche Persönlichkeiten, eigenständige Ideen und eine individuelle Sicht auf das Leben. Neben den gerade aktuellen Projekten gibt es noch andere wichtige Dinge, die uns beschäftigen. Vielleicht pflegen wir unsere kranke Mutter, fahren unsere Kinder von der Schule zum Sport oder kehren abends in eine leere und einsame Wohnung heim. Bei einem menschenzentrierten Führungsansatz geht es vor allem darum, anzuerkennen, dass wir es mit echten Menschen zu tun haben, die Gefühle haben und aufgebaut und ermutigt oder aber entmutigt und missachtet werden können. Sie können sie ignorieren oder Interesse an ihnen zeigen. Wie Sie sich vorstellen können, erzielen Sie die besten Ergebnisse, wenn Sie im Kontakt mit anderen immer auch ihre Menschlichkeit im Blick haben. Nehmen Sie sich also so oft wie nötig die Zeit, um die Personen in Ihrer Umgebung als das wahrzunehmen, was sie (und was wir alle) sind: als Menschen.

Mit dieser Einstellung können Sie sich im nächsten Schritt auf den Aufbau guter Beziehungen konzentrieren, die wiederum die Grundlage für eine gute Kommunikation bilden. Keine noch so gute Organisation, kein noch so gutes Management oder Empowerment kann eine auf persönlicher oder Beziehungsebene herrschende Unverbundenheit ausgleichen. Zu oft geht es in Meetings nur um Projekte, in Projekten nur um Aufgaben, die häufig ermüdend und unmenschlich sind. Das Endergebnis ist eine roboterhafte, freud- und leblose Herangehensweise an Projekte. Sie müssen also nicht nur gut organisiert sein und Projekten Priorität einräumen, sondern auch daran arbeiten, eine menschliche Verbindung aufzubauen, die mehr über Sie aussagt als bloße Worte. Seien Sie freundlich und lernen Sie uns kennen. Zeigen Sie echtes, persönliches Interesse. Fragen Sie uns nach Hobbys, Haustieren oder Lieblingsklubs. Sie benötigen kein Büro voller Sitzsäcke und Fußballkickern, es reicht, wenn Sie freundlich und an Menschen interessiert sind. Es braucht nicht viel, um den Menschen, mit denen Sie arbeiten, das Gefühl zu geben, dass sie Ihnen wirklich am Herzen liegen.

Verwenden Sie eine freundliche Sprache

Die Erkenntnis, dass wir alle Menschen sind, erleichtert es uns natürlich auch, in unseren Diskussionen über Design eine freundliche, hilfreiche Ausdrucksweise und Kommunikation zu pflegen. Wenn Sie uns Rückmeldungen zu unseren Entwürfen geben, konzentrieren Sie sich auf die Designs und nicht auf die Designer, die sie geschaffen haben. Seien Sie nicht wortkarg und greifen Sie unsere Arbeit nicht an. Stellen Sie stattdessen möglichst viele Fragen, um unsere Perspektive und Vorgehensweise zu verstehen. Seien Sie direkt, dabei aber immer freundlich. Konzentrieren Sie sich auf die Aufgabenstellung und die möglichen Lösungen, nicht auf die Menschen und ihre Entscheidungen. Es ist sowieso schon schwierig genug, über Design zu sprechen, weil Menschen (Designer) oft sehr an den Ergebnissen ihrer Arbeit hängen. Wenn Sie Menschen wegen ihrer Entscheidungen kritisieren, drängen Sie sie in die Defensive. Design hat, mehr als viele andere Bereiche, das Potenzial, spaltend und polarisierend zu wirken. Berücksichtigen Sie dies und bemühen Sie sich, Formulierungen zu verwenden, die das Gespräch voranbringen, anstatt Menschen gegeneinander auszuspielen. Die Art und Weise, wie Sie mit Designern über ihre Arbeit sprechen, hat einen dramatischen Einfluss auf deren Umgänglichkeit und Produktivität.

Seien Sie außerdem geduldig, wenn sich Dinge noch einmal ändern. Wir können nicht immer vorhersehen, wie unsere Entwürfe in der realen Welt funktionieren werden. Daher müssen wir unsere Arbeit immer wieder anpassen, selbst wenn sie schon produktiv eingesetzt wird. Es passiert häufig, dass wir glauben, die richtigen Entscheidungen getroffen zu haben, aber – sobald wir ein Design zum ersten Mal mit Benutzern testen – feststellen müssen, dass wir uns an bestimmten Stellen geirrt haben. Solche Herausforderungen sind Teil des Prozesses. In der Tat fühle ich mich immer ein wenig verlegen und kleinlaut, wenn ich zurück zu den Entwicklern gehen und um Änderungen bitten muss. Obwohl Änderungen ein ganz natürlicher Vorgang im Designprozess sind, gebe ich eigene Fehler zu und nehme die Verantwortung dafür auf mich. Es mag schwerfallen, eigene Fehler einzugestehen, ist aber unvermeidlich, wenn wir eine großartige Benutzererfahrung abliefern wollen. Als Führungskraft sollten Sie nicht nur von uns erwarten, sondern uns sogar dazu ermutigen, diese unerwarteten Herausforderungen anzunehmen, und uns dabei helfen, den Rest des Teams auf solche Änderungen vorzubereiten. Unterstützen Sie uns bei diesen Änderungsprozessen so weit wie möglich und ebnen Sie uns den Weg, damit wir das zufriedenstellende Gefühl bekommen, das Richtige für den Benutzer und das Produkt zu tun.

Zehn Tipps für die Zusammenarbeit mit Designern

Hier finden Sie kurz zusammengefasst zehn Tipps, die Ihnen helfen, effektiver mit Designern zusammenzuarbeiten:

1. **Konzentrieren Sie sich auf das, was funktioniert.** Streichen Sie das Wort »mögen« aus Ihrem Wortschatz und sprechen Sie besser darüber, was funktioniert oder nicht funktioniert. Ihre persönlichen Vorlieben sind weniger wichtig als die Bedürfnisse des Anwenders oder des Unternehmens.
2. **Bieten Sie uns keine Lösungen an, sondern benennen Sie Probleme.** Erzählen Sie uns von dem Problem, das Sie sehen, und beschreiben Sie die Aufgabe, die angegangen werden muss, aber erklären Sie uns nicht sofort, was wir ändern sollen. Lassen Sie uns die Lösung finden.
3. **Stellen Sie viele Fragen.** Das ist der Schlüssel, um unsere Perspektive und unsere Beweggründe zu verstehen. Stellen Sie Fragen, um unseren Denkprozess nachzuvollziehen.
4. **Tun Sie nicht so, als seien Sie »der Benutzer«.** In Wahrheit ist jeder Benutzer anders. Sie repräsentieren die Zielgruppe genauso wenig wie wir Designer. Vorzugeben, ein typischer Nutzer der App oder Website zu sein, bringt uns in Diskussionen nicht weiter.
5. **Lassen Sie uns unsere Entscheidungen erklären.** Klinken Sie sich nicht aus, nachdem Sie uns Ihre eigene Sichtweise geschildert haben. Geben Sie uns Zeit und Gelegenheit, eine angemessene Antwort zu formulieren.
6. **Ermächtigen Sie uns, Entscheidungen zu treffen.** Lernen Sie, uns in unserem Fachgebiet zu vertrauen und uns später an unseren Ergebnissen zu messen, selbst wenn Sie mit unseren Vorschlägen nicht einverstanden sind.
7. **Pflegen Sie eine freundliche Ausdrucksweise.** Manchmal ist es schwierig, sich Feedback anzuhören, ohne darauf etwas defensiv zu reagieren. Vermeiden Sie eine harsche oder zugespitzte Ausdrucksweise und konzentrieren Sie Ihre Rückmeldungen auf die Entwürfe, nicht auf die Designer.
8. **Fragen Sie, ob Daten vorhanden sind.** Wir sollten unsere Entscheidungen möglichst auf Daten stützen, aber nur weil einem Designer keine Daten vorliegen, heißt das noch nicht, dass er falsch liegt.

9. **Seien Sie vorbereitet.** Überprüfen Sie unsere Arbeit bereits vor Besprechungen und halten Sie eine Liste mit Fragen oder Bedenken bereit. Warten Sie nicht bis zum Meeting, um sich dann alles zum ersten Mal anzuschauen und spontane Reaktionen abzufeuern. Ihr Feedback sollte zielgerichtet und wohlüberlegt sein.

10. **Stellen Sie uns die benötigten Ressourcen zur Verfügung.** Ob Log-in-Daten, Zugriff auf Analysen oder die Erlaubnis, Usability-Tests durchzuführen – es gibt Dinge, die wir von Ihnen brauchen, um effektiv arbeiten zu können. Machen Sie sie zu einer Ihrer Prioritäten.

Checkliste für Designprojekte

Zur besseren Vorbereitung finden Sie hier eine Checkliste mit den häufigsten Anforderungen an Web- und Produktdesign. Würden Stakeholder das alles immer von Anfang an bereitstellen, könnten Projekte schneller vorankommen und im Ergebnis qualitativ bessere Benutzererfahrungen liefern. Ich verwende diese Liste bei meinen eigenen Kunden, um sicherzustellen, dass wir zu Beginn eines jeden Projekts alles vorliegen haben, was wir brauchen. So kann man sicherstellen, dass alle Beteiligten auf dem gleichen Stand sind, und sich die laufende Kommunikation über das Projekt erheblich vereinfacht. Außerdem schafft eine solche Checkliste eine gute Grundlage, um im weiteren Projektverlauf Designentscheidungen besprechen zu können.

Es ist ein Werkzeug, das flexibel an das jeweilige Projekt, Unternehmen oder Team angepasst werden sollte. Einige der Punkte sind nicht bei jedem Projekt von Belang. Und bei einigen Projekten kann es zusätzliche Anforderungen geben. Außerdem können sich die Dinge im Laufe eines Projekts auch verändern, wenn ein Team seinen eigenen Rhythmus entwickelt. Nutzen Sie die Liste als Leitfaden, aber scheuen Sie sich nicht, die einzelnen Punkte (oder Ihre Antworten) im Laufe des Projekts zu ändern.

Vision und Ziele des Managements

☑ Was ist der Zweck des Produkts, der Website oder der App? Definieren Sie die primäre Verwendung oder Aufgabe. Wozu soll es gut sein?

☑ Wie lautet die Gesamtvision für das Produkt, die Website oder die App? Eine klar definierte Vision hilft uns, zu verstehen, welche Rolle dieses Projekt in der Strategieplanung spielt.

☑ Welche allgemeinen kurzfristigen Ziele hat das Unternehmen? Was will das Unternehmen erreichen, und wie passt dieses Projekt zu diesen Zielen?

- ☑ Welche Kenngrößen können wir messen und verfolgen? Woran werden wir feststellen, dass wir erfolgreich waren? Wir brauchen eine Möglichkeit, unseren Erfolg zu messen.
- ☑ Wie lautet die Strategie zur Erreichung des Ziels? Es geht um das, *was* getan werden muss, um das Ziel zu erreichen: die Aufgaben, Taktiken oder zu erbringenden Leistungen für das Projekt.
- ☑ Welche geschäftlichen Anforderungen gibt es für dieses Projekt? Es ist wichtig, von Beginn an klar dokumentierte Anforderungen zu haben. Wir können auch gemeinsam daran arbeiten, sie zu erstellen.

Benutzer oder Kunden

- ☑ Wer sind die Anwender? Was wissen wir über sie? Dies könnte ein Ausgangspunkt für die Beschreibung von Personas und User Stories sein.
- ☑ Wie lautet das Hauptproblem, das wir für sie lösen wollen? Womit haben Anwender im Moment die größten Schwierigkeiten? (Das ist vielleicht aktuell nicht Ziel des Projekts.)
- ☑ Wie interagieren die Benutzer mit der Website oder App? Was wissen wir über ihren Kontext/Standort, Gerätetypen und -größe, Einstiegs- und Ausstiegspunkte oder die Häufigkeit ihrer Besuche?
- ☑ Wie sieht der Plan oder das Budget für Usability-Tests und/oder Benutzer-Interviews aus? Wir müssen mit echten Benutzern arbeiten, um für sie etwas entwerfen zu können.

Workflow und Kommunikation

- ☑ Welche Werkzeuge sollen wir für die Kommunikation verwenden? Wie bekommen wir am ehesten Antworten? Jeder hat andere Vorlieben, was E-Mail, Messenger-Dienste, Videocalls und Telefon angeht.
- ☑ Wie sollte unser Besprechungszyklus aussehen? Wir sollten sowohl kurze häufige Updates als auch längere ausführliche Fortschrittsberichte vorsehen. Zum Beispiel 30 Minuten täglich, dazu ein wöchentliches einstündiges (oder längeres) Designreview.
- ☑ Wie sieht der Zeitplan für das Projekt aus? Wie häufig können wir neue Versionen freigeben? Erstellen Sie einen Zeitplan, der festlegt, wann Aufgaben erledigt sein sollen. Arbeiten Sie sich von diesen Deadlines aus rückwärts durch den Kalender. Dies kann auch Auswirkungen auf die Bereitstellung von Ressourcen oder den Umfang den Projekts haben.

- ☑ Wer trifft die endgültigen Entscheidungen? Bestimmen Sie einen Gesamtverantwortlichen und/oder einzelne Personen für die Bereiche Business, Produkt, Design, Entwicklung und Content. Keine Ausschüsse.

Zugang zu Informationen und Personen

- ☑ Welche technischen Ressourcen benötigen wir? Wer kann uns den Zugang ermöglichen? Das betrifft Anmeldedaten, E-Mail-Konten, VPNs oder den Zugriff auf Server.
- ☑ Welche Daten sind vorhanden? Zugriff auf Analysen, Usability-Studien, A/B-Tests oder vorhandene Geschäftsberichte oder Präsentationen.
- ☑ Gibt es eine bestehende Website oder App, die wir als Referenz verwenden können? Gibt es ein anderes Produkt, das wir als Basis für dieses Projekt heranziehen können?
- ☑ Wie sieht das Organigramm des Unternehmens aus? Welche Personen sind für unser Projekt wichtig? Eine Liste relevanter Personen, einschließlich Namen, Titel, interner Zusammenhänge, Fachgebiete und Kontaktinformationen.
- ☑ Haben wir die Erlaubnis, mit diesen Personen zusammenzuarbeiten? Entsprechende Vorstellungen müssen stattfinden oder Genehmigungen eingeholt werden, damit wir andere Personen im Unternehmen kontaktieren können.

Designvorgaben und technische Anforderungen

- ☑ Welche Gestaltungsrichtlinien gibt es bereits? Markenrichtlinien, Logo-Standards, Dokumentation der Designsprache, Styleguides oder visuelle UI-Bibliotheken.
- ☑ Welchen Grundton oder Stil soll das Design haben? Dies kann durch die Gestaltungsrichtlinien bereits vorgegeben sein. Falls nicht, können wir es besprechen.
- ☑ Welchen Grundregeln oder Designzielen sollen die Entwürfe folgen? Eine kurze Liste mit Einschränkungen, Best Practices oder Prioritäten für Designentscheidungen.
- ☑ Welche anderen Websites oder Anwendungen sind ähnlich oder relevant? Eine Liste von Wettbewerbern sowie ähnlichen oder auch nicht verwandten Produkten, die von Interesse sind.

☑ Welche technischen Anforderungen sind im Design zu berücksichtigen? Barrierefreiheit, Browser-/Betriebssystemversionen, Größen von Geräten oder Viewports, responsiv/adaptiv/mobil.

Sie finden diese (englischsprachige) Checkliste hier: *https://tomgreever.com/resources.*

Ein Platz am Tisch

Die Art und Weise, wie Unternehmen das Thema Design angehen, hat sich dramatisch verändert. Früher ging es bei Design nur darum, das Unternehmen professionell wirken zu lassen oder ein Produkt- oder Markenimage zu generieren. Heute erkennen immer mehr Unternehmen, dass sich durch Design echte Geschäftsprobleme lösen lassen. Ganze Unternehmen rücken Design ins Zentrum ihres Geschäftsprozesses, weil sie erkannt haben, dass es sich positiv auf ihre Gewinnsituation auswirkt. Gut gestaltete Produkte mit hervorragender Benutzererfahrung sind heutzutage die bekanntesten und beliebtesten.

Um die Nachfrage nach solchen Produkten zu befriedigen, stellen viele Unternehmen Designer ein, bauen entsprechende Teams auf und ändern ihre Prozesse, um Design einen deutlich größeren Stellenwert zu geben – und doch versagen viele dieser Unternehmen immer noch, wenn es darum geht, erfolgreiche Produkte zu entwickeln. Auf den ersten Blick mag es so aussehen, als seien die Designer bloß nicht talentiert genug oder als würden sie an den Kundenbedürfnissen vorbeigestalten. Deshalb suchen Manager und Entwickler zunehmend nach Ressourcen (wie diesem Buch), um ihre Kommunikation über Design und ihre Arbeitsbeziehungen mit Designern zu verbessern. Ich habe dieses Kapitel geschrieben, weil Schwierigkeiten in der Zusammenarbeit mit Designern ein echtes Problem darstellen und Stakeholder davon profitieren können, wenn sie ihre Designer besser verstehen. Aber es existiert auch ein grundlegendes Hindernis in der allgemeinen Unternehmenspraxis. Eine bessere Kommunikation wird zwar helfen, ist aber nicht die Hauptschwierigkeit.

Unternehmen, die sich schwertun, vom Design ausgehend zu denken, haben meist ein Problem: Es fehlen Designer auf der Führungsebene. Werden schlecht gestaltete Produkte entwickelt, liegt das nicht an mangelnden Fähigkeiten, sondern an fehlender interner Führung im Designbereich. Diesen Unternehmen fehlt eine Vision, die das Benutzererlebnis mit einschließt. Dort gibt es Designer, aber keine designorientierten Entscheidungsträger. Unternehmen, die kontinuierlich daran scheitern, die Produkte zu entwickeln, die sie gern anbieten wollen, müssen Designern einen Platz am Tisch anbieten.

Denken Sie an die beliebtesten Produkte, Websites oder Apps, die Sie kennen. Wer hat die Firma gegründet? Wer ist ihr Chef? Die Personen, die Unternehmen leiten, die großartige Produkte entwickeln, haben in den meisten Fällen eine designorientierte Denkweise, selbst wenn sie formal nicht als Designer ausgebildet sind. Sie sind aber nicht nur selbst Designer im Geiste, sondern umgeben sich auch mit vielen talentierten designorientierten Mitarbeitern.

Diese Firmen müssen sich nicht erst groß umorientieren, um Design ins Zentrum der Unternehmenskultur zu stellen, denn Design wird bereits auf höchster Führungsebene mitgedacht. In diesen Fällen legt tatsächlich das *gesamte* Unternehmen Wert auf Design.

Wenn Sie ernsthaft anstreben, dass Ihr Unternehmen, Ihr Produkt oder Ihre Dienstleistung für ausgezeichnete User Experience steht, sollten Designer Teil der Führungsebene sein. Es reicht heutzutage nicht mehr aus, dass irgendein Vertriebsleiter einen freien Mitarbeiter mit der Erstellung Ihrer Website beauftragt. Es reicht nicht aus, die Designer einfach zu einem Meeting einzuladen, sie mit Ihrer Vision zu beglücken und dann darauf zu warten, dass sie das beste Produkt aller Zeiten abliefern. Sie werden scheitern, wenn der einzige Designer gemeinsam mit den Marketingleuten an einem Schreibtisch am Ende des Flurs sitzt. Designer müssen auf den höchsten Ebenen des Unternehmens involviert sein, wenn Sie in einem von Design getriebenen Markt erfolgreich sein wollen. Sie müssen schwierige Entscheidungen treffen dürfen, brauchen die nötige Autonomie, das bestmögliche Produkt zu entwickeln, und sie bedürfen des Vertrauens und der Unterstützung der anderen Führungskräfte.

Wie können Sie das erreichen? In einer idealen Welt hätten Sie die Autorität, das Geld und die Zeit, um eine Organisationsstruktur zu schaffen, die diese Werte widerspiegelt. Schaffen Sie eine Position für einen Chief Design Officer oder einen Vice President of Design. Beziehen Sie sie in alle Details ein, lassen Sie sie über die Produkt- und Designrichtung entscheiden und geben Sie ihnen ein Team an die Hand. Leider ist das nicht für jedes Unternehmen einfach zu bewerkstelligen. Wirklichkeitsnäher formuliert: Designer und Führungskräfte sollten eine verbindlichere Ebene der Zusammenarbeit und des Vertrauens entwickeln. Diejenigen, die die Produkte, Websites oder Apps entwerfen, brauchen direkten Zugang zum CEO. Es muss einen häufigen Austausch mit anderen Führungskräften geben. Dabei geht es vielleicht erst einmal nur um räumliche Nähe: Geben Sie ihnen ein Büro in oder wenigstens in der Nähe der Chefetage. Es ist erstaunlich, wie viel einfacher sich Design und Kommunikation gestalten, wenn gelegentlich ein VP an Ihrem Schreibtisch vorbeigeht, um Hallo zu sagen.

Das ist »Management by Walking Around« (Hewlett-Packard zugeschrieben[1] in dem Buch *In Search of Excellence*[2]).

Einen der besten (und einfachsten) Ansätze habe ich bei einem meiner ehemaligen Arbeitgeber gesehen, der dem Creative Director einen Platz in einer offenen Büroumgebung direkt neben den anderen Führungskräften gab. Allein die räumliche Nähe änderte ihr Denken, stellte ein Statement hinsichtlich der Wichtigkeit des Designbereichs dar und verankerte diese Vision innerhalb des Unternehmens. Die Designer arbeiteten nicht in einem abgetrennten Bereich, sondern waren in das Führungsteam integriert.

Die einzige Möglichkeit, designorientiertes Denken wirklich in die Werte, Prozesse und Produkte Ihres Unternehmens zu integrieren, besteht darin, Designer in verantwortliche Positionen zu bringen. Alle Firmen möchte gern wie Apple sein, aber nur wenige sind auch bereit, die nötigen Führungsentscheidungen zu treffen, um eine solche Art von Umgebung zu schaffen. Wenn Sie feststellen, dass Ihr Team Ihre Erwartungen an die Entwicklung großartiger Produkte und die Gestaltung hervorragender Benutzererlebnisse nicht erfüllt, überlegen Sie, inwiefern Sie dafür mitverantwortlich sind. Bevor Sie eine weitere Umstrukturierung vornehmen oder Ihren Lead Designer ersetzen, sollten Sie die Verantwortlichen (sich selbst eingeschlossen) ernsthaft prüfen und sich fragen, ob sie wirklich in der Lage sind, ein designorientiertes Unternehmen zu führen. Falls nicht, sollten Sie schnellstmöglich einen Platz am Vorstandstisch freiräumen und neu besetzen.

Die Tatsache, dass Sie dieses Kapitel gelesen haben, zeigt, wie wichtig es Ihnen ist, effektiver mit Designern zusammenzuarbeiten. Wenn Sie die beschriebenen Best Practices befolgen, schaffen Sie eine Umgebung, in der Designer frei und kreativ tätig werden können, sich wohlfühlen, sich verwirklichen und ausdrücken und großartige Produkte entwerfen können. Welche Position auch immer Sie bekleiden – ich hoffe, dass Sie diese Prinzipien in Ihrer täglichen Praxis anwenden werden, damit Sie Ihre Designer zu Höchstleistungen befähigen und die bestmögliche Benutzererfahrung liefern können.

---

1 *https://en.wikipedia.org/wiki/Management_by_wandering_around*

2 Tom Peters and Robert H. Waterman, Jr. *In Search of Excellence: Lessons From America's Best-Run Companies* (New York: Harper & Row, 1982). Deutsche Ausgabe: Auf der Suche nach Spitzenleistungen. Was man von den bestgeführten US-Unternehmen lernen kann (Landsberg am Lech: Verlag moderne Industrie, 1982).

Index

A

B

C

D

E

H

I

J

K

R

S

W

Z

Über den Autor

Tom Greever entwirft seit 20 Jahren Schnittstellen und leitet Designteams. Sein umfangreiches Wissen darüber, wie bessere Kommunikation zu großartigem Design führt, geht auf seine Erfahrung als UX Designer, Executive Design Leader und Consultant zurück. Er hat Teams zu Designpraktiken und Kommunikation sowohl in großen Unternehmen als auch in kleinen Start-ups auf der ganzen Welt gecoacht und betreut.

Er steht Ihnen für Workshops vor Ort, Onlineschulungen oder motivierende Keynotes für Ihr Team oder Ihre Konferenz zur Verfügung. Er lebt mit seiner Frau und fünf Kindern in Illinois. Wahrscheinlich räumt er gerade das Haus auf.

Fügen Sie ihn auf LinkedIn hinzu: *https://www.linkedin.com/in/tomgreever*

Folgen Sie ihm auf Twitter: *https://twitter.com/tomgreever*

Folgen Sie ihm auf Instagram: *https://www.instagram.com/tomgreever*

Artikel, Podcasts und Videos zu diesem Thema finden Sie auch auf seiner Website: *https://tomgreever.com*

Kolophon

Das Tier auf dem Deckblatt von *UX-Design überzeugend vermitteln* ist ein Halsbandsittich (*Psittacula krameri*). Diese mittelgroßen Papageien sind in Südasien und Zentralafrika beheimatet, aber aufgrund ihrer Beliebtheit als Haustiere und ihrer starken Anpassungsfähigkeit konnten sie Wildpopulationen rund um die Welt etablieren. Sie bevölkern nicht nur eine Vielzahl von Klimazonen wie Wüsten und Regenwälder, sondern haben auch große, stabile Gemeinschaften in Metropolen wie London und Tokio entwickelt. Diese urbanen Populationen bestehen hauptsächlich aus entflogenen Vögeln, die die höheren Umgebungstemperaturen und die bessere Nahrungsverfügbarkeit ihrer neuen städtischen Umgebungen nutzen.

Der Halsbandsittich besitzt ein grünes Gefieder, einen rötlichen Schnabel und einen spitzen Schwanz, der mehr als halb so lang wie der eigentliche Körper ist. Als geschlechtsdimorphe Art weisen nur die Männchen die rosa-schwarzen namensgebenden »Halsbänder« auf. Diese sozialen und lärmenden Vögel lassen sich nicht nur an ihren körperlichen Merkmalen erkennen, sondern auch an dem charakteristischen Lärmpegel, den sie verursachen, da sie oft in lauten Schwärmen unterwegs sind und durchdringende, krächzende Rufe ausstoßen. Tatsächlich reagieren sie Raubtieren gegenüber lediglich mit einem leisen »Schnurren« als einziger defensiver Reaktion.

Die Geschichte des Halsbandsittichs in der Vogelhaltung reicht zurück bis zu den alten Griechen und Römern, die nachweislich einige Unterarten als Haustiere gehalten haben. Auch heutzutage sind diese Vögel weiterhin als Haustiere beliebt, weil die Zucht in Gefangenschaft neue Farbmutationen hervorbringt und ihre Fähigkeit, die menschliche Sprache nachzuahmen, weithin fasziniert und unterhält.

Das Titelbild ist eine Farbillustration von Karen Montgomery, die auf einem Schwarz-Weiß-Stich der *English Cyclopedia Natural History* beruht.

Stimmen zu »UX-Design überzeugend vermitteln«

»UX-Design überzeugend vermitteln« ist eine Pflichtlektüre für jeden, der mit Design zu tun hat, egal ob im Bereich Produkt-, Software- oder Markendesign. Und mit »zu tun hat« meine ich: in welcher Weise auch immer. Dieses Buch ist für Entwickler, Product Owner und Führungskräfte genauso nützlich wie für Designer.

– Christian Manzella, Senior Director und Head of UX, Samsung

»UX-Design überzeugend vermitteln« von Tom Greever wird die Art und Weise verändern, in der Designer über Design reden. Besorgen und lesen!

– Tim O'Reilly, Gründer und CEO, O'Reilly Media

Tom hat sich in großartiger Weise um einen der schwierigeren Aspekte des Designs gekümmert: das Gespräch mit Nicht-Designern und die Vermittlung der eigenen Designentscheidungen.

– Aaron Irizarry, Head of Credit Solutions Design, Capital One, und Autor von *Discussing Design*

Während die meisten Bücher über Design Fragen der Kommunikation eher am Rande erwähnen, gibt uns Tom ein ganzes Buch mit bewährten Werkzeugen an die Hand, um aus Designern echte Kommunikationsexperten zu machen. Es hält, was der Titel verspricht, ist leicht zu lesen und deshalb fraglos eine Empfehlung wert. Ich bin begeistert, dass Tom uns dieses Juwel von Buch geschenkt hat.

– Richard Banfield, Vice President von Design Transformation, InVision, und Autor von *Design Leadership*

Toms Buch ist eine unverzichtbare Lektüre für Designer, die die Kontrolle darüber haben wollen, wie ihre Arbeit von Stakeholdern und Kunden aufgenommen wird. Es ist ein leicht zu lesender Leitfaden mit praxisnahen Tipps, um Produktentscheidungen mit Authentizität, Selbstvertrauen und Klarheit zu vertreten.

– Christy Ennis-Kloote, Design Principal, OpenDigital

»UX-Design überzeugend vermitteln« gibt Ihnen den geeigneten Rahmen an die Hand, um Ihren Kunden oder anderen Projektbeteiligten bestmöglich Ihre Entwürfe präsentieren zu können. Es ist voller Beispiele und Geschichten aus dem wirklichen Leben, was es ziemlich spannend macht.

– Cynthia Savard Saucier, Director of UX, Shopify

In der Lage zu sein, »ein gutes Meeting abzuliefern«, ist eine echte Superheldenkraft. Vor allem für Designer, die allzu oft davon ausgehen, dass bei einem Treffen mit Stakeholdern die Entwürfe, die sie auf den Tisch legen, das Wichtigste sind. Tom zeigt aus Erfahrung, dass bei solchen Treffen der Erfolg viel mehr davon abhängt, dass die Beteiligten wirklich verstehen können, was ihnen da gezeigt wird. Dieses Buch bietet den Rahmen, die nötigen Planungsschritte, das Vokabular und (falls erforderlich) gebrauchsfertige Textbausteine mit treffenden Formulierungen in verständlicher Sprache. So können Designer erklären, wie ihre Arbeit reale Probleme löst, die Benutzererfahrung vereinfacht und warum sie dabei die Unterstützung des Unternehmens verdienen.

– Dan Klyn, Information Architect und Mitgründer,
The Understanding Group (TUG)

»UX-Design überzeugend vermitteln« nimmt sich der Herausforderung, Designentscheidungen zu kommunizieren, durch einen einfachen Ansatz auf elegante Weise an und ermöglicht es Designern (und Teams!), Unterstützung für ihre Entwürfe zu finden. Es reicht nicht aus, ein Design bloß zu präsentieren – man muss das Warum hinter den eigenen Entscheidung kommunizieren und diese in den Kontext des Problems einordnen, das es zu lösen gilt. Jeder Designer und jedes Mitglied eines Produktteams wird davon profitieren.

– C. Todd Lombardo, Vice President of Product, MachineMetrics, und
Koautor von *Design Sprint und Product Roadmaps Relaunched*

Unabhängig davon, ob Sie Designer, Entwickler, Produktmanager, Content-Stratege, Informationsarchitekt oder Marketing- bzw. Vertriebsprofi sind, früher oder später werden Sie Ihre Designideen den anderen Projektbeteiligten präsentieren müssen. Das ist nicht leicht. Jeder hat eine Meinung zu dem, was Sie präsentieren. Und das ist auch okay so – denn Ihre Entwürfe spiegeln eine Marke wider und stellen eines der wichtigsten Vehikel für Interaktionen zwischen Kunden oder Verbrauchern und einem Unternehmen dar. Menschen, die Sie mit Sorgfalt behandeln sollten, weil sie großen Anteil am Erfolg der von Ihnen entworfenen Produkte haben werden. Wenn Sie lernen möchten, effektiver über Design zu sprechen und es zu präsentieren und Begeisterung dafür auszulösen – dann ist dieses Buch eine ausgezeichnete Möglichkeit dazu. Tom Greever beschreibt Taktiken und Lösungen, um anspruchsvolle unternehmensinterne Herausforderungen zu bewältigen. Das führt nicht nur zu besseren Arbeitsergebnissen, sondern wird Ihnen auch mehr Anerkennung für Ihre Arbeit verschaffen, sodass diese dort ankommt, wo Sie sie am liebsten sehen: im Markt.

– Donna Lichaw, Gründerin und CEO, SuperPowered,
und Autorin von *The User's Journey*